Mit den besten
Interviewfragen die besten
Mitarbeiter gewinnen

PRAXIUM-Verlag
Kalchbühlstrasse 50
CH-8038 Zürich
Tel. + 41 44 481 14 64
Fax. + 41 44 481 14 65
mail@praxium.ch
www.praxium.ch

Arthur Schneider

Mit den besten Interviewfragen die besten Mitarbeiter gewinnen

Erfolgserprobte Fragen für professionelle Bewerberinterviews mit Kommentaren und Interpretationen inkl. Formularen zur Selektion qualifizierter Fach- und Führungskräfte

PRAXIUM-Verlag, Zürich

Der Autor

Arthur Schneider war Personalvermittler und HR-Berater in verschiedenen Beratungs- und Personalvermittlungsfirmen. Er hat dort Hunderte von Interviews geführt und kennt die Personalpraxis auch aus seiner langjährigen Personalleiter- und Beratungstätigkeit für KMU-Firmen, vor allem auch im Rekrutierungsbereich.

ISBN: 3-9522712-7-6

6. aktualisierte und erweiterte Auflage 2013

Lektorat Doris Gampp
Gestaltung Buchcover: Dominik Wilber, www.wilber.ch

Inhaltsverzeichnis

Editorial

Bewerbergespräche gehören im Personalwesen zu den wichtigsten Instrumenten des Rekrutierungsprozesses. Das Gespräch, der persönliche Kontakt, nonverbale Signale und Reaktionen und das individuelle Aufeinandereingehen sind einige Gründe.

Das Qualitätsmerkmal eines professionell geführten Interviews sind letztlich die Fragen – sie gehören wohl zu den mächtigsten Kommunikationstechniken überhaupt. Mit Fragen führt man ein Gespräch und – beim Bewerberinterview der wichtigste Aspekt – man erhöht die Chance, die gewünschten und wirklich wichtigen Informationen zu gewinnen.

Genau bei diesem zentralen und so wichtigen Thema ist Ihnen dieses Buch mit zahlreichen Muster- und Beispielsfragen behilflich. Mögliche Antworten werden kommentiert, die Gründe der Fragen erläutert und Möglichkeiten von Reaktionen und Interpretationen beschrieben und vermittelt. Das Ziel ist nicht die Manipulation des Kandidaten oder das Emporstilisieren von Interviews zu tiefenpsychologischen Entscheidungsinstrumenten. Es dient Ihrer Sicherheit und Ihrer Zielsetzung, sich für die geeignetsten und besten Mitarbeiter zu entscheiden und die gewünschten Informationen zu bekommen. Sie haben mit diesem Buch einen "Interviewkompass" zur Hand, der Sie durch die Unwegsamkeiten und Klippen eines Bewerbergespräches führt. Ebenso soll es Kandidatinnen* und Kandidaten helfen, sich sicherer für jene Stelle zu entscheiden die auf ihre Bedürfnisse und Erwartungen zugeschnitten sind.

Beachten Sie übrigens bitte auch, dass einige Fragen bewusst an mehreren Stellen erscheinen, da diese nicht immer streng einzelnen Rubriken zugeordnet werden können und Nachschlagenden helfen sollen, keine wichtigen Fragen einer bestimmten Rubrik zu verpassen. Gelingt es uns mit diesem Buch, dass Sie diese Ziele erreichen, freuen sich der Autor und der Verlag ganz besonders. Wir wünschen Ihnen mit diesem Ratgeber interessante Interviews und die bestmöglichen Einstellungsentscheidungen.

Verlag und Autor

* Wir sprechen in diesem Buch der Einfachheit halber immer in der männlichen Form "vom Kandidaten". Dies geschieht aus Gründen der sprachlichen Vereinfachung und eines besseren Leseflusses - damit sind aber immer auch Kandidatinnen gemeint!

Inhalt und Einsatz der CD-ROM

Die Dokumente auf der beiliegenden CD-ROM helfen Ihnen, die Interviewfragen in diesem Buch möglichst schnell, systematisch und individuell in Ihrer Interviewpraxis einsetzen zu können.

Kommentierte Fragen

Sämtliche kommentierte Fragen sind auf der CD-ROM enthalten. Hier können Sie jene selektieren, welche Ihnen am meisten zusagen oder für bestimmte Interviews besonders passend sind. Diese Fragen mit bestimmten Stichworten zu durchsuchen, (Motivation, Auftreten, Glaubwürdigkeit) unterstützt Sie dabei, bestimmte Fragethemen schnell zu finden.

Unkommentierter Fragenkatalog

Darauf sind nur die Fragen ohne Kommentare aufgelistet. Hier können Sie wiederum jene selektieren, welche Ihnen am meisten zusagen und diese dann in die Arbeitsblätter übernehmen.

Arbeitsblätter zur Erstellung individueller Fragebögen

Diese finden Sie in der Datei *Bögen für Interviewfragenselektion*. Es sind Fragebögen in unterschiedlichen Detaillierungsgraden, die bei Interviews eingesetzt werden können und Antworten der Bewerber präzisieren lassen, beispielsweise wie überzeugend und zufriedenstellend Antworten ausfallen, was nachgeprüft werden soll und so weiter. In diese Bögen können Sie die für Sie wichtigen Fragen aus dem unkommentierten Fragenkatalog einfügen.

Arbeitshilfen und Formulare

Hier handelt es sich um sämtliche Arbeitshilfen, Formulare und Mustervorlagen im letzten Kapitel "Formulare und Arbeitshilfen" dieses Buches. Auch Vorlagen in anderen Kapiteln stehen Ihnen in diesem Dokument zur Verfügung, wie Analyse- und Entscheidungshilfen und mehr. Es sind meistens jene mit tabellarischen Gestaltungen und interaktiver Aufbereitung.

Sie können auch einzelne, individuelle Themendossiers zusammenstellen, indem Sie Dokumente oder Fragebögen neu abspeichern und alle nicht dazugehörenden Inhalte löschen. Sämtliche Informationen können so individualisiert, angepasst, gekürzt, erweitert oder auch für andere Zwecke eingesetzt werden.

Kommunikation und Verhalten

Praxisbewährte Kommunikationstechniken

Die Bedeutung von Kommunikation und Verhalten

Einstellungsinterviews sind ein zentrales Instrument der Personalauswahl und spielen dabei oft die entscheidende Rolle. Kandidaten sowohl in deren Fach- wie auch Sozialkompetenzen zu beurteilen, die Gespräche zielorientiert zu führen, die Anforderungen einer Stelle zu verstehen und einzubringen und ein Maximum an relevanten Informationen für eine optimale Entscheidungsfindung zu gewinnen, ist eine anspruchsvolle Aufgabe. Deshalb sind nebst der Fragetechnik Kommunikation und Verhalten bei Interviews ebenfalls von grosser Bedeutung.

Professionell geführte Interviews haben viele Gemeinsamkeiten mit der Gesprächsführung und Gesprächstechniken generell. Die wichtigsten nachfolgenden Punkte sollen Ihnen deshalb helfen, in einer von Fall zu Fall leicht angepassten Form auch diese Aspekte der Gesprächsführung in Ihren Kandidateninterviews zu berücksichtigen.

Die Bedeutung des Interviewbeginns

Es zeichnet professionelle und empathische Interviewer aus, dass sie schon beim ersten Händedruck, Smalltalk und der ersten Eröffnungsfrage genau zuhören und die Kandidaten ebenso genau beobachten. Das Warming-Up ist wichtig und dient dem Beziehungsaufbau und der Schaffung einer Vertauensbasis. Eine erste Prise Humor und ein zugewandtes Begrüssungslächeln schaffen eine entspannte Atmosphäre. Ein erstes positives Feedback kann beispielsweise bei unsicheren Kandidaten das Selbstvertrauen stärken und auch Informationen zum Zeitrahmen und zur Zielsetzung des Interviews vermitteln Sicherheit. Wer die Persönlichkeit und Verfassung des Kandidaten schnell zu erfassen vermag, aber auch Warnsignale schnell registrieren kann und sich im Interview darauf einstellt, wird wesentlich erfolgreicher sein, als jemand, der für solche erste Signale kein Sensorium hat oder sich deren Bedeutung nicht bewusst ist.

Die ersten entscheidenden vier Minuten

Es gibt Psychologen, welche die Meinung vertreten, dass die ersten vier Minuten über das Pro oder Contra bei einem Bewerber-Interview entscheiden. Dazu ein erfahrener Recruiter: "Wer bei einem Bewerbungsgespräch zu sehr den Eindruck hat, der Kandidat sei der richtige und ideale, der sollte im weiteren Verlauf des Gesprächs bewusst und sehr kritisch nach Gründen suchen, die gegen die intuitive Eingebung sprechen".

Klärende Fragen zur Informationsgewinnung stellen

Fragen helfen, Sichtweisen des Gesprächspartners zu verstehen oder Veränderungen im Sachverhalt zu erkennen. Sie können auch sicherstellen, dass Aussagen im Sinne des Anderen interpretiert werden. Beispiele:

- Wie erklären Sie sich diese Lücken im Lebenslauf?
- Wo sehen Sie Möglichkeiten für mehr aktive Einflussnahme?
- Was schätzen Sie an einem guten Arbeitsklima genau?
- Was hat denn Ihre Vorgesetzten-Beziehung negativ belastet?

Dialoge verbinden, Monologe trennen

Eine elementare Tatsache, und dennoch wird genau dieser Punkt auch bei Interviews oft missachtet – lange Vorträge und endlose Unternehmensbeschreibungen können ein Interview wertlos machen. Das Resultat: Der Bewerber steigt aus, kann und will dem Gespräch nicht mehr folgen und das Interview wird nicht mehr ernst genommen. Ein hervorragendes Mittel zur Sicherstellung eines Dialoges sind Fragen, die den Kandidaten immer wieder einbeziehen und sicherstellen, dass Gesagtes von beiden gleich verstanden und aufgenommen wird. Eine Faustregel besagt, dass 80 Prozent der Sprechzeit dem Bewerber zugestanden werden sollte. Der Interviewer ist vor allem ein sehr guter Zuhörer und Fragesteller.

Nach dem Wie und nicht nach dem Warum fragen

"Warum waren Ihre Erfahrungen mit früheren Arbeitgebern oft unbefriedigend und schlecht?". Eine solche Warum-Frage engt ein und manövriert einen Kandidaten in eine Verteidigungssituation. Konstruktiver und sachdienlicher sind im Allgemeinen - je nach Gesprächssituation, Problemstellung und Gesprächspartner - *Wie-Fragen*. "Wie können Sie denn beispielsweise bei uns an der neuen Stelle Ihre Erfahrungen positiver und besser gestalten?".

Verallgemeinernde Bewertungen in Frage stellen

"Ich bin offensichtlich ein jemand, mit dem man nicht oder nur schwer auskommen kann". Bewertungen dieser Art können und müssen in einem Interview auf jeden Fall hinterfragt werden. Beispiel: "Für wen ist dies denn offensichtlich?" oder "In welchen Situationen haben Sie denn dieses Gefühl?".

Konkretes Verhalten beim aktiven Zuhören

Blickkontakt, Zwischenfragen, zugewandte Körperhaltung und Signale der Zustimmung sind die Kernelemente des aktiven Zuhörens. Dieses Gesprächsverhalten ist auch in der Praxis von Mitarbeitergesprächen deshalb so hilfreich und bedeutend, weil man hierdurch einen persönlichen Kontakt herstellen, die Gesprächsatmosphäre entspannen und bei schwierigen Interviews leichter eine emotionale Übereinstimmung erzielen kann.

Merkmale und Verhaltensweisen des aktiven Zuhörens

Aktives Zuhören hat eine Reihe von wesentlichen Konsequenzen im Gesprächsverhalten und äussert sich in der Praxis von Interviews und Gesprächen generell vor allem in folgenden Punkten:

- Das Interessante und Wichtige herausfinden
- Zurückhaltend bleiben und Ablenkungen widerstehen
- Sich auf den Kandidaten konzentrieren
- Diese Konzentration durch Körperhaltung ausdrücken
- Körper zuwenden, nicht reglos vor dem Kandidaten sitzen
- Eigene Meinung zurückhalten, Nachfragen bei Unklarheiten
- Pausen aushalten, sie können ein Zeichen für Unklarheiten, Angst oder Ratlosigkeit sein
- Auf eigene Gefühle achten, zeigen, dass man zuhören will
- Die Gefühle des Bewerbers erkennen und ansprechen
- Versuchen, das Positive zu erkennen und sich nicht zu sehr von negativen Dingen einnehmen lassen
- Kurzäusserungen zeigen Bestätigungen
- Das Interview durch freundliche Zuwendung entspannen
- Sich durch heikle Situationen oder Kandidatenfragen nicht nervös machen lassen
- Aufmerksam zwischen den Zeilen hören und sich in die Situation des Bewerbers versetzen
- Dies verbal und nonverbal zeigen und signalisieren

Durch gutes Zuhören gewinnt man mehr Informationen

Aktives Zuhören ist auch der beste Weg, an interessante Informationen zu gelangen. Mit verschiedenen Feedback-Methoden kann man Bewerber beispielsweise auch aus der Reserve locken. Zudem helfen kurze bestätigende Bemerkungen, das Interview auf eine konstruktive Art zu steuern. Einige Beispiele:

- Interessant, tatsächlich, ach ja, ist begreiflich, ein wirklich interessanter Standpunkt usw. (begleitet von Mimik, Kopfnicken, einem Lächeln und zugewandter Körperhaltung).
- Da verstehe ich Sie sehr gut, in dieser Situation hätte ich genau gleich reagiert, da... in diesem Punkt vertrete ich genau die gleiche Meinung, denn...
- Wenn ich Sie also richtig verstanden habe, haben Sie damals gekündigt, weil...

Kandidaten aus der Reserve locken

Je nach Bewerber-Persönlichkeit kann ein Interview schleppend verlaufen, wenn Bewerber sich kaum äussern. Verschiedene Fragen können weiterhelfen, wie z.B. "Was meinen Sie, würde passieren, wenn Sie diese Entscheidung trotzdem fällen würden?" Oder: "Denken Sie mal an die Erlebnisse der letzten Monate zurück – in welchen Situationen haben Sie sich besonders unwohl gefühlt?", "Können Sie mir ein Beispiel nennen?", "Das verstehe ich nicht ganz, erklären Sie es mir bitte näher".

Ängste und Befürchtungen nehmen

Gerade bei Interviews können unbegründete Ängste ein Gespräch bzw. einen Kandidaten blockieren. Hier können Fragen wie "Was würde denn passieren, wenn Sie es dennoch täten?" oder "Was geschähe, wenn Sie es dennoch versuchen würden?". Zudem ist die Versicherung, dass ein Gespräch garantiert vertraulich ist und diskret behandelt wird, oft hilfreich. Das Selbstvertrauen kann auch gestärkt werden, in dem man auf Gesagtes positives Feedback gibt wie "Diese Information finde ich sehr interessant". Es gibt eine Faustregel, nach der man mindestens 70 Prozent der Gesprächszeit dem Bewerber überlassen sollte. Nur wenn man das Vertrauen des Kandidaten gewinnt und er frei und offen über sich selbst zu sprechen bereit ist, kann man auch seine Persönlichkeit realistisch und authentisch einschätzen.

Aufmerksamkeit und Konzentration fördern

Nur wenn Kandidaten am Gespräch teilnehmen und einen Dialog führen, zuhören und sich konzentrieren, kann ein Interview erfolgreich verlaufen. Folgende Techniken helfen dabei:

- Sprechweise variieren (schnell, langsam, laut, leise, betonen)
- Mit Beispielen veranschaulichen Verständnis-Fragen stellen
- Kandidatennutzen aufzeigen (Das könnte für Sie den Vorteil haben, dass...)
- Pausen einlegen, um das Verständnis zu fördern oder kommende wichtige Aussagen zu unterstreichen
- Visualisierung, z.B. auf einem Stück Papier oder auf Flipchart
- Strukturierung von Inhalten und Aussagen (also erstens, zweitens, drittens oder: Wir haben also drei Phasen im Lebenslauf, die es zu klären gilt...)

Gestik und Mimik sagen oft die Wahrheit

Die Gestik unterstreicht Bewerber-Aussagen oder widerspricht ihnen. Die nachfolgenden praktischen Regeln zur Körperhaltung geben Hinweise, natürliche Gesten werden dabei oft mit dem Einsatz von Armen und Händen gemacht. Als Interviewer sollte man bestimmte nonverbale Signale als meistens recht zuverlässige Zeichen werten, ob Kandidaten in deren Aussagen oder Erwartungen übereinstimmen oder nicht konform gehen. Wenn sich Kandidaten konsequent der nonverbalen Kommunikation verweigern, sind dies charakterliche Warnzeichen oder Hinweise auf erhebliche Vertrauens- oder Kompatibilitätsstörungen. Es sind dies beispielsweise: Kein Nicken und keine körperliche oder verbale Reaktion in Satzpausen oder nach Vorschlägen. Kein Erwidern des Lächelns und kein Mitlachen. Keine zugewandte Körperhaltung, wenn Sie Wesentliches zur Sprache bringen.

Einbezug und Beobachtung der Körpersprache

Was die Sprache nicht zeigen kann oder will, bringt der Körper zum Ausdruck. Ein Interviewer sollte sowohl zuhören als auch beobachten, ob das Gesagte mit der Körpersprache kongruent ist. Beachten Sie also stets die Übereinstimmung von Verhalten und Gesagtem und das Selbstbild des Kandidaten mit den Anforderungen der Stelle. Man kann wichtige Widersprüche feststellen, die warnen oder auf versteckte Unstimmigkeiten hinweisen. Wichtig ist jedoch auch, keine einzelnen Signale isoliert und voreilig als Persönlichkeitsmerkmal zu deuten, sondern solche nur vorsichtig und im Gesamtzusammenhang zu sehen.

Ein Beispiel aus der Interviewpraxis: Jemand erzählt Ihnen von seinen ausgezeichneten Führungsqualitäten und seiner Durchsetzungsstärke. Sie erkennen aber mehrere Anzeichen von mangelndem Selbstbewusstsein und Unsicherheit im Verhalten (z.B. allgemeine Nervosität, wenig Blickkontakt, fluchtbereites Sitzen, Verstecken der Hände). Über Lampenfieber und Anfangsnervosität sollte man bei unsicheren, jungen oder noch unerfahrenen Kandidaten jedoch hinwegsehen und im Gegenteil das Selbstbewusstsein stärken und die Atmosphäre auflockern.

Die richtige Stimmlage

Der Klang, die Lautstärke, der Härtegrad und das Tempo einer Stimme haben einen nicht zu unterschätzenden Einfluss auf ein entspannt geführtes Interview, in dem sich Kandidaten wohlfühlen. Eine beruhigende, weiche Stimmtonlage und eine mittlere Lautstärke und Sprechgeschwindigkeit einerseits und das Anpassen an die Stimme des Kandidaten andererseits sind diesbezüglich die wichtigsten Empfehlungen.

Welches sind die Grundmotivatoren?

Menschen lassen sich von unterschiedlichen Prinzipien, Glaubenssätzen und Lebenszielen leiten. Es kann wichtig und sehr hilfreich sein, solche Grundhaltungen in einem Interview zu (er)kennen. Es können sein: Erfolg, Anerkennung, Materielles, Ehrlichkeit, Zuwendung, Beständigkeit, Sicherheit usw. Fragen wie *"Was bedeutet das denn für Sie?"* oder "Was gibt Ihnen denn diese Gewissheit?". Antworten können dann sein: *"In meiner Arbeit respektiert zu werden und Erfolg zu haben, bedeutet mir eben sehr viel"*. Damit wird klar, dass Erfolg und Respekt bei einem Kandidaten mit einer solchen Aussage eine wichtige Rolle spielen.

Die Brücke des Verstehens

Bei Interviews sind Brücken zwischen Ihnen und Ihren Kandidaten für eine Vertrauensbasis von grosser Bedeutung. Sie können sie nutzen, um offen zu kommunizieren und sich auszutauschen. Es wäre schade, wenn Sie sie nicht voll ausschöpfen - und sich selbst durch negative Gedanken (mögliche Antipathie, unliebsame Details aus dem Bewerbungsdossier, eigenwillige, unkonventionelle Laufbahn usw.) und Erwartungen blockieren würden.

Humor zur Auflockerung und Entspannung

Man kann im Interview einen Sachverhalt zuweilen von einer humoristischen Seite her angehen, zu einer Stellenanforderung ein erheiterndes Erlebnis schildern, eine Prise Selbstironie einbringen oder einer Situation als ganzes überraschenden und unerwarteten Humor abgewinnen, indem man sie von einer weniger ernsten Seite betrachtet. Humor lockert auf, schafft Nähe und baut Ängste ab. Dies ist gerade bei gehemmten Kandidaten oder solchen mit einem weniger ausgeprägten Selbstvertrauen ein gutes Mittel, um die Interviewatmosphäre zu entspannen.

Schwierige Sachverhalte visualisieren

Übermitteln Sie wichtige Sachverhalte und abstrakte Informationen zwischendurch mit Skizzen oder anderen Visualisierungen auf einem Blatt Papier. Dies kann ein Interview auflockern und komplexe Zusammenhänge vereinfachen. Es dient visuell orientierten Kandidaten, also Menschen, die eher bildhaft denken und ansprechbar sind, oft auch zu einem besseren Verständnis und schafft eine zusätzliche Kommunikationsebene. Der Wechsel von verbaler Kommunikation zu Visualisierungen erhöht auch die Aufmerksamkeit, sorgt für Abwechslung und vermag ein Interview aufzulockern.

Die Symbolkraft von Wort und Sprache

Die Wortwahl, die Sprache, die Beispiele und die Formulierung, die Menschen in Gesprächen verwenden, verraten mehr über deren Persönlichkeit und Charakter, als man gemeinhin annimmt. Sie sind oft Ausdruck der inneren Grundhaltung, sogenannte Repräsentanzen der Lebenswerte und Zeichen für die Art, wie sie Menschen und die Welt sehen bzw. wahrnehmen. Menschen, die beispielsweise oft negative, pessimistische Wörter verwenden wie katastrophal, verheerend, horrend usw. sind auch in ihrem Wesen oft negativ und pessimistisch.

Die gewählten Wörter und Begriffe repräsentieren – zumindest teilweise - ihr Innenleben und ihre Denk- und Lebensweise. Es ist deshalb wichtig, in Interviews positive, konstruktive und lösungsorientierte Wörter und Begriffe zu verwenden, die eine wesentlich stärkere Wirkung haben. Ebenso aufschlussreich ist es natürlich, genau und aufmerksam auf die Wortwahl, d.h. die Repräsentanzen der Kandidaten zu achten.

Einfache und verständliche Ausdrucksweise

Es gibt Interviewer, die der irrigen Meinung sind, Eindruck zu machen und respektiert zu werden, indem Sie mit möglichst vielen Fachbegriffen oder neudeutschen, schwer verständlichen Managementvokabeln um sich werfen. Schon Molière sagte zu Recht: "Wer so spricht, dass er verstanden wird, spricht gut". Wer nicht imponieren, sondern primär verstanden werden will, drückt sich einfach und verständlich aus. Dies gelingt durch:

- Kurze Hauptsätze mit einfachen, aber präzisen Verben
- Keine Schachtelsätze und Einschübe
- Zusammenfassungen und bildhafte Vergleiche
- Keine oder nur wenige Fremdwörter und Fachbegriffe
- Strukturierungen, z.B. mit erstens, zweitens, drittens...
- Beispiele, Veranschaulichungen und Metaphern

Zur einfachen und verständlichen Kommunikation gehört auch das Verwenden konkreter, bekannter Begriffe, die schnell Vorstellungen und Bilder auslösen und positiv besetzt sind. Die Gehirnforschung zeigt, dass abstrakte Begriffe, Oberbegriffe, Anglizismen und überstrapazierte Managementbegriffe wenig Wirkung erzielen und oft ohne Eindruck bleiben. Und gerade bei Interviews prasseln grosse Informationsmengen auf Kandidaten ein, sodass die Verständlichkeit daher besonders wichtig ist.

Beispiele bleiben haften

Wer Fakteninformationen mit lebendigen, interessanten und anschaulichen Beispielen vermittelt oder diese in solche verpackt, wird besser verstanden, erzielt mehr Aufmerksamkeit und erhöht das Erinnerungsvermögen. Es sind vor allem die ungewöhnlichen Geschichten, die Emotionen wachrufen und an die man sich besonders gut erinnert. Diese Art der Kommunikation lockert auch Interviews auf und bewirkt Sympathie und positive Gefühle. Es kann sich dabei um Geschichten des Unternehmens, der Abteilung oder der zu besetzenden Stelle handeln, die etwas Wichtiges oder Charakteristisches veranschaulichen, indem sie beispielsweise zeigen, wie ein Team ein vermeintlich unlösbares Problem höchst einfach und elegant zu lösen vermochte.

Schlüsselbegriffe aufnehmen und verwenden

Der eine Kandidat nennt es *Idee*, der Interviewer *Strategie* und ein weiterer den *Schlüssel zum Erfolg*. Oder auch Begriffe wie Profit, Ertragsstärke und das "Verdienen" lassen unterschiedliche Einstellungen vermuten. Begriffe und Wortwahl sind Zeichen von Grundhaltungen, Denkwelten und Lebenswerten. Je nach Gesprächsthema sind in der Wortwahl und Ausdrucksweise auch Unterschiede in Herkunft, Bildung, Ausdrucksvermögen, Fachwissen und Intelligenz erkennbar oder zeigen, wie vertraut oder fremd jemandem mit dem Sachgebiet oder Gesprächsthema allgemein ist. Man schafft in einem Interview eher Übereinstimmung und wird vom Gegenüber besser verstanden, wenn man zuweilen seine Begriffe übernimmt, vor allem, wenn es sich um "Lieblingsbegriffe" handelt, die immer wieder benutzt werden. Auch eine Angleichung an die "Begriffswelt" eines Kandidaten verbessert die Kommunikation und kann die Vertrauensbasis stärken.

Mit guten Fragen Wertvorstellungen hinterfragen

Mit der Metakommunikation können Botschaften hinterfragt und präzisiert werden. In Interviews kann so eine Beziehungsebene erkundet oder verbessert und Missverständnisse beseitigt werden - eine wichtige Voraussetzung für erfolgreiche Interviews. Einige Beispiele: Mein Lebenspartner half mir in dieser Situation. Wie genau hat er Ihnen in welcher Situation geholfen? - Dieses Konzept erwies sich dann als besser – *Besser als was, verglichen womit?* – Offensichtlich war die von mir vorgeschlagene Strategie dann für alle eine gute. *Offensichtlich für wen?*

Mit Feedback das Selbstvertrauen des Kandidaten stärken

Die Stärkung und Förderung des Selbstvertrauens ist gerade bei gewissen Kandidaten eine wichtige Voraussetzung und zentrale Aufgabe von Interviewern. Auch hierfür eignet sich das Feedback hervorragend, auch wenn es dadurch zwangsläufig wertend wird. Dabei kann sich das Feedback auf die Kommunikation beziehen, um Hemmungen abzubauen oder das Verstärken von Erkenntnissen. Beispiele von das Selbstvertrauen stärkenden Feedbacks:

- Das haben Sie mir jetzt sehr überzeugend geschildert...
- Was Sie jetzt gesagt haben, hat mich sehr beeindruckt...
- Ihre differenzierte Sicht der Dinge ermöglicht mir ein klares Bild

Die Einstellung hat grossen Einfluss auf das Interview

Eine wesentliche Rolle dafür, wie Ihre Interviews ablaufen und wie viel sie beiden Seiten bringen, spielt Ihre Einstellung. Nur wenn Sie als Interviewer von deren Nutzen überzeugt sind, werden Sie ein Interview motiviert, zielorientiert und engagiert durchführen. Wie Sie selbst über Interviews und Kandidaten denken, was Sie sich davon versprechen und wie wichtig Sie sie nehmen, prägt nämlich ganz massgeblich den Interviewverlauf und wird von Bewerbern oft intuitiv wahrgenommen.

Anschauungsmaterial als Auflockerung

Produktmuster, Arbeitsproben, Exemplare einer Mitarbeiterzeitschrift, eine Unternehmensbroschüre, ein Prototyp, Fotos des letzten Betriebsausfluges - es gibt unzählige Möglichkeiten, ein Interview aufzulockern, mit Beispielen abwechslungsreicher zu gestalten und etwas zum Anfassen und Betrachten zu geben.

Heikle Punkte mit Einfühlungsvermögen angehen

Das Ausklammern wichtiger heikler Punkte kann eine Gesprächsatmosphäre und das Vertrauen schwer belasten. Gehen Sie auch heikle Punkte (Zeugnisaussagen, Widersprüche usw.) an, indem Sie solche Fragen mit Takt, Einfühlungsvermögen, dem Nennen des Grundes der heiklen Fragen stellen und dem Bewerber Spielraum lassen. Extrovertierten, selbstsicheren Kandidaten sollte man konkrete Fragen stellen, welche ebenso konkrete Antworten erfordern. Introvertierte und zurückhaltende Personen sollte man hingegen nach handfesten Resultaten fragen und konkrete Beispiele verlangen.

Unsicherheiten und Widersprüche sofort klären

Heikle Punkte oder sich aus den Bewerbungsunterlagen ergebende Widersprüche sollten unbedingt angesprochen und geklärt werden, in etwa: "In den Aussagen Ihres Zeugnisses des Arbeitgebers XY und jenen in Ihrem Lebenslauf betreffend XY sehe ich einen Widerspruch. Diesen möchte ich gerne klären, können Sie mir da weitere Informationen geben?"

Verstrickt sich ein Kandidat in zu viele Widersprüche oder stimmen Aussagen beispielsweise oft nicht mit Lebenslauf oder Arbeitszeugnissen überein, ist Vorsicht geboten und hartnäckiges Nachfragen notwendig. Wichtige Fragen mehrmals und mit anderen Formulierungen zu stellen - also zum Beispiel einmal "Warum möchten Sie ihre jetzige Stelle kündigen?" und später "Warum möchten Sie ihren Job wechseln?" zu fragen ist ein Weg, Ungereimtheiten festzustellen, wenn dann zu oft abweichende und widersprüchliche Antworten folgen.

Das Interview ist ein partnerschaftliches Gespräch

Die Art der Fragen, die Gesprächsatmosphäre und die Vertrauensbasis prägen den Stil eines Vorstellungsgespräches, welches kein Verhör mit einem Bombardement an Fragen sein sollte, sondern ein partnerschaftliches, der Gewinnung von Informationen dienendes Gespräch. In einer positiven Gesprächsatmosphäre vermittelt man dem Bewerber auch, dass er authentisch sein kann und sich nicht hinter Stereotypen verstecken muss.

Nachfragen klärt und vervollständigt vieles

Das Nachfragen ist eine wichtige Form der professionellen Interviewführung, welche wichtige Details vertieft, einen Sachverhalt vervollständigt und objektiviert und den Bewerber dazu bringt, einen gewissen Themenbereich konkreter, detaillierter zu beantworten. Dabei kann folgendermassen vorgehen:

- Hierzu möchte ich gerne noch mehr zur Ursache wissen...
- Können Sie mir diese negative Erfahrung genauer schildern...
- Sie haben mir da etwas Interessantes gesagt, zu dem ich gerne noch mehr erfahren möchte...

Transparenz schaffen

In Interviews sollten Kandidaten über alle Stufen hinweg aktiv informiert werden, etwa wie der Auswahlprozess abläuft, welches die nächsten Schritte nach dem Interview sind (wer meldet sich wann mit welchem Bescheid). Doch auch bezüglich Informationen zur Stelle sollte diese nicht verkauft, sondern ganzheitlich, objektiv und relevanzbezogen vorgestellt und beschrieben werden, damit der Kandidat eine gute Entscheidungsgrundlage erhält.

Gewisse Fragen begründen oder erklären

Es gibt heikle, sehr kritische oder persönliche Fragen, die besonders sensible oder unsichere Kandidaten aufs Glatteis führen und sie schnell verunsichern. Dies kann ein Interview unnötig belasten und die Vertrauensbasis negativ beeinflussen. Daher ist es zuweilen empfehlenswert, gewisse Fragen zu begründen, also zu sagen, was der Hintergrund oder Zweck einer Frage ist oder zu erklären, was man damit erreichen will oder worum es geht. Je nachdem sollte man Kandidaten auch das Recht zugestehen, auf eine Frage nicht antworten zu müssen, wenn man sich damit exponiert oder ein Thema als zur Privatsphäre gehörend empfindet.

Fairplay bei Interviews

Es zeugt von einem schlechten Interviewstil und hinterlässt einen fragwürdigen Eindruck, Bewerber in die Enge zu treiben. Respekt vor der Persönlichkeit und Höflichkeit schaffen eine gute und sympathische Gesprächsatmosphäre und lockern das Gespräch auf. Ein Bewerber, der Vertrauen zum Interviewer aufbauen kann, gibt auch ehrlichere Antworten und öffnet sich stärker.

Interviews im allgemeinen und Fragen im besonderen haben stets einen gewissen manipulativen Charakter, der sich oft gar nicht vermeiden lässt. Wenn es die Persönlichkeit des Kandidaten oder die Bedeutung der Sache erfordern, können Fragen ausnahmsweise und im Rahmen des Anstandes und Respekts durchaus provokativ oder suggestiv sein oder den Wahrheitsgehalt von Aussagen überprüfen. Kandidaten aber systematisch zu verunsichern und aufs Glatteis zu führen, sie respektlos zu provozieren oder die Privatsphäre bis zur Grenze des Zulässigen zu erkunden, ist unzulässig. Es ist unfair, kann Arbeitsrecht, Datenschutzgesetze und die Würde von Menschen verletzen und ist eines professionellen und integeren Interviewers unwürdig.

Systematik und Struktur

Die Struktur eines Interviews und die Abfolge der Fragen sollten beachtet werden. Man unterscheidet strukturierte Interviews, welche eine klare Ordnung und Abfolge haben, halbstrukturierte und unstrukturierte, welche keiner Struktur folgen, sondern frei geführt werden. Ein Beispiel eines strukturierten Interviews finden Sie bei den Arbeitshilfen im Kapitel "Formulare und Arbeitshilfen" dieses Buches. Strukturierte Interviews haben den Vorteil, dass sie systematischer ablaufen und mit anderen besser vergleichbar sind, unstrukturierte hingegen sind spontaner und können situativer erfolgen. Eine gute Möglichkeit ist beispielsweise, den Teil der Fachkompetenzen und Biografie strukturiert und jenen der Sozialkompetenzen und Persönlichkeit unstrukturiert zu führen, also die Form des halbstrukturierten Interviews zu wählen. Welche Form des Interviews man anwendet, ist auch eine Frage der persönlichen Präferenzen und des Kommunikationsstils.

Die Abfolge von Fragen

Die Grundsätze, bei den Frageabfolgen jeweils eine gewisse Systematik einzuhalten, nämlich vom

- Aktuellen zum Vergangenen
- Vom Fachlichen zum Persönlichen
- Vom Positiven zum Negativen

zu gehen, hat sich in der Praxis bewährt. Diese Reihenfolge wird von Kandidaten eher erwartet, trägt stärker zum Selbstvertrauen und zu einer konstruktiven Gesprächsatmosphäre bei, baut Widerstände ab und erhöht die Chance auf offene und selbstkritische Antworten, vor allem was positive und negative Aspekte betrifft. Man ist beispielsweise viel eher bereit, Schwächen zu nennen und zu ihnen zu stehen, nachdem man zuvor zeigen konnte, über welche Stärken man verfügt. Zudem sollte man darnach trachten, heikle und schwierige Fragen nicht zu Beginn eines Interviews zu stellen, da eine Verunsicherung des Kandidaten seine Offenheit und Selbstsicherheit zu sehr beeinträchtigt und die Gesprächsatmosphäre von Beginn weg unnötig belastet.

Systematik der Frageabfolgen

Die Systematik der Frageabfolgen hinsichtlich der Informationsgewinnung hat in der Art der Fragen ebenfalls einen erheblichen Einfluss auf die Antwortqualität und Ergiebigkeit. Es sind vor allem die situativen Fragen, mit welchen man sehr authentische, glaubwürdige und praxisnahe Informationen gewinnt. Der grosse Vorteil ist dabei auch, dass relevante Situationen ausgewählt werden können, welche für die Stelle oder die Anforderungen besonders wichtig oder typisch sind. Bewährt hat sich bei solchen Situationsfragen vor allem diese Systematik:

1. Das Was: Beispiel/Aufgabe

Mit Fragen zu Aufgaben, Projekten, Beispielen, Herausforderungen usw. zuerst das Was klären: *Was war Ihr letztes grosses Projekt? Wo konnten Sie diese Fähigkeiten besonders gewinnbringend einsetzen? Was war Ihr erster grosser Karriereschritt?*

2. Das Wie: Vorgehen/Ziel

Dann folgt das Vorgehen mit der Frage, wie eine Aufgabe angegangen wurde, wie wurde ein Problem gelöst oder wie baute man

Widerstände ab. Dabei wird das Wie in den Vordergrund gerückt und das Ziel geklärt: *Wie sind Sie da genau vorgegangen, welches Ziel hatten Sie, welche Methodik wandten Sie an?*

3. Das Ergebnis: Erfolg/Resultat

In einem dritten Schritt wird nach dem Ergebnis gefragt, also was man erreichte bzw. ob man das gesetzte Ziel erreichte und was die Auswirkung war. Dies kann quantitativer (Umsätze, Kunden) oder qualitativer Art (Optimierungen) sein. Beispiele: *Was war das Ergebnis? Was bewirkte dieses Projekt? Worin lag der besondere Erfolg?*

Diese Systematik ermöglicht oft ein authentisches Bild von dem Bewerber und seinen Fach- und Sozialkompetenzen und konkretisiert die Antworten. Eine solche Systematik gibt auch dem Kandidaten mehr Halt und Sicherheit und verführt den Interviewer weniger zu manipulativem Verhalten.

Höhere Treffsicherheit der Auswahlentscheidungen

Das strukturierte Interview hat sich als valides Instrument der Personalauswahl und Potenzialeinschätzung in der Interviewpraxis immer mehr bewährt und hat sich mittlerweile als anerkannte Methode der Interviewführung etabliert. Es hat in der Praxis mehrfach bewiesen, dass es in der Lage ist, die Treffsicherheit der Auswahlentscheidungen markant zu erhöhen, und von zu intuitiven Bauchentscheidungen wegführt zu erhöhter und ausgewogenerer Objektivierung. Ziel eines jeden Auswahlinterviews ist es, eine möglichst neutrale, von der persönlichen und leider oft subjektiv gefärbten Meinung des Interviewers unbeeinflusste und losgelöste, einheitliche Bewertung von Kandidatenprofilen zu erhalten.

Im strukturierten Interview ist auch eher gewährleistet, dass sich die Fragen des Recruiters gezielt auf die für die Position notwendigen Fach- und Sozialkompetenzen und das stellenrelevante und mit der Unternehmenskultur kompatible Schlüsselverhalten beziehen. Diese Vorgehensweise führt eher zu ausgewogeneren, vergleichbaren und objektiv messbaren Kandidatenantworten und so gewonnene Bewerberantworten und Aussagen können auch systematischer erfasst und dokumentiert werden und als Basis für eine möglichst objektive und treffsichere Auswahlentscheidung genutzt werden.

Vorteile strukturierter Interviews

Strukturierte Interviews haben den Vorteil, dass sie systematischer ablaufen und vergleichbarer werden, unstrukturierte hingegen sind spontaner. Eine gute Möglichkeit ist beispielsweise, den Teil der Fachkompetenzen und Biografie strukturiert und jenen der Sozialkompetenzen und Persönlichkeit unstrukturiert zu führen. Welche Form des Interviews man anwendet, ist auch eine Frage der persönlichen Präferenzen und des Kommunikationsstils.

Die Anwendung der strukturierten Interviewtechnik ist eine gute Methode, um faire Bedingungen für beide Seiten zu gewährleisten und sicherzustellen, dass wichtige Aspekte nicht ausser Acht gelassen werden und man ein ganzheitliches Bild vom Kandidaten erhält. Dies erleichtert später eine wesentlich systematischere Auswertung und auch eine bessere und zuverlässigere Vergleichbarkeit. Weitere Vorteile sind:

- Man vermeidet stereotype Menschenbilder von Bewerbern
- Man kann so Kandidaten besser aktivieren und ermutigen
- Die wichtigen Informationen sind gehaltvoller und ergiebiger
- Antwortanalysen erfolgen eher im Gesamtzusammenhang
- Recruiter gehen objektiver und vorurteilsloser an Interviews
- Die Struktur der Fragearchitektur ermöglicht mehr Systematik
- Allfällige Lücken und Widersprüche werden schneller erkannt
- Das Selbstvertrauen des Kandidaten wird gestärkt

Sowohl in der Interviewforschung wie auch in der Fachliteratur wird immer wieder darauf hingewiesen, dass Recruiter bei der konsequenten Anwendung von strukturierten Interviews bessere Interviewergebnisse erzielen und seriösere Auswertungen gewährleisten, die Anstellungsentscheidungen dadurch mehrheitlich besser ausfallen und die qualifizierteren und passenderen Kandidaten selektiert werden.

Probleme unstrukturierter Einstellungsinterviews

Probleme und Gefahren sind der zu grosse Einfluss von Vorinformationen, die der Interviewer aus Bewerbungsunterlagen hat, sowie Vorurteile und Voreingenommenheiten; sie steuern das Interviewverhalten möglicherweise negativ und beeinflussen die Objektivität der Beurteilung. Interviewer lassen sich durch visuelle Eindrücke wie Attraktivität, Kleidung, Mimik und Gestik auch eher beeinflussen und eine (Vor)Entscheidung wird möglicherweise zu früh gefällt. Die Praxis zeigt ziemlich klar, dass die Qualität unstrukturierter Interviews weniger gut ist als jene halb- und vollstrukturierter Interviews.

Konsequente Zielorientierung

Nur Interviewer, die ein klares Ziel vor Augen haben und die Anforderungen kennen und verstehen und sich ein ganzheitliches und klares Bild vom geeigneten Kandidaten machen können, sind in der Lage, gewinnbringende Interviews durchzuführen und brauchbare Entscheidungsgrundlagen zu liefern. Nebst einem aussagekräftigen Anforderungsprofil gibt es zahlreiche Möglichkeiten und Instrumente, um Ziele genau, stellenrelevant und konkret definieren zu können. Einige davon sind:

- Gespräche mit Stelleninhaber und direktem Vorgesetzten
- Aktuelle und aussagekräftige Stellenbeschreibungen
- Zielvereinbarungen und Mitarbeiterbeurteilungen
- Kenntnis aktueller Projekte und Aufgabenschwerpunkte
- Kenntnis und Einschätzung der Kompatibilitäts-Anforderungen des Kandidaten zum Vorgesetzten und Team

Sich nicht zu sehr vom Auftritt beeindrucken lassen

Verfügt ein Kandidat über ein sehr gewandtes Auftreten, ist er besonders ausdrucksstark und eloquent, hat er eine sehr gewinnende Persönlichkeit oder versteht er es, mit einem sehr selbstsicheren Auftreten zu überzeugen, prägt dies einen ersten Eindruck besonders stark und nachhaltig. Bezüglich Eloquenz weiss man jedoch beispielsweise, dass diese nicht zwingend auf einer hohen Bildung oder einer professionellen Ausbildung beruht, sondern oft in der gesamten Persönlichkeit des Bewerbers begründet liegt.

Es ist also äusserste Vorsicht geboten, dieses und die oben genannten Merkmale überbewerten zu wollen oder sich gar täuschen zu lassen. Dies heisst aber vor allem auch, weniger gewandten, etwas unsicheren oder weniger ausdrucksstarken Bewerbern behilflich zu sein und deren Selbstvertrauen zu stärken. Solche Menschen verfügen oft über mindestens gleichwertige Qualitäten und Qualifikationen und haben oft ein ausgeprägtes Leistungsbewusstsein und eine hohe Motivierbarkeit.

Vorsicht bei zu positivem Menschenbild

Ein positives Menschenbild ist eine begrüssenswerte Grundhaltung von Interviewern, die sich auch positiv auf Gespräche auswirkt und eine gute Vertrauensbasis bildet. Allerdings muss auch die Kehrseite der Medaille beachtet werden: Ausgeprägt positive Menschen suchen ebensolche Charaktertypen, sehen nur die positiven Eigenschaften des Bewerbers und neigen dazu, Bewerbern den Vorzug zu geben, die ihren Persönlichkeitseigenschaften ähnlich sind. Eine solche zu wenig kritische und auch leicht manipulierbare Beurteilung öffnet Blendern und Selbstdarstellern Tür und Tor und kann zu fatalen Fehlbesetzungen führen.

Auswertung und Analyse von Interviews

Dies ist ein sehr wichtiger Bereich, auf den wir aber nicht detailliert eingehen, da der Fokus dieses Buches auf Interviewführung und Interviewfragen liegt. Einige wichtige Empfehlungen und Aspekte möchten wir aber dennoch aufgreifen.

Systematische Gesprächsnotizen

Gesprächsnotizen sind zu empfehlen, da zu viele Eindrücke und Aussagen auf den Interviewer einstürmen. Es sind wichtige Kernaussagen, überzeugende Beispiele, Zweifel oder Unsicherheiten zu Fach- und Sozialkompetenzen und offene, noch zu klärende Fragen, vor allem in Bezug auf das Anforderungsprofil. Bei den Arbeitshilfen und auf der CD-ROM finden Sie ein strukturiertes "Interview-Notizblatt für Spontaneindrücke", welches Interviews vergleichbar macht. Auch das Verwenden von Symbolen ist hilfreich, wie ein "!" für wichtige Aussagen, ein "?" für Zweifel und Skepsis, ein "+" für positive Beobachtungen und Interpretationen und ein "–" für eher negative Eindrücke und Aspekte.

Reflexionen von Beobachtungen

Es ist eine leider weit verbreitete Schwäche, Beobachtungen, Gehörtes und Eindrücke unverarbeitet und ohne kritisches Nachdenken unreflektiert aufzunehmen und als gegeben und richtig zu betrachten. Man muss sich allerdings bewusst sein, dass es eine völlig objektive, ungefilterte Wahrnehmung nicht gibt. Doch das Bewusstsein für das Entstehen von eigenen Meinungen, Präferenzen, Schwächen, Empfindlichkeiten und mehr sollte mit Vorteil bekannt sein. Vor allem die relevanten und erfolgsentscheidenden, aber auch kritischen Äusserungen, Antworten, Verhaltensweisen und Eindrücke sollten stets hinterfragt und reflektiert werden. Folgende Fragen sind dabei behilflich:

- Ist meine Interpretation dieser Antwort wirklich objektiv?
- Kann man dies auch noch anders deuten oder erklären?
- Ist dieser Eindruck nicht vermutlich zu subjektiv?
- Lasse ich mich vielleicht zu sehr von "Beobachtung" täuschen?
- Ist hier meine Präferenz für "Merkmal" nicht zu dominant?
- Schenke ich diesem Umstand zu viel Beachtung, weil ...?

Anforderungsprofil und Gewichtung

Die wichtigste Basis ist die strikte Orientierung am Anforderungsprofil, welches in Muss- und Soll-Anforderungen einerseits und Fach- und Sozialkompetenzen andererseits untergliedert sein kann. Gespräche mit Linienvorgesetzten zur Besprechung kritischer oder fehlender Anforderungen können oft hilfreich sein.

ABC-Kategorisierung

Diese Aufteilung, die sich auch beim Eingang von Bewerberdossiers bewährt hat, kann ebenso gut nach Interviews praktiziert werden. A-Kandidaten können dabei die sehr aussichtsreichen mit über 80%-Erfüllung der Anforderungen für ein Zweitinterview sein, die B-Kandidaten die durchschnittlichen, die noch Abklärungen (Referenzen, Linienvorgesetztenmeinungen, weitere und Auswertungen) enötigen und die C-Kandidaten jene sein, die mit grosser Sicherheit nicht weiter infrage kommen.

Hinzunahme weiterer Entscheidungsträger

Vorstellung gegenüber dem künftigen Team, Hinzunahme von Vertretern des Teams, von Linienvorgesetzten, Fachleuten und weiteren HR-Experten ermöglichen Beurteilungen durch weitere Personen und bilden eine "Second Opinion", die Entscheidungen aus anderer Sicht breiter abstützen.

Balance von Verstand und Gefühlen

Eine intensive Beobachtung des Verhaltens, der Ausdrucksweise, der nonverbalen Signale und mehr ist wichtig. Dabei sollten vor allem Warnsignale aus dem Bauchgefühl, welche Charakter und Sozialkompetenzen betreffen, stets ernst genommen werden. Rationale und emotionale Eindrücke sollten stets ausgewogen in die Überlegungen miteinbezogen werden.

Verhaltens-Beurteilungscheck von Bewerbern			
	sehr gut	ist ok	mangelhaft
Kandidat erscheint pünktlich zum Interview			
Er hält regelmässig natürlichen Blickkontakt			
Hört gut zu, fragt nach und antwortet genau			
Verhält sich bei Stressfragen ruhig und beherrscht			
Legt natürliche und echte Höflichkeit an den Tag			
Verfügt über eine angenehme Ausstrahlung			
Lächelt natürlich, nicht zu oft und nicht zu selten			
Zeigt wenn angebracht Humor oder gar Selbstironie			
Kann zu Schwächen, Misserfolgen und Fehlern stehen			
Hat eine entspannte und zugewandte Körperhaltung			
Spricht deutlich, verständlich und dialogorientiert			
Lässt Interviewer ausreden, fällt nicht ins Wort			
Zeigt echtes, aufrichtiges Interesse an Stelle und Firma			
Die Kleidung ist der Situation angepasst und dezent			
Nonverbale Signale stimmen mit Aussagen überein			
Er vermag Emotionen zu zeigen und hat Charisma			
Hat natürliches, sympathisch wirkendes Selbstvertrauen			
Verhält sich nicht zu unterwürfig und devot			
Hände sind sichtbar und Arme nicht verschränkt			
Positive, konstruktive Aussagen/Antworten überwiegen			
Es wird mit klugen Fragen ehrliches Interesse bekundet			
Kandidat ist in Aussagen und Antworten differenziert			
Kann Standpunkte auch klar und couragiert vertreten			
Er beantwortet Fragen konkret, genau und direkt			
Er ist konzentriert und antwortet engagiert			
Kandidat hat sich mit Fragenkatalog vorbereitet			

Grundsätze und Verhaltensweisen für Interviews

Stärken- und Talentorientierung

Finden Sie heraus, was der Kandidat besonders gut kann und durch welche Talente und Fähigkeiten er sich auszeichnet. Das ist konstruktiver, als wenn Sie nach dem Interview eine Liste mit Schwächen und Mängeln zusammenstellen. Die Schwachpunkte eines Kandidaten sollte man registrieren und in Erfahrung bringen, aber damit gelingt es nicht, die Besten zu finden. Kompetente und talentierte Mitarbeiter gewinnt man vor allem dadurch, dass man von den Anforderungen und der Stelle abgeleitet deren besondere Talente, Fähigkeiten und Kompetenzen kennen und beurteilen kann und darauf auch den Fokus im Interview richtet.

Respekt und Wertschätzung

Ein Kandidat sollte immer als Kunde und gar eine Art Geschäftspartner betrachtet werden, der seine Arbeitskraft anbietet und sich für das Unternehmen interessiert und einsetzen möchte. Auch wenn der erste Eindruck vielleicht eher enttäuschend ausfallen sollte: Jeder Kandidat hat seine individuelle Persönlichkeit, seine Lebensziele und eigene Arbeitsmotivation und somit gute oder verständliche Gründe, warum er andere Schwerpunkte setzt oder möglicherweise nicht Ihren Idealvorstellungen entspricht. Ein vorzeitiger Interview-Abbruch verletzt Anstandsregeln und sollte nur in Extremfällen vorgenommen werden.

Arbeitsethik und Grundwerte

Ausbildung, Erfahrungen, Kernkompetenzen und viele andere Bereiche sind bei der Beurteilung von Kandidaten wichtig und sollen dementsprechend detailliert zur Sprache kommen. Doch um auch den Charakter und die Persönlichkeit gebührend beurteilen zu können, sind Fragen zur Arbeitsethik und Lebens- und Grundwerte ebenso von Bedeutung, werden aber in der Interviewpraxis oft vernachlässigt. Ob ein Kandidat ausgeprägt karriereorientiert ist oder eher einen ruhigen und sicheren Arbeitsplatz anstrebt, ist beispielsweise von grösster Wichtigkeit. Sind die Lebens- und Grundwerte eines Kandidaten Erfolg, Anerkennung, Leistungsorientierung und nimmt Arbeit in seinem Leben einen hohen Stellenwert ein? Oder ist der Kandidat eher ein stiller Angestellter, dem es genügt, Genauigkeit und Zuverlässigkeit unter Beweis zu stellen und dem primär die Sicherheit wichtig ist?

Ganzheitlichkeit der Beurteilung und Informationsgewinnung

Ob man sich für die richtigen und geeigneten Kandidaten entscheidet, hängt oft auch davon ab, wie ganzheitlich man diese bewertet und beurteilt und ob im Interview alle wichtigen Bereiche angesprochen werden. Lebenslauf, Berufserfahrung, Technologie-Know-how und das Führungsverständnis sind beispielsweise sicher wichtige und klassische Themen von Interviews. Aber wie steht es um detaillierte Informationen zu den Sozialkompetenzen, das Kommunikationsvermögen, die Kompatibilität mit der Unternehmenskultur, das Menschenbild, die emotionale Intelligenz – um nur einige Beispiele zu nennen? Oft werden diese vernachlässigt. Und: Indem man nachfragt, lösen sich Bewerber auch eher von Floskeln. Wer zum Beispiel im Lebenslauf schreibt, er sei teamfähig, den zwingen Folgefragen wie beispielsweise: "Was heisst für Sie Teamfähigkeit?" oder "Schildern Sie mir eine konkrete Situation, in der Sie Teamfähigkeit bewiesen haben" den Bewerber geradezu, konkret und authentisch zu werden.

Bemühung um Objektivität und Sachlichkeit

Der Titel ist bewusst so gewählt, denn die restlose Objektivität und Sachlichkeit gibt es nicht, sondern stets der Versuch, möglichst nahe an sie heranzukommen. Zudem gibt es viele Aspekte, die den Eindruck eines Interviewers unbewusst beeinflussen, seien es Ähnlichkeiten mit der eigenen Karriere oder Zielen und Grundhaltungen oder die Attraktivität oder Sympathie des Auftretens des Kandidaten. Einen subjektiven Eindruck kann man jedoch nie ganz verleugnen, er spielt immer, ob bewusst oder unbewusst, eine Rolle. Folgende Massnahmen und Techniken helfen, die Objektivität von Kandidatenbeurteilungen zu verstärken:

- Konkrete Anforderungsprofile mit dem Bewerberprofil vergleichen. Alle verfügbaren Informationen werden ausgewertet und daraus entsteht dann eher ein objektiver Gesamteindruck.
- Die Auswertung des Interviews und die Entscheidung nimmt die Personalabteilung mit Vorteil gemeinsam mit der Fachabteilung vor. Dadurch ist ein höheres Mass an Objektivität und Neutralität gewährleistet.
- Die harten Fakten, also Angaben, die der Bewerber in seinem Lebenslauf gemacht hat, genau und umfassend überprüfen.
- Mehrstufiges Auswahlverfahren und die Einschätzung mehrerer Personen und Beurteilungsweisen (Vieraugen-Prinzip).

Darüber hinaus hilft auch die Art und Weise der Fragestellungen zu systematisieren, indem man Fragen strukturiert:

1. Informationen gewinnen und sammeln
Ohne voreilige Wertung oder Hintergedanken und möglichst ohne Filter objektiv und unvoreingenommen einem Informationsstaubsauger gleich Informationen sammeln und aufnehmen.

2. Mögliche Erklärungen finden oder anstreben
Dies können Erklärungsversuche sein, weshalb ein Kandidat einer Frage gerade ausgewichen ist, weshalb ihn diese besonders verunsicherte oder weshalb ein Interview plötzlich verkrampft ist.

3. Bewertung und Einordnung vornehmen
Dies ist der abschliessende dritte Schritt, mit Vorteil nach dem Interview bei der Analyse der Antworten und Informationen den Versuch einer Bewertung bzw. einer Beurteilung machen und diese in den Gesamtkontext einordnen.

Kompatibilität mit Menschen und Unternehmenskulturen

Ein Kandidat kann perfekt sein, wenn es um seinen Leistungsausweis, seine Ausbildung, seine Karriere und seine Ambitionen geht. Was aber, wenn zu viele Warnsignale darauf hindeuten, dass er mit dem Vorgesetzten kaum harmonieren wird? Oder wenn sich herausstellt, dass seine Lebenswerte und Prioritäten mit der Unternehmenskultur in zu vielen Punkten voneinander abweichen? Darauf ist über das Anforderungsprofil hinaus gebührend Beachtung zu schenken.

Das Aktivieren und Ansprechen von Gefühlen

In Interviews dominieren Fakten und Sachinformationen, bzw. diese Art von Interviewfragen oft – aus nachvollziehbaren Gründen. Doch Emotionen ansprechende und aktivierende Fragen sind meistens sehr aufschlussreich und lassen Kandidaten von neuen Seiten erkennen und beurteilen. Emotional geprägte Antworten sind oft authentischer, lassen neue Facetten erkennen, gewähren Einblick in die generelle emotionale Verfassung des Kandidaten und lassen Verhalten und Reaktionen detailliert beobachten. Emotionale Fragen können sein, wie es sich anfühlt, wenn man mit einer Idee scheitert oder ein Projekt erfolgreich zu Ende führt. Oder wie es sich anfühlt, wenn er einen Kunden zurück gewonnen hat oder wie es ihm als Vorgesetzten gelungen ist, die Widerstände der Mitarbeiter gegen eine Reorganisation zu überwinden.

Die Fairness von Interviewern und Kandidaten

Das Verhältnis zwischen Stellensuchenden und Interviewern hat sich gegenüber früher in einer sich in einem tiefgreifenden Wandel befindlichen Arbeitswelt entsprechend verändert. Stichworte sind die Internationalisierung der Arbeitsmärkte, der harte Konkurrenzkampf um die besten und fähigsten Kandidaten, veränderte und gestiegene Ansprüche von selbstbewussteren Stellensuchenden, das Heranbilden von Arbeitgeber-Marken und mehr.

Bewerber sind heute nicht mehr die Bittsteller, die untertänigst auf Arbeit hoffen. Es sind immer öfters anspruchsvolle, gut informierte, ambitionierte und weiterbildungswillige Arbeitsmarktpartner, die wie Kunden behandelt werden wollen und partnerschaftliche Interviews auf gleicher Augenhöhe erwarten. Dies hat ein neues Interviewer-Verständnis zur Folge, welches eine Art neuen Kodex und ein Fairplay bewirkt. Einige Beispiele für ein verbessertes Interviewer-Verhalten könnten konkret sein:

- Respekt und Partnerschaft in Verhalten und Kommunikation
- Akzeptanz von Selbstkritik und Schwächen von Bewerbern
- Keine Erwartungen an perfekte, makellose Mitarbeiter mehr
- Transparenz über Auswahlprozesse, Stellen und mehr
- Kein Verkaufen von Jobs, sondern ganzheitliches Informieren
- Verzicht auf Manipulationen und Versteckspiele
- Konsequentes Respektieren von Datenschutz und Arbeitsrecht

Ehrliches und authentisches Verhalten sowohl vom Interviewer wie auch vom Bewerber fördern eine offene und auf gegenseitigem Respekt basierende Vertrauensbasis. Sie dient letztlich beiden, dem Bewerber, den auf seine Fähigkeiten und Entwicklungsziele ausgerichteten Job zu finden und dem Unternehmen und Arbeitgeber, leistungsfähige und qualifizierte Mitarbeitende zu gewinnen. Ähnlich dem Trend bei Arbeitszeugnissen, von Codes und Verschleierungen wegzukommen, sollte bei Interviews ein ähnlicher Trend stattfinden für mehr Transparenz, Toleranz und Respekt.

Dies verlangt allerdings auch vom Stellensuchenden Ehrlichkeit und Offenheit, eine durchdachte Laufbahnplanung und die eigenverantwortliche Erhaltung und Pflege der Arbeitsmarktfähigkeit.

Einhellige Entscheidungen anstreben

Gehen Sie beim Einstellungsentscheid keine Kompromisse ein. Alle an der Auswahl Beteiligten sollten ohne Vorbehalt für die Einstellung votieren. Alle Interviewer bzw. Teilnehmer sollten in der Regel für eine Einstellung votieren und zumindest in den wichtigsten Anforderungen und Qualifikationen übereinstimmen. Kommt kein einheitliches Votum zustande, sollte die Situation nochmals gründlich analysiert werden. Aus einer einmütigen Entscheidung folgt auch der Vorteil, dass ein neuer Mitarbeiter auf vollumfängliche Akzeptanz stösst und zur Unternehmenskultur passt.

Intuition und Rationalität in Entscheidung einbeziehen

Selbst wenn alle Fakten und Argumente für den Bewerber sprechen und das Bauchgefühl Warnsignale sendet, sollte man der Intuition folgen, auch wenn das Gefühl nicht auf Anhieb klar oder rational begründet werden kann. Doch auch Rationales und Fakten sollten angemessen in die Überlegungen und Entscheidungen einbezogen werden. Lebensläufe, Arbeitszeugnisse, Weiterbildungsbelege und konkrete, messbare und überprüfbare Aussagen von Kandidaten bieten Gelegenheiten, sich auf klare und unumstössliche Fakten abstellen zu können. Aus einem möglichen Widerstreit von rationalen und intuitiven Eindrücken herausführen kann, wenn man zu starke Intuitionen immer kritisch und faktenbasierend hinterfragt und überprüft und im gegenteiligen Fall zu dominante, rational geprägte Eindrücke stärker auch von der emotionalen Seite her mit emotionalen Eindrücken ergänzt.

Fein in den Mitteln, fest in der Sache

Es zeichnet den erfahrenen und professionellen Interviewer aus, zwischen einfühlsamer, respektvoller und beruhigender, zugleich aber auch entschiedener, bestimmter und streng zielorientierter Art der Gesprächsführung die richtige Balance zu finden. Vertrauen, Offenheit und Respekt sind ethisch wichtige Verhaltensweisen und Prinzipien, sie sind aber auch der beste Weg, ehrliche und authentische Informationen zu gewinnen. Wenn es aber die Situation erfordert, indem Kandidaten beispielsweise nebulöse Antworten geben oder sich zu oft in Widersprüche verstricken, ist strenges und zuweilen auch Druck aufsetzendes Verhalten nicht nur angebracht, sondern notwendig. Das heisst: Fein in den Mitteln, eine vertrauensvolle Gesprächsatmosphäre zu schaffen, aber auch fest in der Sache, von Kandidaten ehrliche und glaubwürdige Informationen und zieldienliche Antworten zu erhalten.

Entspannte Interview-Atmosphäre schaffen

Interviews sind für viele Kandidaten eine starke nervliche Belastung. Diese zu reduzieren, ist auch die Aufgabe von professionellen Interviewern, denn unter einer zu grossen Anspannung leiden die Qualität von Interviews und die Vertrauensbasis. Wertvolle Kompetenzen können verborgen bleiben oder ein Kandidat kann durch extreme Verunsicherung und Nervosität gar einen falschen Eindruck erwecken. Nebst dem Verhalten und der empathischen Interviewführung trägt auch eine schon zu Beginn positive Atmosphäre zu einer entspannten Situation und einem freundlichen Warm-up bei.

Gründliche Vorbereitung

Sagen Sie dem Empfang und allen Mitarbeitern, Sie während des Interviews nicht zu stören. Ein aufgeräumter Tisch, ein Strauss Blumen und eine partnerschaftliche Sitzanordnung sind empfehlenswert. Ein Nicht-stören-Schild an der Tür zeigt, dass der Bewerber für Sie wichtig ist, mit der Bemerkung: "Für die nächste Stunde gilt meine Aufmerksamkeit ausschliesslich Ihnen."

Sympathische Begrüssung

Begrüssen Sie Kandidaten mit einer positiven Ausstrahlung, einem festen Händedruck und einem Sympathie signalisierenden Lächeln. Bevor die ersten Worte fallen, spürt ein Kandidat, wie willkommen er ist. Instruieren Sie auch den Empfang, um ein freundliches und warmherziges Willkommen besorgt zu sein.

Ein einfaches Dankeschön

Ein einfaches Dankeschön für den Besuch und das Interesse an der Stelle mit einer Prise Humor setzt früh positive Zeichen und ist ein Ausdruck der Wertschätzung und des Respektes.

Positive Willkommensfrage

Die erste Frage soll Sicherheit vermitteln und das Vertrauen stärken oder gar ein Kompliment enthalten, beispielsweise das, dass man sich aufgrund der vielversprechenden Bewerbungsunterlagen auf das Interview freut oder diesem mit Interesse entgegensieht.

Humor lockert auf

Humor wirkt in vielen Gesprächssituationen Wunder – in solchen Situationen lockert er die Atmosphäre immer schnell und wirksam auf, schafft Vertrauen und impliziert oft auch Sympathie.

Der Kandidat als Gast und Kunde

Aufmerksame Interviewer heissen Kandidaten wie Kunden und Gäste willkommen. Sie offerieren auch ihnen ein Getränk und bringen ihnen eine ähnliche Aufmerksamkeit entgegen wie ihren besten Kunden. Hier zählt mehr auch der Symbolgehalt des Willkommenheissens und des aktiven Handelns für das Wohlergehen des Kandidaten.

Persönlicher Bezug

Auch eine Frage, an der der Kandidat erkennt, dass sich der Interviewer sorgfältig mit dem Dossier auseinandergesetzt und sich vorbereitet hat, wirkt entspannend und vertrauensfördernd. Dies kann die Wohnregion, ein Dialekt, ein Hobby oder ein sonstiges Persönlichkeitsmerkmal sein.

Informationen zum Ablauf

Kandidaten zu informieren, was auf sie zukommt, schafft Sicherheit und Vertrauen. Die Dauer, die grobe Struktur, Themen, Regeln und Fairplay, Diskretionszusicherung, die Klarstellung, kein Verhör, sondern einen partnerschaftlichen Dialog anzustreben mit dem *gegenseitigen* Ziel des Sich-Kennenlernens, sind einige Beispiele. Sympathisch kann dabei sein: "Lassen Sie mich dies wie folgt zusammenfassen: Nicht nur Sie bewerben sich bei uns, es gilt auch umgekehrt: Wir bewerben uns auch bei Ihnen."

Die erste Interviewfrage

Auch diese sollte ein positives Zeichen setzen, das Selbstvertrauen von Kandidaten stärken und Wertschätzung und Respekt zu erkennen geben. Dies kann ein interessanter Lebenslauf, ein insgesamt überzeugendes Dossier oder ein besonderer Abschluss sein, der positive Zeichen setzt und zugleich zeigt, dass Sie sich gut vorbereitet haben und den Bewerber respektieren.

Bemerkung am Rande: Seien Sie sich bewusst, dass Interviews in solchen Umgebungen und Atmosphären auch das Employer Branding nachhaltig beeinflussen. Bei Interviews ist es wie bei Gästen und Kunden: Wer freundlich und respektvoll empfangen und behandelt wird, dem bleibt dies in bester Erinnerung. Es sind auch bei Interviews menschliche Begegnungen, Eindrücke und Emotionen, die eine Reputation bilden, und nicht Hochglanzbroschüren und wohlklingende Absichtserklärungen.

Interviewteilnehmer und deren Rollen

Mögliche Gesprächskonstellationen

Es gibt Unternehmen, die bei Interviews auf die Teilnahme mehrerer Personen grossen Wert legen, sodass manchmal zwei oder gar drei Personen gleichzeitig anwesend sind. Andere Firmen lassen die Bewerber mit ihren Gesprächspartnern nacheinander in Kontakt treten, indem die Gespräche in den Büros der entsprechenden Personen geführt werden. Dies hat zudem den Zeitvorteil, dass das erste Gespräch nach relativ kurzer Zeit für den nächsten Kandidaten zur Verfügung steht. Wieder andere Unternehmen führen - sofern es sich um Berufsanfänger handelt - ein Gruppengespräch mit mehreren Bewerbern.

Kandidaten für führende Positionen

Für Kandidaten im Managementbereich und in führenden Positionen sind andere Vorgehensweisen zu empfehlen. Bei ihnen sitzt entweder ein Vertreter der Geschäftsleitung unmittelbar mit am Tisch oder dieser ist bei der zweiten Runde dabei. Immer dann, wenn mehrere Gesprächspartner an einem Tisch sitzen, gebietet es schon die Höflichkeit, sich bereits zu Anfang eines Gesprächs mittels ausgeteilter Visitenkarten vorzustellen. Der Gesprächsführer sollte darüber hinaus entweder selbst etwas über seine Kollegen sagen - vor allem dem Bewerber gegenüber, weshalb sie teilnehmen und welches ihre Funktionen sind. Dabei ist für den weiteren Gesprächsverlauf nicht nur für die Kandidaten von elementarer Bedeutung, ob es sich um eine Runde von überwiegend Zuhörenden handelt oder ob jeder der Gesprächspartner eine konkrete Rolle mit entsprechenden Fragen übernimmt.

Ein oder mehrere Gesprächspartner?

Es ist schwer zu sagen, welche von den beiden Varianten - verteilte Rollen oder ein Gesprächspartner plus Zuhörer - für einen Bewerber eine belastendere Ausgangssituation ist. Besonders problematisch ist es jeweils, wenn ein Bewerber in einer grossen Runde in keiner Weise erkennen kann, von wem was gefragt wird bzw. wen was interessiert. Ebenfalls schwer zu durchschauen ist für einen Aussenstehenden, ob die "Front von Interviewern und Zuhörern" von mehreren Seiten sozusagen beabsichtigt ist, um zu sehen, wie ein Kandidat damit fertig wird, oder ob es eher ein Zeichen mangelnder Koordination, fehlender Absprachen oder anderer ungeklärter Situationen auf Unternehmensseite ist.

Das Dreiergespräch

Eine sehr weit verbreitete und auch akzeptierte Form des Interviews ist, dass jemand aus der Personalabteilung und der Linienvorgesetzte bzw. Abteilungsleiter der ausgeschriebenen Stelle, gemeinsam das Interview führen. In der Regel hängt es von der Hierarchieebene der zu besetzenden Position ab, wer dabei die Interviewführung übernehmen soll.

Beide Interviewer haben in einem solchen Fall zumindest schwerpunktmässig unterschiedliche Informations- und Frageinteressen. Der Personalverantwortliche muss sich unter anderem um die formalen Belange, wie Kündigungsfrist, Lebenslauf, Probezeit, Einführung und dergleichen kümmern. Er ist vielfach auch derjenige, der mehr Know-how und Erfahrung im Führen von Vorstellungsgesprächen hat und der versucht herauszufinden, ob der Bewerber mit einiger Wahrscheinlichkeit zum Unternehmen passen wird. Der unmittelbare Vorgesetzte dagegen will wissen, ob ein Bewerber den fachlichen Anforderungen genügt und ob er in das vorhandene Team und zu ihm als eventuellem Vorgesetzten passen wird. Entsprechend sind dann meist die Gesprächsschwerpunkte zwischen beiden Interviewern aufgeteilt.

Es ist von Vorteil, eine solche Aufteilung und die damit verbundenen Gründe dem Bewerber bekannt zu geben. Beide Personen zusammen stellen überdies das vielfach gewünschte Vieraugenprinzip sicher. Das Urteil kann auf diese Weise im Nachhinein diskutiert werden, und es besteht die Wahrscheinlichkeit, dass dieses gemeinsame Urteil objektiver ausfällt, weil – insgesamt gesehen – beiden gemeinsam mehr Details auffallen. Ferner sind damit auch die fachliche Kompetenz und die Teameignung auf jeden Fall eher sichergestellt.

Vorteile und Nachteile für den Kandidaten

Ein solches Vorstellungsgespräch kann aus verschiedenen Gründen für einen Bewerber durchaus angenehm und von Vorteil sein. Er hat es mit zwei unterschiedlichen Menschen zu tun und erhält somit die Chance, vor allem in der Beurteilung der Persönlichkeit objektiver wahrgenommen zu werden. Bleibt der Bewerber einmal bei einer Antwort stecken oder hat er den Faden verloren, kann der andere Interviewer übernehmen und geschickt ausgleichen. Handelt es sich bei den Interviewern zudem noch um ein eingespieltes Team, kann auch dies die Gesprächsatmosphäre positiv beeinflussen. Es kann aber auch Bewerber geben, die sich bei einem solchen Dreiergespräch gestresst und unter Druck gesetzt fühlen. Es ist dann besonders wichtig, die Rollen klar zu definieren, über den Grund der Teilnahme von zwei Interviewern zu informieren oder einen Linienvorgesetzten zum Beispiel erst zu einem späteren Zeitpunkt hinzuzuziehen. Rücksichtsvoll kann es bei sehr unsicheren Kandidaten sein, diese dazu zu befragen.

Ein Interviewer und ein oder mehrere Zuhörer

Eine weitere Variante ist, dass der Interviewer das Gespräch mit dem Kandidaten führt und eine oder mehrere andere Personen hören zu. Dies kann dann sinnvoll sein, wenn eine hierarchisch höher gestellte Führungskraft zwar nicht selbst über die endgültige Auswahl entscheidet, aber zumindest nach Beendigung des Interviews seine Meinung beisteuern soll oder will. Es kann dann passieren, dass dieser Teilnehmer entweder gar nichts sagt oder allenfalls einige wenige Fragen an den Kandidaten richtet, die vielfach beabsichtigt dann kommen, wenn man ihn eigentlich schon fast vergessen hatte.

Eine solche Situation führt beim Bewerber vielfach zu einer spürbaren Anfangsverunsicherung, weil er immer darauf wartet, dass die anderen sich irgendwann einschalten. Zwangsläufig sind je nach Teilnehmer am Interview die Schwerpunkte unterschiedlich. Es ist auf jeden Fall empfehlenswert, den Kandidaten über die Rollen, die Gründe und die Informationserwartungen der teilnehmenden Personen zu informieren und damit eine klare Situation zu schaffen.

Miteinbezug des momentanen Stelleninhabers

Das Hinzuziehen eines Stelleninhabers, der eine ähnliche oder die ausgeschriebene Stelle innehat, bietet zahlreiche Vorteile. Diese können vor Abschluss des Gespräches hinzukommen. Die Vorteile in Kürze:

- Absicherung und Objektivierung des persönlichen Eindruckes
- Praxissicht und vertiefte Informationen für den Bewerber
- Klärung wichtiger Detailfragen für Stelleninhaber/Bewerber
- Teammitsprache und Absicherung Teameignung/Akzeptanz
- Vorstellung konkreter Beispiele, Unterlagen und Dokumente
- Wichtiger Eindruck einer Zweit- oder Drittperson

Der Umgang mit schwierigen Kandidaten

Die Eindrücke, die aufgrund aller Äusserungen im Gespräch mit dem Bewerber und aufgrund der Gesprächsatmosphäre als Ganzes gesammelt werden, erlauben eine Beurteilung des Bewerbers nach wesentlichen Persönlichkeitsmerkmalen und den Erwartungen gemäss Anforderungsprofil. Es gibt Interviews, bei denen die "Chemie" vom ersten Lächeln und Händedruck an stimmt – und solche, bei denen jede Kompatibilität fehlt. Ist man sich aber bewusst, mit welchen eher problematischen Personen man es möglicherweise zu tun hat, kann man sich mindestens darauf einstellen. Dabei sollen folgende Situations- und Personenbeschreibungen behilflich sein.

Wenn die Chemie nicht stimmt...

Es kann vielerlei Gründe geben, warum in einem Vorstellungsgespräch keine gemeinsame Wellenlänge zustande kommt. Andererseits erlebt jeder Interviewer aber auch Gespräche, die aufgrund bestimmter Verhaltensweisen der Bewerber einfach nur noch als enervierend bezeichnet werden können. In solchen Situationen dennoch objektiv und fair zu bleiben, zeichnet den professionellen Interviewer aus.

Wenn eine Rolle gespielt wird...

Eine Kategorie der anstrengenden Bewerber sind zum Beispiel Damen, die an die Beschützerinstinkte ihres Gegenübers appellieren. Diese naive, weltfremde "Vorteilsstrategie" kann sehr irritierend wirken und wird meistens als unzulässige Manipulation gewertet. Ob es sich dabei um ein längst verinnerlichtes Verhalten handelt, erfährt man am besten durch einige gezielte ironische Bemerkungen. Werden Rollen völlig überzeichnet und extrem gespielt, sollte man das Gespräch höflich, aber bestimmt beenden.

Es besteht zuweilen die Gefahr, dass Interviewer von geschickten Bewerbern geblendet oder gar manipuliert werden. Kandidaten mit einer guten Kenntnis der Körpersprache, die beispielsweise alle Regeln nahezu perfekt anwenden oder eine übersteigert hohe Kommunikationskompetenz zur Schau stellen, indem sie dem Interviewer übertrieben interessiert zuhören und antworten, vermögen oft schnell zu beeindrucken. Hier ist dann ein gutes Sensorium, eine Sensibilisierung für solche Täuschungsversuche und das permanente Hinterfragen voreilig positiver Beurteilungen oder Sympathien für einen Kandidaten um so wichtiger.

Wenn jedes Wort entlockt werden muss...

Bei Bewerbern, die nach einer Frage, die sie eigentlich zum Reden animieren soll, einsilbig antworten oder leise Geräusche äussern, wirken Gesprächstechniken selten. Entweder man lässt bewusst längere Pausen zu, um diese Einseitigkeit des Gesprächs deutlich werden zu lassen, oder man entscheidet kompromisslos und beendet das Gespräch.

Aufdringliche Selbstdarstellungen

Bewerber, die bei jeder sich bietenden Gelegenheit die eigenen Vorzüge unreflektiert positiv herausheben und nichts unversucht lassen, sich als den perfekten Kandidaten darzustellen, auf den Ihr Unternehmen und die Welt gewartet haben, verspielen viele Sympathien und lassen an deren Charakter zweifeln. Selten wird hier auf gestellte Fragen genau geantwortet und solche Bewerber sind oft auch nur in beschränktem Umfang fähig, aufmerksam zuzuhören. In Extremfällen kann hier ein Interview durchaus vorzeitig abgebrochen werden.

Wenn endlos Fragen gestellt werden...

Gut vorbereitete Bewerber, die mit klugen und gezielten Fragen mehr wissen wollen, beweisen damit Interesse an der Stelle. Doch es gibt auch Kandidaten, die endlos fragen, sei es aus einem Misstrauen heraus oder um als besonders wissenshungrig punkten zu können. Hier kann man vorerst sanft mit dem Zeitplan darauf hinweisen und bei Nichtbeachtung deutlicher werden, dass dies Fülle von Fragen den Rahmen des Interviews sprengen.

Vorherrschen von Misstrauen und Negativismus

Kandidaten, die überall Fallen vermuten und allem und jedem misstrauen und alles bezweifeln, verfügen oft über eine negative Grundhaltung, die sich in Leistung und Arbeit niederschlägt und einen Teamgeist und das Vorgesetztenverhältnis schwer belasten können. Ohne ein Minimum an Vertrauen und gegenseitigen Respekt sind solche Vorstellungsgespräche zum Scheitern verurteilt. Solche Kandidaten sind abzulehnen mit der für sie allenfalls hilfreichen Begründung, was dafür der Grund ist.

Wichtige Warnsignale beim Verhalten von Kandidaten

Mangelhafte Vorbereitung

Häufig sind Bewerber nicht genügend über das Unternehmen informiert und können auch auf Nachfrage nicht sagen, warum sie gerade in Ihrem Unternehmen arbeiten möchten. Gerade das aber ist für ein Unternehmen extrem wichtig, dessen Erfolg in hohem Masse von der Motivation seiner Mitarbeiter abhängt. Generell sollte nie der Eindruck entstehen, dass das Gespräch nur ein Zwischenstopp auf einer längeren "Bewerbungstournee" ist.

Unpünktlichkeit

Ein leicht vermeidbares Phänomen, mit dem aber Bewerber zuweilen nach wie vor Mühe bekunden - generell sind hier jeweils vor dem ersten Wortwechsel gleich die ersten Minuspunkte auf dem Zuverlässigkeitskonto zu verbuchen. Abgesehen davon ist es ein gutes Zeichen von Pflichtbewusstsein und Zuverlässigkeit, wenn Bewerber gar ein wenig zu früh eintreffen. Somit können sie sich in aller Ruhe mit den Gegebenheiten vertraut machen.

Unklare Vorstellungen von der Stelle

Oft haben Bewerber keine genauen Vorstellungen von der Stelle, die sie übernehmen wollen, und weshalb sie sich dafür als besonders geeignet betrachten. Genau dies aber ist eine zentrale Frage. Ein Fragebeispiel: "Was qualifiziert gerade Sie für diese Stelle?" Wer bei dieser wichtigen Frage zögert, hat sich meistens gar nicht oder nur mangelhaft auf das Interview vorbereitet oder setzt sich mit Aufgaben und Stelle nicht wirklich auseinander.

Unstrukturierte Darstellungsweise

Aufgefordert, sich in einem kleinen Vortrag vorzustellen, sind die Bewerber zuweilen nicht in der Lage, Zusammenhänge in ihrem Lebenslauf einleuchtend darzustellen oder es werden lediglich Wort für Wort Inhalte von Lebensläufen wiederholt. Eine Aufzählung von Fakten ist hier nicht gefragt, die liegen dem Interviewer bereits vor. Eine Selbstpräsentation sollte einerseits authentisch und aufrichtig sein, andererseits auch durch eine gute Vorbereitung und Intelligenz geprägt sein, in heiklen Situationen angepasst und zum eigenen Vorteil antworten zu können.

Fehlende Begeisterungsfähigkeit

Dies hängt häufig mit dem vorangegangenen Punkt zusammen. Wem es nicht gelingt, seine Begeisterung für das, was er erlebt und unternommen hat, zu vermitteln, wirkt farblos, passiv und wenig interessiert. Begeisterungsfähigkeit geht oft einher mit engagierten und motivierten Persönlichkeiten. Solche Grundhaltung lassen zudem oft auch Rückschlüsse auf die Arbeitsethik und die Identifikation mit der Stelle und den Aufgaben zu.

Diskrepanzen gegenüber dem Lebenslauf

Ein Bewerber sollte genau wissen, was in den Bewerbungsunterlagen steht und Informationen vermitteln, die darauf abgestimmt sind. Ein wenig geschönt ist beinahe jeder Lebenslauf – damit ist zu rechnen. Doch gerade deshalb ist es wichtig, dass ein Bewerber auch Details kennt. Dies gilt vor allem für heikle Bereiche wie Wechsel der Studienrichtung, Unzufriedenheit mit dem vorherigen Arbeitgeber oder überdurchschnittlich hohe Gehaltsansprüche.

Fehlende Authentizität und Glaubwürdigkeit

Dies ist ein sehr wichtiger Aspekt. Bewerber, die gekünstelt wirken, gestanzte Formulierungen verwenden, Management-Lehrbücher nachplappern und austauschbare Allgemeinplätze von sich geben, zeigen nicht nur mangelndes ernsthaftes Interesse an der Stelle sondern verfügen oft auch über wenig Substanz, Intelligenz und soziale Kompetenzen.

Mangelndes Interesse

Es ist wenig wahrscheinlich, dass im Interview wirklich alles Wichtige geklärt wird. Ein Bewerber, der am Schluss keine Fragen stellt, hinterlässt daher oft den Eindruck von Desinteresse. Ist dies allerdings bei eher gehemmten oder nicht sehr selbstsicheren Bewerbern der Fall, sollte dies berücksichtigt werden oder mit kleinen Unterstützungen zu Fragestellungen ermutigt werden.

Unrealistische Gehaltsvorstellungen

Das Thema Gehalt sollte vom Bewerber behutsam angegangen werden, besonders im ersten Gespräch. Ein Einsteiger sollte eher weniger fordern - eine überhöhte Gehaltsvorstellung kann ein Ausschlusskriterium sein und unrealistische Gehaltsvorstellungen zeugen von oft weitgehend materiell orientierter Motivation.

Die häufigsten Fehlerquellen im Interview

In der Person des Interviewers (dies kann der Personalverantwortliche oder der Linienvorgesetzte sein) ist oft die Quelle lückenhaft geführter Gespräche oder fehlerhafter Einschätzungen. Dies hat einige Gründe, die meisten von ihnen entstehen durch Verzerrungen oder verfälschte Wahrnehmungen.

Vorurteile führen zu Fehleinschätzungen

Aufgrund der Bewerbungsunterlagen, des ersten persönlichen Eindrucks und damit verbundener Vorurteile wird gleich von Anfang an ein Urteil gebildet und nicht mehr geändert. Ähnlich wirken Sympathie und Antipathie sowie die Überstrahlung (Halo-Effekt) nach Kategorisierung des Bewerbers (z.B. wird zu modische und zu legere Kleidung aus persönlicher Einstufung einer sich sehr bewusst konservativ kleidenden Person heraus als negativ betrachtet). Es werden dann ungeprüft weitere Merkmale zugeschrieben, und während des Interviews wird bewusst oder unbewusst nach bestätigenden Informationen gesucht; widersprüchliche Informationen werden ignoriert.

Zu fixe Vorstellungen des Idealbewerbers

Interviewer haben häufig ein "Idealbild" vom geeigneten und nach ihrer Meinung richtigen Bewerber; es wird aus der eigenen Anschauung und dem subjektiven Menschenbild heraus geschaffen. Im extremsten Fall erfüllen Bewerber dann nur noch die völlig subjektiven Anforderungen dieses Interviewers; es sind jene Anforderungen, die dieser – im positiven Falle – ebenfalls im eigenen Lebenslauf erfüllen konnte und – im negativen Falle – jene, denen er nicht genügte, die der Bewerber aber vorweisen kann. Gerade wenn Anforderungen nur lückenhaft oder unklar definiert sind, wird der Interviewer umso stärker und beeinflussender auf sein Bild zurückgreifen und dieses quasi zu Hilfe nehmen.

Sicherstellung der Beurteilung der Fachkompetenz

Der Interviewer kennt die Anforderungen einer Position nur unzureichend; Stellenbeschreibungen und Anforderungsprofile existieren in vielen Unternehmen nicht. Dies ist gerade bei sich permanent ändernden Stellenprofilen und Anforderungen – zum Beispiel bei technischen Aufgaben – eine weitere Gefahr, mit mangelnder Kompetenz für Sachfragen zu falschen Urteilen zu gelangen.

Gegenseitige unbewusste Beeinflussung

Bewerberverhalten ist immer auch ein Reflex auf Interviewerverhalten; Interviewer reagieren auf Bewerber. Dabei sind verbale und nonverbale Signale gemeint. Stirnrunzeln oder zustimmendes Kopfnicken nimmt ein genau beobachtender oder sensibler Bewerber sofort wahr und reagiert darauf. Signalisierte Geringschätzung wie ein ironisches Lächeln entmutigt, Aufmerksamkeit mit hochgeschlagenen Augenbrauen ermutigt.

Die zu perfekte Interviewer-Rolle

Jeder Bewerber will den Eindruck, den der Interviewer von seiner Person bekommen soll, beeinflussen und kontrollieren. Er legt alles daran, einen positiven und nachhaltigen Eindruck zu erzeugen. Wegen der überaus hohen Bedeutung der Einstellungsentscheidung für ihn legt er taktierendes Verhalten an den Tag, streicht Stärken übermässig heraus, verdeckt Schwächen, antwortet stets nur im Interesse des Unternehmens oder gibt gar bewusst irreführende oder falsche Antworten. Man versucht genau dem Bild oder der Erwartungshaltung des Interviewers oder der Firma zu entsprechen, in der der Interviewer den Kandidaten sehen möchte.

Kapazitätenplanung: Wenn es an Konzentration mangelt

Interviewer müssen eine Vielzahl von Aktivitäten parallel oder direkt nacheinander ausführen: zuhören, notieren, Aufmerksamkeit signalisieren, Bewerber beobachten, den Interviewkatalog einhalten, auf die Zeiteinhaltung achten, geistiges Vorformulieren eigener Fragen vornehmen, fachliche und persönliche Aspekte berücksichtigen, Anforderungen richtig einschätzen und einiges mehr. Dies birgt stets die Gefahr der Überforderung von Aufnahmekapazitäten eines Interviewers. Konzentrationsmangel, Übergewichtung subjektiver Details und mehr sind die Folge, um den Druck der Informationsaufnahme und -verarbeitung reduzieren zu können. Man nimmt Informationen daher dann oft nur noch selektiv oder verzerrt wahr. So konnte gezeigt werden, dass viele im Interview genannten wichtigen Informationen ab einem gewissen Zeitpunkt keine Auswirkungen mehr auf die Gesamtbeurteilung hatten. Die Entscheidung findet dann nur noch auf der Basis einiger weniger, unwesentlicher oder gar fehlender Informationen und unsystematischer und zufälliger Eindrücke statt.

Unter Zeitdruck und Interviewstress leidet die Qualität

Wenn der Druck zur schnellen Neubesetzung einer vakanten Stelle gross ist (etwa um eine reibungslose Produktion zu sichern oder Kundenbeschwerden zu vermeiden), dann akzeptieren speziell ungeübte Interviewer auch weniger geeignete Bewerber. Sie senken dann ihr Anspruchsniveau, stellen weniger kritische Fragen und geben vermehrt Hilfestellung. Vor allem auch zu viele oder zu lange Interviews unter Zeitdruck erzeugen dann einen Dauerstress, der zu ungenauen Wahrnehmungen und Einschätzungen führt.

Das vorherige Interview beeinflusst das zweite

Bewerber werden zu gut (oder zu schlecht) beurteilt, je nachdem, ob vorher ein schlechter (oder ein guter) Bewerber interviewt wurde. Beim Interviewer hat sich die Bewertungsskala dann verschoben. Ob jemand für eine Stelle akzeptiert wird, kann im Einzelfall mehr von den Qualifikationen des vorhergehenden Bewerbers als von den Qualifikationen des momentanen Kandidaten abhängen.

Blickwinkel-Verfälschung: Negatives wird übergewichtet

Negative oder zu Zweifeln Anlass gebende Informationen über den Bewerber - besonders wenn sie im ersten oder zweiten Gesprächsdrittel auftauchen - haben bei der Gesamtbeurteilung höheres Gewicht als positive Informationen. Bereits wenige negative Informationen können einen positiven Eindruck zunichte machen oder zumindest unverhältnismässig verfälschen.

Verhalten und Persönlichkeitsebene dominieren zu stark

In zahlreichen Experimenten konnte nachgewiesen werden, dass nonverbale Informationen wie Mimik, Gestik, Körperhaltung und Sprechweise oft einen grösseren Einfluss haben und stärker wirken als verbale Informationen. Der häufige Blickkontakt und das freundliche Zulächeln eines Bewerbers führt beispielsweise oft zu einer günstigeren Beurteilung seiner Zuverlässigkeit, Teamfähigkeit und seines Verantwortungsbewusstseins. Auch das äussere Erscheinungsbild kann die Einschätzung seiner erwarteten Leistung oder Persönlichkeit zu positiv beeinflussen und negative Aspekte zu stark reduzieren. Es spielt dann der Sympathieeffekt so stark, dass objektive Wahrnehmungsfaktoren in den Hintergrund treten oder überhaupt nicht mehr erkannt werden.

Momentane Disposition kann den Eindruck verfälschen

Die aktuelle Befindlichkeit des Interviewers hat grossen Einfluss auf die Interpretation der Verhaltensweisen und Äusserungen des Bewerbers. Hatte er unmittelbar vor dem Gespräch ein Erfolgserlebnis oder eine geschäftliche Auseinandersetzung, so werden evtl. Abwehrmechanismen (z.B. Projektion, Verschiebung) wirksam, die eine überzogene positive oder negative Interpretation der Bewerberantworten und nonverbaler Signale begründen. Dieser Effekt wirkt natürlich auch in umgekehrter Richtung. Auch der Bewerber kann seine aktuelle Gefühlslage nicht verbergen. Ebenfalls ist es möglich, dass der Bewerber aufgrund einer kurzfristigen Erkrankung Medikamente zu sich genommen hat, was sein Verhalten auch erheblich verändern kann.

Ehrliche Begründungen und Schwächen zulassen

Reagiert ein Bewerber plötzlich unsicher, findet er auf eine Frage keine Antwort, nennt er als Grund für die Stellensuche ehrlich ein Mobbing oder vermutete wirtschaftliche Probleme beim vorherigen Arbeitgeber oder steht er offen zu einem Defizit, neigen Interviewer dazu, dies zu schnell als mangelndes Selbstvertrauen oder als Charaktermangel auszulegen - sich also den Mr. Perfect zu wünschen.

Es ist jedoch wichtig, ein Interview ganzheitlich und den Kandidaten mit allen seinen Facetten und in seiner gesamten Persönlichkeit zu beurteilen. Vor allem sollten Recruiter davon wegkommen, heikle Begründungen (ehrlicher Grund des Arbeitsplatzwechsels oder Lücken im Lebenslauf) oder Defizite (Wissenslücken, Charakterschwächen, fehlende Erfahrung usw.) vorschnell als Minuspunkt zu sehen. Für ehrliche Antworten sollten Kandidaten nicht "bestraft", sondern deren Courage und Aufrichtigkeit, zu Fehlern und Problemen zu stehen, vielmehr positiv und als ein Zeichen von Stärke gewertet werden.

Interessante Persönlichkeitsfaktoren

Das folgende Schema enthält diejenigen Persönlichkeitszüge, die sich beim erwachsenen Menschen nur geringfügig und nur sehr langfristig oder nur durch einschneidende oder besondere Lebensumstände verändern. Diese Liste eignet sich auch gut zur Verwendung während oder nach einem Interview, um einen ganzheitlichen Eindruck von der Persönlichkeit des Bewerbers zu erhalten.

Was den professionellen Interviewer auszeichnet	gut bis sehr gut	verbessern	unwesentlich
Empathie und Zugewandtheit			
Aufmerksames Zuhören			
Anwendung durchdachter Fragetechniken			
Positives und respektvolles Menschenbild			
Interesse an Motiven und Lebenswerten von Menschen			
Ausgesprochene Dialogfähigkeiten			
Emotionale Intelligenz			
Gutes Erinnerungsvermögen			
Ausgeprägte Lernfähigkeiten			
Ausgeprägte Kommunikationskompetenzen			
Vertrauenerweckende Persönlichkeit			
Offenes, konstruktives und ehrliches Verhalten			
Vorurteilsfreies Zugehen auf andere			
Selbstkritische Reflektionsbereitschaft und -fähigkeit			
Sympathie ausstrahlende Persönlichkeit			
Ruhe und Stabilität erzeugendes Verhalten			
Interessierte und unaufdringliche Neugierde			
Sinn für Wesentliches und Relevantes			
Gut entwickeltes Sensorium für Menschen			

Beurteilungsformular zu Persönlichkeitsfaktoren

Sie finden hier links die positiven und rechts die negativen Werte in einer Skala von 3 in starker und 1 in jeweils schwacher Ausprägung

sachbezogen	3	2	1	0	1	2	3	vage
introvertiert	3	2	1	0	1	2	3	kommunikativ
leicht zu verunsichern	3	2	1	0	1	2	3	psychisch stabil
anpassungsbereit	3	2	1	0	1	2	3	eigenwillig
ruhig	3	2	1	0	1	2	3	lebhaft
schüchtern	3	2	1	0	1	2	3	draufgängerisch
unsensibel	3	2	1	0	1	2	3	feinfühlig
naiv	3	2	1	0	1	2	3	misstrauisch
realistisch	3	2	1	0	1	2	3	träumerisch
direkt	3	2	1	0	1	2	3	diplomatisch
mit sich zufrieden	3	2	1	0	1	2	3	an sich zweifelnd
anlehnungsbedürftig	3	2	1	0	1	2	3	eigenständig
unbeherrscht	3	2	1	0	1	2	3	diszipliniert
ausgeglichen	3	2	1	0	1	2	3	reizbar
angespannt	3	2	1	0	1	2	3	gelassen
experimentierfreudig	3	2	1	0	1	2	3	an Bewährtem orientiert
geübt im Nachdenken	3	2	1	0	1	2	3	ungeübt im Nachdenken
ängstlich-besorgt	3	2	1	0	1	2	3	unbeschwert, souverän
fantasievoll	3	2	1	0	1	2	3	nüchtern-sachlich
selbstbehauptend	3	2	1	0	1	2	3	zur Unterordnung bereit
kritisch	3	2	1	0	1	2	3	nachsichtig
gerne unabhängig	3	2	1	0	1	2	3	gerne mit anderen
kultiviert	3	2	1	0	1	2	3	natürlich
selbstsicher	3	2	1	0	1	2	3	scheu
psychisch widerstandsfähig	3	2	1	0	1	2	3	psychisch wenig belastbar
entdeckungsfreudig	3	2	1	0	1	2	3	an Bewährtem festhaltend
glaubwürdig und ehrlich	3	2	1	0	1	2	3	aufgesetzt, gekünstelt

Persönlichkeits- und Datenschutz bei Interview
Bewerber-Interviews unterliegen dem Persönlichkeits- und Datenschutz. Welche Fragen erlaubt sind und welche nicht, erfahren Sie nachfolgend.
Inhalte von Referenzauskünften
Diese sollten nur Fragen resp. Antworten enthalten, welche für die betreffende Stelle oder Aufgabe relevant sind und beruflichen Charakter haben. Vor der Einholung von Referenzen muss der Bewerber informiert werden.
Folgen von falschen Auskünften
Wird jemand aufgrund falscher und unwahrer Angaben eingestellt und verhindern diese Angaben und verschwiegenen Tatsachen die Erfüllung der Arbeitspflicht, so bestehen drei Möglichkeiten: die ordentliche Kündigung – im Extremfall die fristlose Entlassung – oder die Vertragsanfechtung wegen Grundlagenirrtums.
Es besteht eine beidseitige Informationspflicht
Es gibt eine Informationspflicht, die sowohl den Stellensuchenden wie auch den Stellenanbieter betrifft. Grundsätzlich muss der Bewerber/die Bewerberin alle zulässigen Fragen des Arbeitgebers wahrheitsgetreu und lückenlos beantworten, sofern diese in einem relevanten Zusammenhang mit der Tätigkeit stehen.
Mitteilungspflicht des Bewerbers
Bewerber sind verpflichtet, im Vorstellungsgespräch auf Eigenschaften und Vorfälle hinzuweisen, die für den Arbeitgeber aus den Bewerbungsunterlagen nicht ersichtlich, aber für die Stelle von Bedeutung sind.
Fragen zum Gesundheitszustand
Fragen zum Gesundheitszustand sind dann berechtigt, wenn sie für das Arbeitsverhältnis bzw. die auszuübenden Tätigkeiten von Relevanz sind. Unzulässig sind demnach also beispielsweise Fragen nach nicht mehr bestehenden Krankheiten oder Operationen aus der Vergangenheit, die den Gesundheitszustand des Bewerbers nicht mehr negativ tangieren.
Verstoss Arbeitnehmer gegen Informationspflicht
Kommt ein Arbeitnehmer der Informationspflicht auf fahrlässige und krasse Weise nicht nach, ist der Arbeitgeber berechtigt, den Arbeitsvertrag infolge Irrtums oder Täuschung anzufechten und unter bestimmten Umständen sogar eine fristlose Kündigung vorzunehmen. Zudem kann ein täuschender Arbeitnehmer bei erheblichen Auswirkungen schadenersatzpflichtig werden.

Vorstellung des Unternehmens

Eine umfassende Vorstellung des Unternehmens ist ein wichtiger Imagefaktor, fördert das Vertrauen des Bewerbers und erweckt einen professionellen und kompetenten Eindruck. Zudem lockert dies das Interview auf, lässt das Interesse des Kandidaten am Unternehmen beobachten und zeigt ihm das Interesse an seiner Kandidatur. Es geht darum, dem Bewerber den Charakter, die Eigenart und die Unternehmenskultur in groben Zügen näher zu bringen. Um so mehr dabei der Bezug zu Stelle, Aufgaben und Team hergestellt werden kann und der Beitrag der Stelle zum Unternehmen als ganzes aufgezeigt wird, desto informativer ist eine solche Vorstellung des Unternehmens.

Unternehmen

Mögliche Strukturierung und Informationen in Kürze zur Gründung und Entwicklung des Unternehmens, die Produkte und Kunden und die wichtigsten Ziele und Projekte. Es sollte ein einfaches und aussagekräftiges Organigramm verwendet werden.

Unternehmens- und Leistungsdaten

Betriebsgrösse, Umsatz und Umsatzziele, Marktanteile, Leistungen, Produkte und Kunden sind einige solcher Daten. Informieren Sie mit Beispielen oder Anschauungsmaterial, z.B. mit einem Produkt, einem Prospekt oder dem Exemplar einer Hauszeitschrift.

Entlöhnung und Sozialleistungen

Die von Ihrem Unternehmen angebotenen Sozial- und Versicherungsleistungen inklusive eventuell fakultative oder zu besonderen Konditionen angebotene Zusatzleistungen. Auch ein kurzes Eingehen auf die Gehaltsphilosophie des Unternehmens (Grundsätze, Leistungslohn, variable Anteile, die Messung von Erfolgsanteilen und mehr ist empfehlenswert).

Stellenbeschreibung als Handout

Empfehlenswert ist hier eine Kurzversion der Tätigkeitsbeschreibung oder eine Zusammenstellung der Hauptaufgaben. Ein solches Handout mit "Facts und Figures" der Stelle und Ziele kann dem Kandidaten den Entscheid erleichtern und kann ihm nach dem Interview ausgehändigt werden. Ein Muster eines solchen Handouts finden Sie ihm Kapitel "Formulare und Arbeitshilfen".

Organisation

Organigramm mit den wichtigsten Hierarchiestufen und der Information, wie die offene Stelle der betreffenden Abteilung organisatorisch angesiedelt ist und wo weshalb die wichtigsten Berührungspunkte und Schnittstellen zur angebotenen Stelle bestehen.

Führungsstil und Kultur

Wichtige Informationen, die aber nicht in auswechselbaren Leitbild-Grundsätzen, sondern in einer für das Unternehmen charakteristischen und glaubwürdigen Art und Weise vorgestellt werden sollen. Beschreiben Sie insbesondere die Abteilung, deren Bedeutung, das Team und darüber hinausgehende Kontakte und Verbindungen. Es wirkt sympathisch, wenn Sie den Linienvorgesetzten, einen Mitarbeiter aus der Abteilung beiziehen oder sie die Aufgaben und die Abteilungen authentisch beschreiben lassen.

Perspektiven

Welche Perspektiven und Ziele hat Ihr Unternehmen; welche sind es, die einen Bezug zur ausgeschriebenen Stelle haben? Was wird insbesondere der Bewerber bei Anstellung zur Weiterentwicklung des Unternehmens beitragen? Inwiefern eröffnen sich für ihn Möglichkeiten zur Weiterentwicklung?

Dokumentationsmaterial für Bewerber

Schon im Vorfeld, während des Interviews und nach Abschluss zur Mitgabe gibt es eine Vielfalt von Informationsmaterialien, mit denen man den Bewerber ausgezeichnet dokumentieren und ihn mit einem Optimum an Informationen ausstatten kann. Man hinterlässt so einen professionellen Eindruck, und der Bewerber fällt den Entscheid auf einem breit abgestützten Informationsspektrum. Nachfolgend einige Beispiele:

- Mitarbeiterzeitung
- Werbemittel
- Musterkonzepte
- Tätigkeitsbeschreibung
- Stellenbeschreibung
- Unternehmens-Leitbild
- Situationsberichte
- Presseberichte
- Informations-Folder
- Unternehmensporträt
- Aktuelle Projekte
- Organigramm
- Firmenbroschüre
- Unternehmens-History

Unterlagen und Informationsmaterial für Interviews			
	vorhanden	beschaffen	abklären
Bewerbungsschreiben aus Bewerbungsdossier			
Lebenslauf aus Bewerbungsdossier			
Arbeitszeugnisse aus Bewerbungsdossier			
Liste der vorhandenen oder gewünschten Referenzen			
Anforderungsprofil der Stelle			
Stellenbeschreibung			
Frageliste des Abteilungsleiters bzw. Vorgesetzten			
Aktuelle Projekte und Aufgabenstellungen			
Zielvereinbarungen und Qualifikationen			
Stellenanzeige bzw. Stellenporträt aus Jobportal			
Fragen aus Lücken/Widersprüchen Bewerberdossier			
Gesprächsleitfaden und Interviewfragen			
Zeit- und Ablaufplan und Teilnehmer			
Geschäftsbericht			
Allfällige Arbeitsprobe oder Produktfotos			
Exemplar der Mitarbeiterzeitschrift			
Kurzfassung des Stellenporträts für Kandidaten			
Foto des Teams oder Porträts von Teammitgliedern			
Katalog oder Kundenflyer			
Organigramm mit Integration/Einordnung der Stelle			
Pressereportagen oder -meldungen zum Unternehmen			

Das Telefoninterview als Instrument zur Vorselektion

Ein Telefoninterview bietet nach Analyse der Bewerbungsunterlagen und als Vorstufe zum Vorstellungsgespräch eine gute Möglichkeit, offene Fragen zu klären oder allenfalls ungeeignete Bewerber auszuschliessen. Telefoninterviews sind eine empfehlenswerte, weil zeitsparende Methode zur Vorselektion. Im Vordergrund stehen dabei die Abklärung von unabdingbaren Must-Anforderungen, die Kommunikationsfähigkeiten und ein erster Eindruck.

Besonders empfehlenswert sind Telefoninterviews naheliegenderweise bei Bewerbern für Stellen in Callcentern, im Verkauf oder anderen Kundenberatungsfunktionen. Ein Telefoninterview-Leitfaden hilft, ein Interview strukturiert und standardisiert zu führen, die wesentlichen Fragen zu stellen und die Interviews dadurch vergleich- und auswertbar zu machen.

Ein Telefoninterview kann zwar spontan erfolgen, sollte aber in der Regel fairerweise angekündigt und der Grund für den Anruf dann kurz genannt werden. Dazu gehören auch Informationen zum Ablauf und Sinn und Zweck des Gespräches sowie zur Zeitdauer, die in der Regel je nach offenen Fragen, Position und Funktion 15-30 Minuten und acht bis zwölf Fragen umfasst.

Es sollten tendenziell kurze, eher einfache und in wenigen Sätzen zu beantwortende Fragen sein, wobei ein bis zwei Schilderungs- oder Beispielfragen aber enthalten sein können. Empfehlenswert ist auch, Bewerber dazu anzuhalten, sich in den Antworten kurzzufassen, also beispielsweise die Berufserfahrung in drei bis vier Sätzen zusammenzufassen. Mögliche, sinnvolle Fragethemen:

- Motivation und Grund der Bewerbung
- Abklärung/Sicherstellung der Kernanforderungen
- Fachkompetenzen und Erfahrungen
- Kritische Themen wie Gehalt, Stellenantritt u. Ä.
- Fragen zum Lebenslauf und zu Arbeitszeugnissen
- Sozialkompetenzen und Kommunikation
- Erster grober Eindruck von Fremdsprachenkenntnissen

Da die soziale Kompetenz am Telefon nur in groben Zügen erkundet werden kann, ist im Telefoninterview der Abklärung der fachlichen Kompetenz mehr Gewicht zu geben. Es kann fair und für beide Seiten hilfreich sein, im Falle von persönlichen Folgeinterviews wichtige Themen und offene Fragen zu nennen, auf die sich der Kandidat dann vorbereiten kann. Insbesondere für eher gehemmte, nervöse Bewerber kann ein Telefoninterview einen befreienden Charakter haben und auch beim Interviewer durch den fehlenden ersten Face-to-Face-Kontakt ein Gesamtbild objektivieren helfen. Folgende Verhaltensweisen des Bewerbers sollten dabei besonders beachtet werden:

- Hat sich der Kandidat auf das Interview vorbereitet und deutet vieles darauf hin, dass er sich in einer ungestörten Umgebung aufhält und konzentriert antwortet?
- Hat er das Bewerberdossier zur Hand und kann zu Lebenslauffragen entsprechend schnell und präzise antworten?
- Erweist er sich als guter und aufmerksamer Zuhörer, ist er kommunikativ, fällt er dem Interviewer nicht ins Wort und ist er mit Fragen zurückhaltend?
- Sind die Fragen, die er allenfalls stellt, wesentlich, lassen sie auf eine gute Motivation und Interessenintensität schliessen und betreffen sie nicht zu schnell Gehalt oder Arbeitszeiten?
- Die Stimme wirkt oft wie ein Lächeln am Telefon und vervollständigt oft unbewusst ein Gesamtbild und Sympathie. Verfügt der Bewerber über eine angenehme Stimme und wirkt diese ruhig und entspannt und spricht er deutlich und verständlich?

Kommunikation am Telefon kann gerade wegen der wegfallenden persönlichen Faktoren wie Auftreten, Aussehen, Körpersprache und Ausstrahlung, d. h. durch die Beschränkung auf Stimme und Verbales, dennoch sehr aufschlussreich sein. Stimme, Formulierungen, Sprechpausen und Sprechtempo können mitunter recht aufschlussreich sein und Verhaltensdetails wie spontanes Lachen, unterschwelliger Humor oder ein besonderer Charme stark, d. h. auf andere und deshalb interessante Weise, zum Ausdruck kommen.

Telefoninterviews können dazu verführen, vorschnelle Zusagen zu machen oder Einladungen zu Folgeinterviews auszusprechen. Dies sollte jedoch erst nach allen Telefoninterviews und deren Auswertung und sorgfältigen Vergleichen geschehen. Bei den Arbeitshilfen unterstützten Sie zahlreiche Formulare bei der Gesprächsführung und Auswertung.

Fragearten und Fragetechniken

Die wichtigen Fragearten

Mit der Kenntnis dieser Fragetechniken gelingt es, Interviews varianten- und abwechslungsreich zu führen und qualitativ gute und möglichst wahrheitsgetreue und ergiebige Antworten zu erhalten. Sie sollten aber keinen manipulativen Zwecks haben, sondern dem Ziel dienen, den Tatsachen entsprechende und substanziell interessante Informationen als Grundlage zu einem ausgewogenen und durchdachten Einstellungsentscheid zu gewinnen.

Offene und geschlossene Fragen

Diese Unterscheidung ist die grundsätzlichste, weil sie im Prinzip alle Fragetypen umfasst. Mit offenen Fragen beleben Sie Gespräche und erlauben dem Gesprächspartner, sich zu öffnen. Meist beginnen sie mit *Wer, Was, Wo, Wann* oder *Wie.* Offene Fragen werden so gestellt, dass man über ein *Ja* oder *Nein* hinausgehende Informationen, also Meinungen, Ansichten, Schilderungen, Eindrücke usw. erhält. Sie sind zur Gewinnung substanzieller und weiterführender Informationen natürlich viel geeigneter.

Beispiel *"Was halten Sie von der heutigen Situation in der Computerindustrie?"*

Eine Frage ist geschlossen, wenn sie in den meisten Fällen nur eine Antwort zulässt: z.B. *Ja* oder *Nein*. Sie spricht daher, im Gegensatz zur offenen Frage, das komplexe weniger oder oft gar nicht Denken an. Der Informationsgehalt der Antworten ist entsprechend gering, der Zeitgewinn, wenn es um weniger wichtige Dinge geht, die allerdings angesprochen werden müssen, ist hingegen der entscheidende Vorteil. Auch wenn Sie das Interview klarer in eine von Ihnen gewünschte Richtung lenken wollen, stellen Sie mit Vorteil eine geschlossene Frage.

Beispiel: *"Finden Sie unseren Internet-Auftritt informativ"?*

Informationsfrage

Wenn eine offene Frage für Ihre Begriffe noch nicht hinreichend beantwortet wurde oder bei Ihnen Unklarheiten erzeugt, sollten Sie den Bewerber um weitere Erläuterungen bitten.

Beispiel: *"Bezüglich der Zusammenarbeit mit Ihrem Vorgesetzten erwähnten Sie vorhin,..." "Können Sie das nochmals näher erläutern?"*

Alternativfragen

Alternativfragen geben schon in der Frage die Antwortmöglichkeiten vor und engen diese somit stark und meistens auf zwei Alternativen ein, da Antworten oft nicht über diese Alternativen hinaus gegeben werden. Die Frageart wird gerne auch in Verkaufsgesprächen verwendet, ist aber manipulativ und sollten sehr zurückhaltend, wenn überhaupt, angewendet werden.

Beispiel: *"Welchen Chef haben Sie denn mehr gemocht, den vorherigen oder den jetzigen?"*

Reflexionsfragen

Das Prinzip der Reflexion ist einfach: Sie gibt Gedanken und Gefühle des Befragten mit eigenen Worten wieder, um herauszufinden, ob man ihn richtig verstanden hat. Dies können bereits geäusserte Sachverhalte oder gezeigte Reaktionen sein. Dann dienen sie der Vertiefung, aber auch dem Zeitgewinn, wenn Ihnen etwa nicht sofort eine Antwort einfällt oder Sie Ihre Formulierungen genau abwägen müssen. Reflexion kann aber auch einen ausgesprochen suggestiven Charakter haben: Dann nämlich, wenn Ihr Gesprächspartner noch nicht geäusserte Gedanken oder gezeigte Reaktionen gleichsam als die Ihren wiedergibt.

Beispiele: *"Dann haben Sie sich in dieser neuen Situation wohl sehr unwohl gefühlt?"*

Bewertungsfragen

Dies sind Fragen, die den Wissensstand, das Urteilsvermögen und das Erkunden einer Meinung des Kandidaten zum Ziel haben und meistens das Fachwissen unter die Lupe nehmen.

Beispiele: *"Was denken Sie über die Bedeutung des Internets in Ihrem Bereich?" - "Was halten Sie von den neuen Verordnungen des Verbandes XY?"*

Indirekte Frage

Fragen, die nicht direkt auf die Information zusteuern, die man gewinnen möchte, sondern indirekt an das Ziel herangehen. Man sollte indirekte Fragen aber nicht in zu versteckter, manipulativer Weise stellen, da sie sonst dem Grundsatz fairer und transparenter Interviewführung widersprechen.

Gegenfrage

Auch Gegenfragen dienen in erster Linie dem Erlangen von Hintergrundinformationen. Gegenfragen dienen auch dazu, Zeit zu gewinnen, wenn einem auf eine Frage nicht sogleich eine schlüssige Antwort einfällt.

Beispiele: *"Wie meinen Sie das?" "Wie darf ich das verstehen?"*

Motivierende Frage

Motivierende Fragen erzeugen immer eine positive Stimmung und regen den Gesprächspartner dazu an, aus sich herauszugehen. So können Sie z. B. die Schilderung des Werdeganges und der Qualifikationen des Kandidaten mit solchen Fragen abschliessen. Motivierende Fragen sind sehr empfehlenswert, da sie die Gesprächsatmosphäre positiv beeinflussen, das Selbstvertrauen des Kandidaten stärken, die Gesprächssituation ganz allgemein auflockern und die Vertrauensbasis stärken. Zudem ist die Motivationsfähigkeit und Motivierbarkeit ein zentraler Bestandteil der Leistungsfähigkeit und des Engagements und der Arbeitsmoral, die man gründlich und aufmerksam prüfen und klären sollte.

Beispiel: *"Was halten Sie als ausgewiesener Fachmann von meiner Meinung zur künftigen Branchenentwicklung auf Ihrem Gebiet?"*

Kontroll- und Bestätigungsfragen

Man kennt diese aus der Marktforschung. Mit diesen Fragen wird überprüft, bzw. validiert, ob gewisse Antworten zuverlässig sind oder krasse Widersprüche in den Aussagen bestehen oder gar, ob Befragte die Wahrheit sagen. In einer abgeschwächten Form kann diese Frageart durchaus auch bei Interviews eingesetzt werden, indem man einige Minuten später eine andere Art der Frage stellt, die den Wahrheitsgehalt der ersten indirekt überprüft. Zum Überprüfen des Wahrheitsgehaltes ist es am einfachsten, die gleiche Frage zu einem späteren Zeitpunkt sinngemäss erneut zu stellen.

Beispiel: *"Stimmen Sie meinen Überlegungen nicht auch zu?"*

Mehrfachfragen

Mehrfachfragen sind Fragen, die mehrere Aussagen in einem langen Fragesatz zusammenfassen oder mehrere Fragen hintereinanderschalten. Solche "Fragebatterien" stellen hohe Anforderungen an das menschliche Kurzzeitgedächtnis: Anstatt zu versuchen, alle Fragen in einem Durchlauf zu stellen, sollten Sie sich darauf beschränken, immer nur Teilfragen zu stellen. Mehrfachfragen verwirren zudem auch oft, da Unsicherheiten entstehen, was der Interviewer nun wirklich erfahren will.

Beispiel: *"Herr Andres, in unserem Unternehmen legen wir sehr grossen Wert auf gute Führung. Was verstehen Sie eigentlich unter Führung? Wie werden Sie Ihre Führungsaufgabe bei uns wahrnehmen? Welche Kompetenzen halten Sie für notwendig?"*

Unterschiedsfragen

Hier wird nach dem Unterschied gefragt mit dem Vorteil des Vergleichs und der Wertung. Sie führt den Kandidaten dazu, sich konkret zu äussern und Punkte zu nennen, die ihm wichtig sind.

Beispiel: *"Inwiefern beurteilen Sie Ihren heutigen Arbeitsstil anders als früher?"*

Selbsteinschätzungsfragen

Eine oft interessante Frageform, bei der sich der Kandidat selber beurteilen und einschätzen soll. Sie sagt demzufolge oft etwas über die Selbstkenntnis, den Charakter und das Selbstvertrauen aus. Fragen zur Selbsteinschätzung zeigen interessante Aspekte der Persönlichkeit und des Charakters, vor allem was die Kritikfähigkeit einerseits und das Selbstwertgefühl andererseits betrifft. Gerade Führungskräfte sollten in der Lage sein, sich zu beschreiben und ebenso glaubwürdig beweisen können, dass sie ihre Person reflektieren können und sich mit sich selbst damit auseinandersetzen.

Beispiel: *"Wie beurteilen Sie Ihre Stärken und Schwächen als Führungskraft?"*

Projektive Fragen

Mit projektiven Fragen, auch triadische Fragen genannt, fordert man Kandidaten auf, sich in eine andere Person hineinzuversetzen. Psychologisch nutzt eine projektive Fragestellung die Tatsache, dass es vielen Menschen offenbar leichter fällt, über andere und deren Verhaltensweisen zu sprechen als über die eigenen. Da Bewerber bei projektiven Fragen demzufolge eher eine ehrliche Antwort zeigen, als wenn sie sich direkt über sich selbst äussern müssten, erweist sich in deren Antworten schnell, ob die Selbstdarstellung konsistent und ehrlich ist. Hier sollte auf die Wahrheit und Glaubwürdigkeit geachtet werden, denn spätestens Antworten auf projektive Fragen decken Widersprüche auf.

Beispiele: *"Was glauben Sie, denken Ihre Kollegen darüber?" Oder: "Wie würde sich Ihrer Meinung nach eine gute Führungskraft in dieser Situation verhalten?"*

Rhetorische Frage

Solche Fragen setzen Meinungsgleichheit voraus und erwarten im Grunde keine Antwort. Sie können zur Belebung des Gesprächs beitragen. In ihrer beliebtesten Form wird sie gerne mit *Wer* eingeleitet:

Beispiel: *"Wer will die Vorteile einer systematischen Finanzplanung abstreiten?" Sie kann aber auch der Art sein: "Muss ich noch besonders erwähnen, dass Überstunden bei dieser Stelle ab und zu zu leisten sind?"*

Hypothetische Fragen

Dies sind Fragen, die nicht auf reales Verhalten abzielen, sondern den Kandidaten in eine Wunschvorstellungs- oder *Was wäre, wenn*-Situation bringen. Eine Frageart, die mit Bedacht eingesetzt werden soll, da sie sonst sehr manipulativ werden und den Kandidaten verunsichern kann.

Beispiel: *"Könnten Sie sich eine Idealstelle selber schaffen – wie sähe diese aus?"*

Auswahlfragen

Diese Frageform enthält mehrere Themenalternativen. Sie ist zwar eine einschränkende Frage, gibt aber dennoch die Möglichkeit, Prioritäten, Wertvorstellungen oder bewusste Alternativen zu erkennen.

Beispiel: *"Arbeiten Sie am liebsten mit festen Vorgaben, mit möglichst viel Freiraum oder mit messbaren Zielen?"*

Situative Fragen

Bei dieser Interview- und Frageform wird eine reale Situationen simuliert, wodurch man herausfinden kann, wie der Kandidat sich in bestimmten Situationen wirklich verhält. Damit wird die Chance auf konkrete, authentische Informationen erhöht und Antworten geben meistens ein klareres Bild ab, als allgemein gehaltene, pauschale Meinungen. Sie helfen auch weniger ausdrucksstarken Kandidaten und solchen mit einem weniger ausgeprägten Abstraktionsvermögen. Besonders geeignet sind simulierte Verkaufsgespräche, bei denen der Kandidat aufgefordert wird, Ihnen, der in die Rolle des Kunden schlüpft, ein Produkt, das er Ihnen vorher beschrieben hat, zu verkaufen. Hier wird von den Kandidaten eine hohe situative Flexibilität abverlangt und es zeigt sich auch, wie gut der Bewerber im Gesprächsverlauf zuhören kann. Aufschlussreich ist auch, wie überzeugend der Kandidat seine verbal bekundeten Kompetenzen in aktives Verhalten umzusetzen versteht.

Beispiel: *"In welcher Stresssituation haben Sie sich in den letzten Monaten besonders unwohl gefühlt?"*

Nachfragen

Gezieltes Nachfragen wird auch als Trichterverfahren bezeichnet. Im Grunde geht es hier darum, von allgemeinen offenen Fragen zu spezifischen, vertiefenden und präzisierenden Nachfragen über zu gehen. Gezieltes Nachfragen dient zahlreichen Zwecken. So können damit Fakteninformationen vervollständigt oder ergänzt werden (Nicht nur das Projektthema sondern auch die Projektdauer erfragen). Nachfragen kann auch der *Vertiefung* dienen, wichtige Sachverhalte, Grundwerte und Äusserungen zu klären und ermöglichen damit einen besseren Einblick in die Gedanken- und Gefühlswelt des Bewerbers.

Aber auch emotionale oder vage Äusserungen können mit einem guten Nachfragen konkretisiert oder verdeutlicht werden (Äusserung: *Dieses Vorpreschen kam gar nicht gut an* - Nachfrage: *Wie äusserte sich das, bei wem kam dies nicht gut an?*). Auch *Verallgemeinerungen* können aufgegriffen werden (Äusserung: Solche Qualitäten haben heutzutage ohnehin keinen grossen Wert mehr.

Beispiel: *Welche Qualitäten meinen Sie genau und weshalb sind Sie sich sicher, dass sie heutzutage keinen so grossen Wert mehr haben?*

Skalenfragen

Eine sehr gute Frageform, um genaue, eindeutige Stellungnahmen und Informationen zu bekommen, da der Kandidat hier Farbe bekennen muss und kein "Ja, vielleicht" und "Dann eventuell" möglich ist. Skalenfragen üben auf Kandidaten einen sanften Druck aus, Farbe zu bekennen und eine klare, oft indirekt messbare Haltung einzunehmen. Sie sind dann einzusetzen, wenn man Allgemeinplätze vermeiden will und es um ein wichtiges Thema geht, bei dem man präzise und konkret wissen will, woran man ist (Interesse an Stelle, Selbsteinschätzung, Weiterbildungsbereitschaft, Anpassungsfähigkeit und so fort.

Bei Skalenfragen sollten auch nonverbale Signale (Mimik, Gestik, Stimme, Sprechtempo, Körperhaltung) beachtet und geprüft werden, ob diese mit den Aussagen übereinstimmen. Wer sich bei Skalenfragen zu schnell und zu oft im Top 10-Bereich ansiedelt, sieht sich wohl zu sehr als unschlagbaren Star, was selten gut ankommt, wer sich aber zu oft bei 6 oder tiefer einstuft, lässt kein ausgeprägtes Selbstbewusstsein erkennen.

Beispiel: *"Wie interessiert sind Sie an der Position, auf einer Wahrscheinlichkeitsskala von 1 - 10?"*

Überblicksfragen

Es kann hilfreich sein, ein Thema aus einer distanzierteren und allgemeineren Warte aus zu beurteilen. Diese Technik eignet sich besonders, wenn ein Interview festgefahren ist. Während man bei den Fragen *"Was genau?"*, *"Wie genau?"* usw. über die Details einer Fragestellung nachdenkt, geht man mit der Frage "*Worum geht es dabei eigentlich?*" auf eine allgemeinere Überblicksebene und setzt ein Thema mit anderen Themen in Beziehung. Wenn Sie das Thema Berufsziele des Kandidaten ansprechen, können Sie die folgende Frage stellen.

Beispiel: *"Worum geht es bei Ihren Berufszielen grundsätzlich betrachtet?"*

Zirkuläre Fragen

Die zirkulären Fragen dienen dem Erkennen von Verhaltensmustern und möglichen Verbindungen zu bestimmten Informationen oder Annahmen. Sie können ein Gespräch entkrampfen und elegant aus einer Sackgasse herausführen. Zirkuläre Fragen sind umfassend, ganzheitlich und beziehen sich auf das Umfeld und das jeweils relevante Interview-Thema.

Beispiel: *"Wie würden Sie reagieren, wenn ich Ihnen jetzt eine Zusage geben würde?"*

Spiegelfragen

Damit spiegelt man einen gewonnenen Eindruck, d.h. man hält diesen als Spiegel des Bewerbers vor diesen. Man fragt dann nach diesem Eindruck oder einer Beobachtung, und erhofft sich eine Bestätigung oder Widerlegung.

Beispiel: *"Ich habe den Eindruck, dass es neben Ihrem Wunsch nach einem internationalen Umfeld zwischenmenschliche Gründe gibt, die Sie zu einem Stellenwechsel veranlassen. Trifft dies zu?"*

Ressourcenfragen

Diese Art von Fragen knüpft an vorhandenen Erfahrungen und am Vorwissen der Kandidaten an und ermöglicht so konkrete Informationen zu zurückliegenden Situationen, Arbeitsplätzen und Ereignissen. Sie sind verwandt mit den biografischen Fragen und sollten eine auf das Anforderungsprofil bezogene und relevante Informationsgewinnung ermöglichen.

Beispiel: *"Können Sie sich an eine ähnlich schwierige Situation erinnern?"*

Stressfragen

Stressfragen sollen Bewerber überraschen, es werden dabei häufig unangenehme Themen angeschnitten. Oft geht es dabei gar nicht um die eigentliche Antwort, sondern eher darum, wie Kandidaten auf diese Fragen reagieren und wie sie sich in heiklen Momenten verhalten. Generell sollte man mit Stressfragen genauso wie mit Überrumpelungstaktik und Fangfragen zurückhaltend sein oder diese gar nicht erst anwenden.

Es kann interessant sein, auf diese Weise zu erfahren, ob ein Kandidat ausserhalb der Routinefragen ins Straucheln gerät und wie schnell und stark er sich aus dem Konzept bringen lässt. Doch gerade deshalb beeinträchtigen solche Fragen die Vertrauensbasis, eine offene Gesprächsatmosphäre und verunsichern stark, was den nachherigen Verlauf eines Interviews negativ belasten kann. Von Stressfragen ist daher in der Regel abzuraten.

Beispiel: *"Sind Sie nicht der Meinung, dass Sie etwas gar lange studiert haben?"*

Biografische Fragen

Eine Biografie ist die Aufzeichnung des beruflichen und privaten Lebensweges, also von die Vergangenheit, Gegenwart und Zukunft betreffenden Aspketen. Der Interviewer erfragt die Lebensgeschichte und erkennt die wichtigen Zusammenhänge. Besonders Brüche und Widersprüche in der Biografie und deren Lösung sind aufschlussreich. Diese Fragen bieten oft einen guten Zugang zu den Grundwerten und Persönlichkeitsmerkmalen von Kandidaten. Dies können gezielte Fragen zu Präzisierungen und Ergänzungen aus dem Lebenslauf sein oder bestimmte Themenbereiche wie Erfolge, berufliche Veränderungen und Meilensteine, Stellenwechsel, berufliche Neuorientierungen, Vergleiche und Beziehungen mit und zu Bezugspersonen und ähnliches.

Beispiel: *Welche beruflichen Erfolge motivierten Sie besonders? Und welchen Einfluss hatten diese auf Ihre weitere Karriere?*

Systematik in Handlungs- und Situationsfragen

Handlungs- und Situationsfragen sind in Interviews ein sehr guter Weg, um konkrete und glaubwürdige Antworten zu erhalten. Noch ergiebiger sind die Informationen, wenn eine bestimmte Systematik eingehalten wird. Deshalb möchten wir in diesem Kapitel noch etwas detaillierter darauf eingehen.

Bei dieser Art von Fragen wird eine reale Situation simuliert, wodurch man herausfinden kann, wie der Kandidat sich in bestimmten Situationen wirklich verhält. Damit wird die Chance auf konkrete, authentische Informationen erhöht und Antworten geben meistens ein klareres Bild ab als allgemein gehaltene, pauschale Meinungen.

Sie helfen auch weniger ausdrucksstarken Kandidaten und solchen mit einem weniger ausgeprägten Abstraktionsvermögen. Es wird den Kandidaten jeweils eine hohe situative Flexibilität abverlangt und es zeigt sich auch, wie gut der Bewerber im Gesprächsverlauf zuhören kann. Aufschlussreich ist auch, wie überzeugend der Kandidat seine verbal bekundeten Kompetenzen in aktives Verhalten umzusetzen versteht.

Bei situativen Fragen trägt aber eine Systematik wie die folgende wesentlich zur zur Gewinnung von wertvollen und aussagekräftigen Informationen bei. Es spielt eine Rolle, welche Situation man wählt, was man hören möchte, wie der Kandidat dabei vorgeht und welche Lösungswege er konkret favorisiert. Mit einem gezielten Nachfragen wird der Fragentrichter noch spezifischer.

1. Für die Stelle wichtige Eigenschaft oder Anforderung

Hier geht es im ersten Schritt darum, eine wichtige Kernanforderung aus dem Anforderungsprofil auszuwählen. Dies können wichtige Erfolgsfaktoren oder kritische Kompetenzen sein, die für die optimale Stellenbesetzung entscheidend sind wie Belastbarkeit und Stressresistenz, wichtige Kernkompetenzen, technologisches Know-how, Fremdsprachenkenntnisse, besondere Führungserfahrung, Medienkompetenz und vieles mehr. Nachfolgend wird das Beispiel "Belastbarkeit und Stressresistenz" weiter verwendet.

2. Für die Stelle typische oder das Unternehmen wichtige Situation

Nun binden Sie diese Anforderung in eine für Ihr Unternehmen und die Stelle wichtige und typische Situation ein. Je näher diese der aktuellen und für Sie wichtigen Stellenrealität entspricht, desto interessanter wird die Kandidatenantwort ausfallen. Dies können aktuelle Probleme, Herausforderungen, Projekte, neue Technologien, vorhandene Defizite, neue Strategien, Termindruck in Umsetzungen, Charakter und Erwartungen von Teams und mehr sein. Auch hier ein Beispiel:

Die starke Konkurrenzsituation und schmale Margen haben einen Erfolgsdruck durch hohe Umsatzvorgaben zur Folge.

3. Wie wird das Ziel erreicht oder das Problem gelöst?

Nun geht es darum, möglichst konkret zu erfahren, wie, d. h. mit welchen Fach- und Sozialkompetenzen, der Kandidat diese Anforderung erfüllen bzw. umsetzen würde. Diese Antworten zeigen, ob sie kompatibel sind mit Ihrer Unternehmenskultur, Ihrer Personalpolitik und Ihren Qualitätsanforderungen im Bereich von Fach- und Sozialkompetenzen.

Fachkompetenz

Hier kommen Know-how, Erfahrungen und Problemlösungswege zur Sprache. Welche Instrumente, Methoden und Ideen wählt und nennt der Kandidat? Dies kann auch die Methodenkompetenzen oder Bereitschaft zur Weiterbildung betreffen.

Beispiel: Der Kandidat sagt u. a., mit genauen Konkurrenzbeobachtungen und Marktanalysen Druck wegzunehmen und schnell handeln zu können. Das sagt Ihnen zu, denn damit haben Sie bereits gute Erfahrungen gemacht.

Sozialkompetenzen

Welche sind wichtig bezüglich des Vorgesetzten, des Teams und der Unternehmenskultur? Die Fragen könnten lauten: Wie würden Sie die Mitarbeiter dazu motivieren, worauf würden Sie bei der Kommunikation achten?

Beispiel: Der Kandidat versichert, Stress und Druck nicht auf Mitarbeiter abzuwälzen. Doch mit Zielvereinbarungen, konsequenter Förderung und modernen Analyseinstrumenten will er sie unterstützen.

4. Mehr erfahren mit Nachhaken: Weshalb und wie genau?

In zwei bis drei Aspekten kann eine Vertiefung notwendig sein, die noch spezifischer auf Ihre Anforderungen und Ihr Unternehmen ausgerichtet ist. Dies sind Folgefragen bei den Antworten, weshalb und wie genau der Kandidat das eine oder andere Vorgehen wählt.

Beispiel: Mitarbeiterförderung ist bei Ihnen zurzeit ein wichtiges Thema. Deshalb haken Sie hier wie folgt nach: "Sie nennen die Mitarbeiterförderung. Was wäre Ihnen hier wichtig, wie würden Sie dabei vorgehen, wo würden Sie Prioritäten setzen?"

Mit einer solchen Anschlussfrage wird der Bewerber gezwungen, noch konkreter und genauer zu werden und zu beweisen, dass das Gesagte mehr als nur Worthülsen oder angelesene Management-Weisheiten ist. Vermag der Kandidat hier individuell und substanziell zu antworten, verrät er auch wirkliche Kompetenz und wirkt somit glaubwürdig.

Beispiele von Handlungs- und Situationsfragen

Nachfolgend zeigen Ihnen einige thematisch und vom Detaillierungsgrad her recht unterschiedliche Fragen anhand konkreter Beispiele die Formulierungsmöglichkeiten in der Interviewpraxis:

"Angenommen, unser Speditionschef würde für zwei Monate ausfallen - wie wäre es für Sie, in einem anderen Bereich Hand anzulegen und einzuspringen?"

"Sie müssten einem Mitarbeiter eines zehnköpfigen Teams, der sehr beliebt war, kündigen. Wie würden Sie vorgehen, worauf würden Sie besonders achten und wie würden Sie dies im Team kommunizieren?"

"Sie liegen massiv hinter den Verkaufszielen und der Druck nimmt zu. Sie wissen aber nicht, welches die Gründe sind. Was würden Sie unternehmen, welche Methoden der Problemlösung würden Sie einsetzen und wie würden Sie mit dem Druck und Stress umgehen?"

"Es würde mich interessieren, wie Sie sich in folgender Situation verhalten und was Sie machen würden. Sie müssen bei einem eher älteren Team völlig neue und andere Abläufe und Arbeitsmethoden einführen und Sie hätten mit Widerständen zu rechnen. Wie würden Sie dabei vorgehen?"

"Angenommen, Sie kommen regelmässig zwei bis drei Monate lang erst spät abends nach Hause und müssten jeden Monat für drei bis vier Tage ins Ausland. Wie wäre das für Sie? Würde das Ihre Lebenspartnerin zum Beispiel stören, würden Sie mit Problemen rechnen?"

"Ein neuer Personalchef würde Mitarbeiterförderung zum Thema des Jahres wählen und von Ihnen einen konkreten Vorgehensplan mit ebenso konkreten Massnahmen erwarten. Wie würden Sie vorgehen, was wären Ihre Massnahmen - und wie wichtig ist Ihnen Mitarbeiterförderung generell? Sehr interessieren würden mich auch ein bis zwei Beispiele aus Ihrer Führungspraxis und -Führungserfahrung."

Mit dieser Systematik gelingt es, Fragen zu stellen und Informationen zu erhalten, die sehr aufschlussreich sind, weil sie sich durch einen genauen Bezug zu Ihrer aktuellen Praxis und wichtigen Unternehmensgegebenheiten und Anforderungen auszeichnen. Und der Kandidat muss seine Kompetenzen konkret und authentisch unter Beweis stellen. Mit dem gezielten Nachhaken nach genaueren, spezifischeren oder konkreteren Mehrinformationen lässt sich dieser Vorteil noch mehr verstärken.

Mit Vorsicht einzusetzende Fragearten

Wie schon bei den einzelnen Fragetechniken erwähnt, sind es vor allem die zu manipulativen und zu grosse Verunsicherung auslösenden Fragen, auf die in der Regel verzichtet werden sollte. Völlig zu vermeiden sind natürlich jene Fragen, die ein Interview zu einem Verhör machen oder den Kandidaten auf das Glatteis führen. Es können dies Stressfragen, Kettenfragen, zu heikle hypothetische Fragen und schnell manipulativ wirkende Fragen sein.

Auch Fragen zur Privatsphäre sind zu vermeiden. Nur schon eine Frage wie "Ich hoffe, Ihre Lebenspartnerin hat keine Probleme damit, wenn Sie regelmässig einige Wochen auf Geschäftsreise sind?" ist streng genommen unzulässig und muss vom Kandidaten nicht wahrheitsgemäss beantwortet werden. Daher sind diese Fragen aus mehreren Gründen nutzlos, da man darüber hinaus auch den Wahrheitsgehalt nicht überprüfen kann und sich bei vielen Kandidaten auch die Vertrauensbasis störende Verunsicherungen einstellen können.

Stressfragen mögen bei Stellen mit hohem Leistungsdruck wie z. B. im Vertrieb vereinzelt berechtigt oder gar notwendig sein, aber auch hier gilt, diese fair und mit Zurückhaltung massvoll einzusetzen.

Auch Bewertungsfragen sind mit Bedacht und immer unter Wahrung des Respekts gegenüber dem Kandidaten einzusetzen. Alternative Fragen sind in einigen Fällen angebracht, um die Antwort zu erleichtern oder tendenziell eine erwünschte Information zu erhalten. Doch in der Regel ist auch hier die offene und direktere Art der Fragestellung vorzuziehen und meistens auch ergiebiger.

Vorsichtig sollte man auch bei komplexen oder zu theoretischen Fragen sein, da diese stark verunsichern und zu sehr an schulmeisterliche Prüfungsfragen erinnern. Es ist ohnehin ein Gebot der Fairness, Fragen stets dem Niveau, der Gewandtheit, der Intelligenz, der Bildung, dem Wissensstand und der beruflichen Erfahrung eines Kandidaten anzupassen.

Fragen zur Gewinnung von Mehrinformationen

Wie zuvor schon erwähnt, ist das Nachfragen eine wichtige Form der professionellen Interviewführung, welche wichtige Details vertieft, einen Sachverhalt vervollständigt und objektiviert oder den Bewerber dazu bringt, einen gewissen Themenbereich konkreter, klarer oder ausführlicher zu beantworten. Nachfolgend die unterschiedlichen Techniken, um dieses Ziel zu erreichen:

Die Klärung

Eine Antwort ist unklar, unvollständig oder sie kann nicht korrekt interpretiert werden.

Beispiel: *Ich habe immer den Eindruck gehabt, dass die Vorgesetzten meine initiative Art des Arbeitens als störend empfanden.*

Interviewer-Nachfassfrage: *Wie hat sich denn Ihre Initiative bemerkbar gemacht und wie hat sich dieses "Stören" gezeigt?*

Klarstellung von Widersprüchen

Eine Antwort steht im Widerspruch zu einer vorherigen Aussage oder zu einer Information aus den Bewerbungsunterlagen.

Beispiel: *Dieser Stress war dann der Grund, die Ausbildung abzubrechen.*

Interviewer-Nachfassfrage: *Das verunsichert mich jetzt ein wenig, da ich aus Ihrem Lebenslauf in Erinnerung habe, dass der Ausbildungsstoff Sie zum Abbruch bewog?*

Wiederholung

Deutliches, hartnäckiges Nachhaken, damit eine bereits gestellte, aber ignorierte oder mangelhaft beantwortete Frage doch noch beantwortet wird.

Beispiel: *Es waren vor allem die Aufgaben, die mir überhaupt nicht zusagten – das Arbeitsklima und der schlechte Lohn waren auch Gründe.*

Interviewer-Nachfassfrage: *Ach so, das kam dazu. Aber dennoch interessieren mich vor allem die Aufgaben, die Ihnen nicht gefielen.*

Interpretierende Verstärkung

Man gibt ein Feedback, wie man die Antwort verstanden hat versichert sich, ob deren Interpretation richtig ist.

Beispiel: *Ich brachte in diesem Projekt sehr viel ein und hatte eine Menge Ideen, die realisiert wurden, doch am Ende brachte mir dies gar nichts – weder eine Lohnerhöhung noch eine Anerkennung.*

Interviewer-Nachfassfrage: *Sie hatten also das Gefühl, dass man Ihr Engagement nicht würdigte oder nicht einmal gebührend zur Kenntnis nahm?*

Erweiterung und Vertiefung

Es werden neue Informationen nachgefragt, die auf den bereits gegebenen beruhen.

Beispiel: *Die Anzeichen, dass meine Arbeit nicht mehr geschätzt wurde, häuften sich.*

Interviewer-Nachfassfrage: *Welche Anzeichen waren dies denn?*

Technik der neutralen Reaktion

Ein Nachhaken des Interviewers, um noch mehr Informationen zu gewinnen, ohne aber mit der Art der Frage Einfluss zu nehmen.

Beispiel: *Dieser Job wurde mir damals in den schillerndsten Farben geschildert. Doch die Realität sah dann ganz anders aus.*

Interviewer-Nachfassfrage: *Können Sie mir erklären, wie Sie dies meinen, wie und wie anders dann diese Realität war?*

Auch ein einfaches und kurzes Nachfragen lediglich mit "Inwiefern?" oder "Was noch?" kann einfach und direkt zu Mehrinformationen führen. Nicht nur den Gesprächsinhalten, sondern auch der Beziehung der Gesprächspartner und der Art und Weise der Gesprächs- und Interviewführung sollte besondere Aufmerksamkeit geschenkt werden. Alle verbalen und nonverbalen Eindrücke der ersten fünf Minuten des Kennenlernens tragen übrigens gemäss Untersuchungen und Experimenten zu den später schwer veränderbaren Konturen eines Beziehungsbildes bei. Somit sollte vor allem diese erste Phase ruhig und stressfrei verlaufen, um eine objektive Beurteilung zu ermöglichen.

Systematik von Folge- und Vertiefungsfragen

Wie zuvor schon erwähnt, sind Folge- und Vertiefungsfragen ein sehr gutes Mittel, um den Konkretisierungsgrad von Antworten zu erhöhen, substanziellere Informationen zu erhalten, den Fokus auf relevante Aspekte zu setzen und vor allem bei situativen Fragen mehr über spezifische Kompetenzen zu erfahren und wie ein Bewerber eine Situation reflektiert.

Darüber hinaus lassen sich mit Vertiefungsfragen auch Fakten vervollständigen, emotionale Hinweise aufgreifen und verbale Besonderheiten wie Verallgemeinerungen und Verzerrungen hinterfragen. Vertiefungsfragen sind auch sehr dialog- und vertrauensfördernd, da sie signalisieren, dass der Interviewer an den Aussagen und Sichtweisen des Kandidaten interessiert ist und sich aktiv und gut zuzuhören versteht. Vertiefungsfragen können einer bestimmten Systematik folgen:

1. Grundfrage

Grundsätzliche, allgemein gehaltene Frage nach Erfahrungen, Verhaltensweisen, Stärken, Methoden, Arbeitsweisen und mehr.

Beispiele:
Wo sehen Sie Ihre Stärken und Schwächen? - Welches sind Ihre grössten Erfolge? - Wie lösen Sie Konflikte?

2. Konkretisierung

Mit konkreteren, genaueren Informationen muss der Kandidat Farbe bekennen und kann damit beweisen, dass eine Aussage mehr als ein Gemeinplatz ist.

Beispiele:
Was verstehen Sie genau darunter? - Können Sie mir dies etwas konkretisieren?

3. Beispiele aus der Praxis

Beispiele zeigen nun individuell und aus der Praxis heraus, wie es um die Kompetenzen steht. Dabei sind die Umstände, das Niveau, die Relevanz und der Bezug zu Ihrer Stelle von besonderem Interesse.

Beispiele:
Können Sie mir dafür zwei bis drei Beispiele nennen? - Wo und wie konnten Sie diese Stärke unter Beweis stellen?

4. Zielerreichungsbeitrag

Damit zeigt der Kandidat, wann und wo sich die Kompetenz konkret auf erreichte Ziele und erbrachte Leistungen ausgewirkt hat.

Beispiele:
Was trug diese Stärke zur Zielerreichung bei? – Was hat diese Vorgehensweise zum Resultat beigetragen? – Wie wirkte sich diese Taktik auf Ihre Verhandlungserfolge aus?

Beispiele von Folge- und Vertiefungsfragen

Die nachfolgenden Beispiele sind weitere Fragemöglichkeiten zur Vertiefung, Konkretisierung und Präzisierung von wichtigen Aussagen und Kompetenzen:

Wie sind Sie dabei genau vorgegangen?

Fragen nach dem "Wie" sind sehr empfehlenswert, da der Kandidat konkret werden und vor allem bei Arbeitssituationen authentisch schildern muss, welche Methoden er anwandte oder wie er Leistungen und Resultate erzielte. Zu abstrakte und unverbindliche Aussagen, mit denen sich Bewerber nicht festlegen wollen, können so gezielt hinterfragt werden.

Ist Ihnen dies schwergefallen?

Was immer es ist – ob ein Misserfolg, ein Rückschlag oder ein anderes Ereignis –, mehr zur Gefühlslage und zu Emotionen zu erfahren oder wie jemand mit bestimmten Situationen umgeht und sie verarbeitet, ist in vielen Bereichen stets von Interesse.

Können Sie mir dafür ein bis zwei Beispiele nennen?

Beispiele zeigen immer, wie authentisch ein Kandidat antwortet, und sind auch ein Mittel der teilweisen Verifizierung. Wer schnell typische und konkrete Beispiele nennen kann, wirkt in seinen Aussagen stets glaubwürdig. Es ist auch ein Weg, um sicherzustellen, ob etwas ähnlich verstanden oder interpretiert wird.

Welche anderen Faktoren waren Ihnen sonst noch wichtig?

Bei wichtigen Kompetenzen, beispielsweise der Sozialkompetenz einer Führungskraft, präzisieren weitere Grundwerte oder Prinzipien das gewonnene Bild und tragen zur Vertiefung bei.

Was haben Sie daraus gelernt?

Die Lern- und Reflexionsfähigkeit zeugt von emotionaler Intelligenz und ist für viele Bereiche von grosser Bedeutung. Erwähnt der Kandidat unwesentliche Dinge gleichrangig mit wichtigen Aufgaben und Verantwortlichkeiten oder kann er sinnvoll zusammengefasst erklären, weshalb er mehrmals bei neuen Stellen schon nach kurzer Zeit wieder kündigte?

Können Sie mir das näher erläutern?

Diese eher sachliche Frageart stellt vor allem sicher, ob bestimmte Aussagen richtig verstanden wurden, ob eine gemeinsame Vorstellung oder ein Verständnis darüber besteht.

Warum (ist) war Ihnen dies so wichtig?

Hier geht es darum, mehr zu bestimmten Grund- und Lebenswerten zu erfahren. Dies kann Überzeugungen, Erfahrungen, Handlungsweisen, Zielsetzungen und mehr betreffen. Erfährt man beispielsweise, warum jemandem ein gutes Arbeitsklima oder Erfolg viel bedeutet, versteht man die Persönlichkeit und die Motivation genauer und kann die Kompatibilität mit der Unternehmenskultur, einem Team oder mit der Führungskraft besser beurteilen.

Wie wichtig wäre dies für Sie bei unserer Stelle bzw. bei unseren Aufgaben und Tätigkeiten?

Ob es eine Weiterbildung, eine besondere Herausforderung, eine weiterbringende Erfahrung oder ein Führungsprinzip ist – wie genau ein Kandidat den Bezug zur angebotenen Stelle herstellen kann, ist in vielen Bereichen von grossem Interesse.

Das interessiert mich. Können Sie mir mehr dazu sagen?

Eine die Vertrauensbasis stärkende Frage, um mehr zu erfahren, was hinter einer wichtigen Aussage steckt. Solche Schilderungen verraten, wie viele andere auch, oft viel über das Ausdrucksvermögen, die Prioritäten und den Grundwert eines Kandidaten.

Ich meine da eine Enttäuschung bzw. Unzufriedenheit herauszuhören – ist das so?

Diese eher emotionale, empathische und aufmerksames Zuhören beweisende Fragestellung ermutigt Kandidaten, auch eher heikle und kritische Aspekte zur Sprache zu bringen.

Weitere Vertiefungs- und Folgefragen
Wie hat dies Ihre weitere Karriere und Laufbahn beeinflusst?
Was würden Sie heute anders machen, wenn Sie ...?
Welche Gründe hatten Sie, so zu handeln?
Würden Sie heute andere Prioritäten setzen?
War dies für Sie eine Vermutung oder Gewissheit?
Was meinen Sie, wäre passiert, wenn Sie es dennoch getan hätten?
Sehen Sie das auch heute noch so?
Was meinen Sie genau mit <Sache - Begriff - Äusserung>?
Was führte Sie dazu, anzunehmen, dass ...?
Was bedeutete Erfolg für Sie bei diesem Projekt?
War dies für Sie ein grosses Hindernis?
Was waren für Sie die Hauptgründe, sich so zu entscheiden?
Welche Kriterien waren für Sie bei dieser neuen Stelle wichtig?
Waren Sie sich dessen absolut sicher, als Sie ...?
Haben Sie diesen Entscheid später nie bereut?
Was hätte anders sein müssen, damit Sie es geschafft hätten?
Was genau hat Sie an dieser Situation dermassen gestört?
Wie würden Sie dies in der Situation XY sehen und damit umgehen?
Hatten Sie auch noch andere Alternativen und Optionen?
Haben Ihre Mitarbeiter dies auch so gesehen?
Würden Sie heute die Situation anders angehen bzw. beurteilen?
Welche anderen Erkenntnisse gewannen Sie sonst noch?
Was haben Sie aus dieser Situation gelernt?
Das ist eine mögliche Erklärung - können auch andere infrage kommen?

Fragen und Prioritäten von Kandidaten

Bei Interviews geht es zur Hauptsache um Fragen des Recruiters und Antworten und Verhaltensweisen des Kandidaten. Doch aktive Kandidaten stellen selber auch Fragen. Und was sie dabei wissen wollen, kann sehr aufschlussreich sein.

Interviews mit professionellen Recruitern und modernen Arbeitgebern sind keine Kreuzverhöre, sondern Dialoge, bei denen auch der Kandidat Fragen stellt, nachhakt und mehr wissen und erfahren will. Überlegte Fragen zeigen, dass Sie sich als Bewerber im Vorfeld gründlich mit Ihrer Karriereplanung auseinandergesetzt haben und es auch verstehen, Ihre Motivation für die ausgeschriebene Stelle darzulegen und Ihre Bedürfnisse kundzutun.

Erwartungen an Stelle und Aufgaben

Welche Erwartungen ein Bewerber an die Stelle und die damit verbundenen Aufgaben hat, ist in der Regel sehr aufschlussreich. Die Themen, die hier zur Sprache kommen, verraten oft, was dem Bewerber wichtig ist und welches seine Motivatoren sind. Stehen Gehalts-, Pausen- und Ferien-Fragen im Vordergrund oder sind es Fragen nach Aufgaben, Entwicklungsmöglichkeiten und Verantwortung?

Selbstbild und Sozialkompetenzen

Wie umfassend, facettenreich und ausgewogen sich ein Kandidat vorstellt, was ihm wichtig ist und wie sein Selbstbild ist, kann viel aussagen über Selbstsicherheit, Grund- und Lebenswerte und die Sozialkompetenzen. Wer sein Ego und das eigene Ich – übrigens sowohl in der Wortwahl wie auch in der Häufigkeit von Ich-Sätzen – stets ins Zentrum stellt und für kommende Arbeitskollegen und Teamaspekte wenig Interesse zeigt, verrät sich damit als wohl nicht sehr teamfähiger Kandidat.

Dialogfähigkeit und Neugier

Kommunikativ erfahren und engagiert wirkt ein Bewerber, wenn er zu Beginn des Interviews auf eine Frage bisher Besprochenes auf den Punkt bringt und mit einer Zusammenfassung nachhakt, ob er alles richtig verstanden habe, z. B.: "Für mich hat das Gespräch gezeigt, dass Sie besonderen Wert legen auf ...", "Habe ich die wesentlichen Zielsetzungen also richtig verstanden?" oder "Zu meinen künftigen Aufgaben wird also ... gehören?" Auch Feedback-Fragen zeigen, wie gut ein Bewerber zuhören kann und wie exakt er auf Informationen eingeht.

Unangebrachte Fragen

Unangebracht sind Fragen, die bereits im Gespräch beantwortet wurden, oder solche, deren Antwort man mit einer kurzen Recherche auf der Website des Unternehmens schon vorher gefunden hätte. Solche Fragen, die verraten, dass ein Bewerber sich nicht oder nur minimal mit dem Unternehmen auseinandergesetzt hat, zeigen, dass die Bewerbungsmotivation wohl nicht sehr hoch sein kann.

Niveau und Prioritäten der Fragen

Wer fachlich anspruchsvolle Fragen stellt, Abläufe genau kennen will oder sich nach den Prioritäten von Zielen und Aufgaben erkundigt, verrät Intelligenz, Kompetenzen und Niveau in den Anforderungen und Erwartungen. Ist es jedoch einem Kandidaten wichtiger, mehr über die Betriebsordnung, einen eigenen Firmenwagen oder Pausenzeiten zu erfahren, sagt dies wohl recht viel über seine Ansprüche aus.

Proaktives selbstbewusstes Verhalten

Sympathisch und proaktiv sind Fragen wie: "Kann ich meine Kollegen und den Arbeitsplatz vorab kurz kennen lernen?" Oder welche Fragen zu welchem Zeitpunkt gestellt werden: Manche sollten Bewerber zu Beginn eines Interviews stellen, andere aus taktischen Gründen eher gegen Schluss – wie beispielsweise Fragen zu Gehalt, Aufstiegschancen und Sonderleistungen.

Motivierbarkeit und Menschenbild

Das Leistungsbewusstsein, die Begeisterungsfähigkeit und die Motivierbarkeit sind ebenfalls wichtig. Fragen, die in diese Richtung gehen, sind immer positiv zu vermerken und ein Zeichen besonderer Leistungsbereitschaft und Identifikation mit Unternehmen, Stelle und Aufgaben.

Wie äussert sich der Kandidat über Vorgesetzte, Kollegen, Teams und allenfalls zu führende Mitarbeiter? Auf ein positives und respektvolles Menschenbild ist ebenfalls stets zu achten. Negative und abschätzige Bemerkungen und Schilderungen sollten stets Warnsignale sein.

Gute und kluge Fragen von Bewerbern			
	wurde gefragt	nicht gefragt	unwesentlich
Fragen zu Arbeit, Tätigkeit und deren Schwerpunkte			
Fragen zu aktuellen Aufgabenstellungen und Projekten			
Fragen zur Unternehmenskultur und zum Führungsstil			
Fragen zu Teamzusammensetzung und Teamcharakter			
Fragen zum Vorgesetzten und zur Zusammenarbeit			
Fragen zu Möglichkeiten/Angeboten der Weiterbildung			
Fragen zu den Schlüsselkompetenzen des Unternehmens			
Fragen zu Geschäftspartnern und Kunden			
Zukunftsgerichtete Fragen zu Stelle und Aufgaben			
Fragen zur Stärke und Art der Konkurrenz			
Schlüsselfragen zur Branche und zu Marktanteilen			
Fragen im aktuellen oder gesellschaftlichen Umfeld			
Fragen zu Arbeitsklima und Umgang mit Kollegen			
Fragen zu Laufbahn und Entwicklungsperspektiven			
Fragen zu Leistungserwartungen und Leistungsmessung			
Fragen zur Strategie und zu Zielen des Unternehmens			
Vertiefende Fragen zu den Kernanforderungen			
Fragen zum Vorgänger und zur Personalpolitik			
Fragen zum Einführungsprogramm			
Einbindung der Position in die Organisation			
Mit welchen Aufgaben man sofort beginnen wird			
Die aktuellen Aufgaben und Herausforderungen			
Mit welchen Abteilungen zusammengearbeitet wird			

Was zeichnet gute Kandidaten-Antworten aus?

Über das Thema der Frage oder deren verfolgtes Ziel hinaus gibt es eine ganze Reihe von Faktoren und Kriterien, welche die Qualität von Kandidatenantworten recht gut zu beurteilen vermag. Einige dieser Kriterien finden Sie nachfolgend:

Differenziertheit

Differenzierte Antworten von Bewerbern sind ausgewogen, nennen auch andere Facetten und Aspekte und relativieren oft. Differenziertheit ist oft ein Zeichen von Intelligenz, Reife, Realitätssinn, Denkfähigkeit und Authentizität. Vor allem heikle oder sensible Bereiche wie Karrieremotive, Leistungsverständnis, Arbeitgeberbeurteilungen, das Umschreiben von Führungsstilen usw. erfordern oft differenzierte Antworten.

Authentizität

Authentizität ist in der Regel ein Zeichen von Glaubwürdigkeit, Echtheit, Zuverlässigkeit, Stimmigkeit. Bei authentischen Menschen, bzw. Bewerbern wirken die gesamte Erscheinung und sämtliche Antworten und Aussagen authentisch, wenn rationale und emotionale, verbale und nonverbale, sichtbare und nicht sichtbare Signale und Informationen übereinstimmen.

Courage und Ehrlichkeit

Bewerber, die zu Schwächen, gemachten Fehlern, Defiziten und ähnlichem stehen, also damit auch aufrichtig antworten, zeichnen sich nicht nur durch Mut und Ehrlichkeit, sondern ebenso ein gesundes Selbstvertrauen aus. Wesentlich ist bei Antworten aber allerdings auch, was der Kandidat unternimmt, um für die Stelle wichtige Defizite zu beseitigen oder wie er mit Schwächen umgeht, die sich nicht so schnell korrigieren lassen.

Individualität

Bei Bewerberantworten besteht oft die Gefahr, Worthülsen, Allgemeinplätze und auswechselbare Standardantworten zu erhalten. Der Kandidat wiederholt Wort für Wort Kernanforderungen aus der Stellenanzeige oder plappert Empfehlungen aus Managementlehrbüchern oder Bewerbungs-Ratgebern nach. In solchen Fällen ist ein Interviewer berechtigt, nachzuhaken. Kandidaten, die durchdacht und intelligent antworten, sind aber bemüht, individuelle und für sie typische und treffende Antworten zu geben.

Konkretisierungsgrad

Antworten können sehr allgemein, floskelhaft und fad ausfallen. Um so konkreter und spezifischer Kandidaten zu antworten verstehen, um so glaubwürdiger sind sie. Sie zeichnen sich dadurch auch als gute Zuhörer aus und besitzen Anstand und Fähigkeit, das Bedürfnis des Interviewers nach nützlichen Informationen zu befriedigen. Es gibt aber mehrere Fragen und Fragetechniken, die Kandidaten dazu anhalten, konkrete Antworten zu geben.

Nachfragen

Bewerber, die sich um gute Antworten bemühen, fragen oft nach, wie etwas gemeint ist, worauf sich die Frage bezieht, welchen Bereich sie betrifft oder welches die Umstände oder Rahmenbedingungen sind. Solches Nachfragen erlaubt ihnen, präzisere und konkrete Antworten zu geben und zeigt, dass man über die gestellte Frage nachdenkt und sie genau beantworten möchte. Bewerber, die sogar mit einem vorbereiteten Fragebogen erscheinen, beweisen damit eine besonders gründliche Vorbereitung und ein ernsthaftes Interesse an der Stelle. Besonders positiv für den Gesprächsverlauf sind Fragen, die signalisieren, dass man Ihren Ausführungen konzentriert zugehört hat und dazu weiterführende Informationen wünscht.

Überzeugungsstärke

Bei Interviews ist es das legitime Interesse des Kandidaten, sich überzeugend und im besten Lichte darzustellen und zu zeigen – oder etwas salopper – sich gekonnt zu verkaufen. Doch charakterlich gefestigte Kandidaten kennen die Grenzen der Selbstdarstellung und des "Sichverkaufens" instinktiv. Wer sich über alle Massen lobt, auf alles die goldrichtige Antwort hat und den perfekten Kandidaten mimt, ist jedoch schnell einmal unglaubwürdig.

Substanz und Gehalt

Gute Antworten zeichnen sich auch durch Substanz und gehaltvolle Informationen aus. Dies zeigt ein Kandidat unter anderem dadurch, dass er durch eine gründliche Vorbereitung auf das Interview über das Unternehmen und die Stelle gut informiert ist. Doch auch Intelligenz, Ausdrucksstärke und wohlüberlegte und durchdachte Antworten ermöglichen die erwünschte Substanz und den für den Interviewer wichtigen Informationsgehalt.

Ausführlichkeit und Detaillierungsgrad

Kandidaten, die Antworten in epischer Breite endlos und bis ins kleinste Detail geben, nerven schnell einmal und werden langweilig. Dies mündet oft in Selbstdarstellungen und ausufernder Plauderei. Zu knappe und einsilbige Antworten sind ebenso unangebracht. Wer aber in einigen wenigen, klaren und präzisen Sätzen antwortet und abzuschätzen weiss, wo eine Antwort durchaus auch mal ausführlicher ausfallen darf und soll (Erfahrungen, Lebenslauferklärungen, Ziele und Ambitionen usw.) wirken angenehm kompetent und sind oft auch gute Kommunikatoren.

Gutes Zuhören im Dialog

Aktives Zuhören beweist und zeigt viel – auch bei Bewerbern: Interesse an Stelle und Aufgaben, Neugierde und Wachheit, Anstand und Empathie, lebhafte Teilnahme am Gespräch, das Bemühen, präzise und gute Antworten zu geben und mit der Konzentration auf das Gespräch und die Ausführungen des Interviewers aktiv und engagiert bei der Sache zu sein. Schlechte Zuhörer sind oft egozentrisch, wenig engagiert und kooperativ und kommunikativ oft nicht sehr begabt.

Keine übermässige Ich-Betonung

Man kennt es im privaten Bereich ebenso wie im geschäftlichen – und man bekommt es oft auch in Interviews zu spüren und zu hören: Menschen, die sich permanent und überall in den Mittelpunkt stellen und sich als das Mass aller Dinge betrachten. Sie sehen oft auch alles lediglich aus der eigenen Warte, können kaum andere Sichtweisen nennen und tendieren dazu, sich als unfehlbar zu betrachten. Solche kommunikativ egozentrische Antworten und Menschen sind selten lernfähig, können Kritik nur schwer ertragen und haben oft auch in Teams Probleme.

Emotionale Intelligenz

Emotional intelligente Antworten sagen viel aus über die *Selbst-Wahrnehmung* (Wie erkennt und sieht sich der Kandidat selber), das *Selbst-Management* (Wie wird Leben und Beruf gemanagt) *Selbst-Motivation* (Was treibt ihn an, wie motiviert er sich selbst), Empathie (Wie sehr geht er auf den Interviewer ein und kann sich in seine Lage und die anderer Menschen versetzen) und *Sinn, Werte, Visionen* (Was spornt ihn an, wofür setzt er sich ein, welches sind seine Grund- und Lebenswerte).

Beurteilung der Antwortqualität von Bewerbern	sehr gut	in Ordnung	mangelhaft
Differenziertheit			
Authentizität			
Ehrlichkeit und Courage			
Individualität			
Prägnanz			
Konkretisierungsgrad			
Zweck/Hintergrund einer Frage verstehen			
Überzeugungsstärke			
Substanz und Gehalt			
Ausführlichkeit und Detaillierungsgrad			
Gutes Zuhören im Dialog			
Keine übermässige Ich-Betonung			
Emotionale Intelligenz			
Genauigkeit der Antwort			
Herausspüren der Interviewer-Absicht			
Bezug zu Stelle und Aufgaben			
Relevanz von Beispielen und Erfahrungen			
Richtiges Einschätzen des Stellenwertes			
Niveau von Beispielen und Erfahrungen			
Bereitschaft und Fähigkeit zur Selbstkritik			

Unzulässige Fragethemen

Es dürfen aus arbeitsrechtlichen und moralischen, aber auch Gründen der Fairness und des Anstandes nicht zu allen Lebens- und Persönlichkeitsbereichen Fragen gestellt werden. Es sind dies beispielsweise folgende Bereiche:

Familie
Heiratsabsichten, intime Beziehungen und Freundschaften sind Privatsache. Erlaubt ist nur die Frage nach dem Zivilstand.

Vorstrafen
Die generelle Befragung dazu ist nicht erlaubt - es sei denn, es besteht Einschlägigkeit.

Gewerkschaftszugehörigkeit
Grundsätzlich sind Fragen danach unzulässig - ausser in Tendenzbetrieben.

Schwangerschaft
Der Arbeitgeber muss darüber nicht informiert werden.

Gesundheit
Ausser bei Bedeutung, bzw. Relevanz für die Arbeitstätigkeit dürfen in der Regel keine, auch allgemeine Fragen, zum Gesundheitszustand gestellt werden.

Politische Ansichten und Aktivitäten
Grundsätzlich sind Fragen danach unzulässig - ausser in Tendenzbetrieben oder politisch sensiblen Tätigkeitsbereichen.

Veranlagungen
Sexuelle und andere Arten von Veranlagungen dürfen nicht Gegenstand von Fragen sein und gehören zur Intimsphäre.

Persönliche Lebenswerte
Auch diese Bereiche sind sensibel und gehören zur Persönlichkeit. Ausser Arbeitsmoral oder Tätigkeiten mit konkretem Arbeitsbezug.

Religionszugehörigkeit
Grundsätzlich sind auch solche Fragen nicht gestattet.

Ehe- und Familienplanung
Familienplanung wie Kinderabsichten oder Form des Zusammenlebens sind im Allgemeinen nicht gestattet.

Finanzielle Situation
Fragen zur finanziellen Situation gehören zur Privatsphäre und sollten nicht Thema eines Interviews sein.

Einsatz von Fallbeispielen in Interviews

Eine Case Study (aus dem Englischen, Fallstudie) ist ein vor allem in Assessment Centern häufig eingesetztes Instrument des Personalauswahlverfahrens. Sie kann aber in gekürzter und vereinfachter Form mit grossen Vorteilen auch in Interviews zum Einsatz kommen. Eine Case Study ist handlungs- und entscheidungsorientiert und vermittelt deshalb dem Interviewer in kurzer Zeit sehr authentische und wesentliche Informationen über den Kandidaten.

Arten von Case Studies

Eine Case Study ist häufig als thematisch spezifisch und klar definierte Einzelaufgabe angelegt, wobei man häufig zwischen kurzen und eher einfachen und komplexen und eher längeren Case Studies unterscheidet. Kurzfälle bestehen aus einigen wenigen kürzeren Problemstellungen, die nacheinander befragt werden und kurze Antworten in einigen wenigen Sätzen ermöglichen. Längere Cases können hingegen umfassendes Informationsmaterial zu einem komplexen Problem voraussetzen und auch zentrale Unternehmensbelange strategischer Art oder Zukunftsszenarien enthalten.

Die Bewertung von Case Studies

Neben Stressresistenz, Konzentrationsfähigkeit und fachlichen Qualifikationen sind Case Studies auch aufschlussreich, um zu sehen, wie Kandidaten sich in komplexe Bereiche einzuarbeiten verstehen und wie strukturiert dabei ihre Vorgehensweise ist. Fallstudien gibt es in den unterschiedlichsten Formen, Detaillierungsgraden, Themenbereichen und Schwierigkeitsstufen. In einem einfachen und kurzen Fall kann eine Frage wie folgt lauten: "Was würden Sie dem Kunden beim Problem XY empfehlen? Und warum?" Ebenso kann aber bei einer Führungskraft in verantwortungsvoller und anspruchsvoller Position Thema und Erwartung auch sein, dass der Betreffende eine Viertelstunde lang ein komplexes Strategieproblem mit Alternativen schildern muss, bei dem ihm Statistiken, Grafiken und Fakten vorgelegt werden, die er in seine Lösungsvorschläge integrieren soll. Case-Fragestellungen haben zahlreiche Vorteile: Sie geben Aufschluss über wichtige Kompetenzen und Fähigkeiten von Kandidaten:

- Ausdrucksvermögen und Informationsstruktur
- Prägnanz und Konkretisierungsgrad von Informationen

- Aktualität und anforderungsgerechte Fachkompetenz
- Methodik und Systematik von Vorgehensweisen
- Innovations- und Problemlösungsfähigkeiten
- Reaktion und Verhalten unter Zeit- und Bewertungsdruck
- Analytische und intellektuelle Fähigkeiten eines Bewerbers
- Pragmatismus und Handlungsorientierung
- Kompatibilität mit der Unternehmens- oder Führungskultur

Es gibt also zahlreiche und sehr überzeugende Vorteile von Case Studies. Interessant sind immer auch das emotionale Verhalten, die Gewichtungen und die sich zeigenden Fach- und Sozialkompetenzen.

Breite Palette möglicher Kompetenzprüfungen

Fallstudien konfrontieren Kandidaten also mit einem überschaubaren, aber dennoch komplexen Sachverhalt, der in Kürze erfasst werden muss und ebenso schnell eine adäquate Reaktion erwartet. Je nach Aufgabentyp können professionelle Interviewer während der Lösung der Fallstudie unterschiedliche Fähigkeiten bei einem Bewerber testen. Es geht um analytische und organisatorische Kompetenzen, aber auch darum, wie gewandt der Kandidat an ein komplexes Problem herangeht, wo er die Schwerpunkte setzt, wie er seine Vorschläge zu begründen versteht und wie er sich eine individuelle Lösung erarbeitet.

Wahl der Fallbeispiele ist besonders wichtig

Fallbeispiele sollten bestimmte Ziele verfolgen, welche Informationen man haben möchte und um welche Kompetenzen es geht. Die zentralen Fragen lauten stets: Welche Informationen erwarte ich, was will ich prüfen und worauf lege ich die Prioritäten? Deshalb sollten Case Studies so gestaltet sein, dass für die Stelle relevante Situationen zur Sprache kommen, die zentralen Fach- und Sozialkompetenzen geprüft werden und Fallbeispiele zu schildern sind, die für Stelle und Unternehmen typische und wichtige Elemente enthalten. Dies können auch aktuelle Probleme, Herausforderungen, Projekte oder Situationen sein, die in leicht modifizierter Form an Kandidaten herangetragen werden.

Mit Case Studies bietet sich die einmalige und unbedingt zu nutzende Chance, sehr individuell auf Anforderungen, Unternehmen und Kernkompetenzen ausgerichtete wichtige Informationen zu einem Kandidaten zu erhalten – und dies in konkreter, authentischer und praxisnaher Art und Weise. Im Allgemeinen sollte man Kandidaten dabei nicht zu oft unterbrechen, aber bei wichtigen oder unklaren Aussagen sind Zwischenfragen wie die folgenden durchaus sinnvoll:

- Wie würden Sie dabei genau vorgehen?
- Können Sie mir diese Vorgehensweise kurz begründen?
- Könnten Sie auch noch weitere Optionen vorstellen?
- Wo sähen Sie die wichtigsten Vorteile oder grössten Risiken?
- Würden Sie dies auch in der Situation XY machen?
- Welche Faktoren wären für Ihren Entscheid auch wichtig?
- Welche Informationen müssten Sie zur Analyse noch haben?

Bei Fallstudien kann es um Entscheidungssituationen, Lösungsvorschläge, Probleme oder Konflikte, reine Fachfragen, aber auch Sozialkompetenzen oder um unerwartete Herausforderungen oder gar Krisensituationen mit veränderten Rahmenbedingungen gehen. Eine grobe Stossrichtung bzw. Hauptunterscheidung in Fach- und Sozialkompetenzen, in unternehmerische und strategische Aspekte oder in Führungssituationen ist oft empfehlenswert. Ein Fallbeispiel sollte Schwerpunkte setzen und eher Informationen in die Tiefe und nicht zu sehr in die Breite erwarten dürfen.

Fallbeispiele: Relevante Anforderungen prüfen

Fallbeispiele stellen in der Regel eine komplexe Entscheidungssituation mehr oder weniger ausführlich dar. Die Entscheidungssituation kann aus allen Themenbereichen des modernen Managements und aus den unterschiedlichsten Entscheidungsfeldern im Unternehmen kommen. Die eigentliche Bearbeitung eines Fallbeispiels bzw. einer Fallstudie besteht neben der Analyse der Entscheidungssituation darin, Alternativen zu formulieren, das Vorgehen nachvollziehbar darzulegen, eine realistische Handlungsempfehlung zu geben und zu begründen, weshalb man sich auf die eine oder andere Weise entscheidet.

Interessant ist dabei immer auch, wo der Kandidat die Schwerpunkte setzt – sind es Technologien oder Mitarbeiterfragen, sind es rationale oder auch emotionale Aspekte, stehen Fach- oder Sozialkompetenzen im Vordergrund und sind die Schilderungen eher detailliert oder sehen sie auf ganzheitliche Weise das "Big Picture". Case Studies können auch in Form von Präsentationen,

Gruppenarbeiten, Diskussionen oder Face-to-Face-Mitarbeitergesprächen stattfinden, also auch die Form kann sehr flexibel gehandhabt werden. Es ist empfehlenswert und auch fair, den Aufgabenkreis, das Ziel des Fallbeispiels, den Zweck und die zu prüfenden Aspekte und die Rahmenbedingungen (Zeit, Unterlagen, Schwerpunkte) genau zu kommunizieren. Dazu ein konkretes Fallbeispiel eines möglichen Mitarbeitergespräches:

"Anschliessend kommt unsere Frau Sommerhalder von der Produktion zu uns. Sie wird Sie mit einem sehr heiklen Anliegen bzw. Problem aus der Führungspraxis konfrontieren. Zeigen Sie mir doch einfach in einem zehnminütigen Gespräch, wie Sie damit umgehen und wie Sie dieses Gespräch führen. Es geht mir dabei vor allem um Ihre emotionale Intelligenz, Ihre Empathie, die Kommunikationskompetenzen und Problemlösungsfähigkeiten."

Bei Fallbeispielfragen ist es nicht immer der primäre Zweck, perfekte und durchdachte Lösungen präsentiert zu bekommen, sondern auch zu sehen, wie strukturiert, methodisch und logisch ein Lösungsweg des Kandidaten ist, wie genau er auf die Frage einzugehen versteht und wie er sich dabei unter Stress oder in schwierigen Situationen verhält. Es können schon die Skizzierung eines Lösungsansatzes und dessen fundierte Begründung genügen und aufschlussreich sein.

Konkrete Themen und Fragestellungen von Fallbeispielen

Aus der nachfolgenden breiten Palette von konkreten Themen, Fragestellungen, Gewichtungen und Formen von Case Study-Fragen erkennt man, wie vielfältig und auch interessant Fallbeispielfragen sein und wie ergiebig und aufschlussreich je nachdem Antworten von Kandidaten ausfallen können.

Kundenverlust

Wir verlieren in einer Woche zwei Grosskunden und erleiden einen dramatischen Umsatzrückgang ohne im Geringsten die Gründe zu kennen. Wie würden Sie in dieser Situation reagieren?

Fluktuation

Die Fluktuation steigt seit zwei Jahren über alle Abteilungen hinweg. Nun will die Geschäftsleitung eine gründliche Analyse, die Gründe dafür und konkrete Massnahmen. Wie würden Sie vorgehen und welche Instrumente würden Sie einsetzen?

Neuer Markt

Unsere Marketingleitung möchte in den asiatischen Markt einsteigen. Die Meinungen sind geteilt, Risiken und Chancen sind gross. Wie würden Sie eine solche Entscheidung angehen und absichern?

Demotivation

Eine Mitarbeiterbefragung ergibt eine erschreckende Demotivation und einen hohen Anteil von Mitarbeitern, die innerlich gekündigt haben. Wie würden Sie in einer solchen Situation reagieren?

IT-Auslagerung

Man ist sich in der Geschäftsleitung nicht sicher, ob die IT ausgelagert werden soll oder nicht, da die Daten extrem sensibel sind, Kostenvorteile aber gross wären. Man verlangt von Ihnen eine Analyse, eine Meinung und wesentliche Faktoren und Entscheidungsgrundlagen. Welche wären dies, wie würden Sie vorgehen und wie würde Ihre Empfehlung lauten?

Neuer Internetauftritt

Man hält unseren Internetauftritt für nicht mehr zeitgemäss und wünscht sich von Ihnen einen Vorschlag inklusive Analyse, Entscheidungskriterien, Konzept, Kosten, Agenturevaluation und einen groben Zeit- und Umsetzungsplan. Wie würden Sie vorgehen und wo die Prioritäten setzen?

Unternehmensstrategie

Angenommen, Sie müssten vor der Geschäftsleitung eine Präsentation zu einer neuen, völlig anderen Unternehmensstrategie machen und diese mit einigen Kernargumenten davon überzeugen. Halten Sie doch nun gleich diese Präsentation vor mir, zehn Minuten und sehr grobe Aussagen genügen mir dabei durchaus.

Einstehen für Projekt

Sie haben ein sehr umfangreiches und aufwändiges Projekt zu neuen und innovativen Kundenserviceleistungen gestartet, welches ein sehr positives Echo fand. Nun kommt plötzlich die Geschäftsleitung und stoppt dies alles, weil sich die Kosten bei einer Nachkalkulation als viel zu hoch herausgestellt hätten. Wie würden Sie reagieren und argumentieren, um das Projekt allenfalls doch zu retten?

Fremdsprachenkenntnisse

Sind gute Fremdsprachenkenntnisse eine wichtige Anforderung, so können auch diese an Fallbeispielen oder praxisnahen Situationen geprüft werden. Naheliegenderweise sollten dies solche sein, bei denen die Fremdsprachenkenntnisse bei dieser Stelle dann auch am häufigsten eingesetzt bzw. benötigt werden, also beispielsweise in Verhandlungen, Bewerbergesprächen oder Kundenberatungen. Konkret gibt es Möglichkeiten wie die folgenden:

- Beantworten Sie mir doch bitte die nächsten fünf Fragen in englischer Sprache.
- Sie kämen oft in die Situation, harte Preisverhandlungen in englischer Sprache zu führen. Können wir in den nächsten fünf Minuten eine solche harte Preisverhandlung führen?
- Sie kennen unsere Produkte sicher recht gut. Können Sie mir diese in französischer Sprache beschreiben?

Sorgfältiger und bedachter Einsatz

Case Studies sollten mit Bedacht gewählt werden, sowohl was deren Thema und Anspruchsniveau wie auch deren Einsatz überhaupt betrifft. Sie sind grundsätzlich eher nur für Führungskräfte des mittleren oder höheren Managements oder sehr anspruchsvolle Experten- und Fachpositionen geeignet. Zudem ist es ein Gebot der Fairness, diese doch sehr anspruchsvolle und starkes Selbstvertrauen voraussetzende Methode bei sehr unsicheren oder sehr unerfahrenen Kandidaten nicht oder nur in sehr einfacher Form einzusetzen. Bei komplexen Fragen sollte ein Experte oder Geschäftsleitungsmitglied anwesend sein, um sich eine "Second Opinion" bilden und fachliche Aspekte beurteilen zu können.

Nachteile und Relativierungen

Es ist jedoch auch zu bedenken, dass diese Methode - so überzeugend und zahlreich die Vorteile auch sind - dennoch auch einige Nachteile und Interpretationsrisiken aufweist. Es entsteht für Kandidaten eine sehr belastende Stresssituation, die gewonnenen Informationen haben stets Laborcharakter und rhetorisch gewandte Kandidaten können durch geschicktes Verhalten und Gewandtheit auch vieles vortäuschen. Zeitdruck und Stress können auch dazu führen, dass weniger belastbare Kandidaten durch die entstehende Nervosität und den Druck sich nicht ins rechte und passende Licht rücken können, obwohl sie eigentlich dazu in der Lage wären und die Kompetenzen durchaus hätten. Man sollte Case Studies stets in den passenden Kontext setzen.

Kommentierte Interviewfragen

Erklärungen zu den Interviewfragen

- Kürzen Sie den Fragenkatalog auf der CD-ROM, indem Sie die für Sie nicht relevanten oder passenden Fragen löschen.
- Speichern Sie veränderte Dateien aber unter einem anderen Dateinamen ab, damit Sie das Original stets unverändert zur Verfügung haben.
- Ergänzen Sie die Fragen mit eigenen, bei denen Sie gute Erfahrungen gemacht haben oder die für Ihre Firma spezifische Bedeutung haben.
- Fachbezogene Fragen können Sie als weitere Datei abspeichern und diese einem Linienvorgesetzten zur Verfügung stellen, falls dieser auch in Bewerbungsgespräche involviert ist.
- Wichtige Fragen können Sie auf einem A4-Blatt zusammenfassen, die Antworten des Bewerbers mit Beurteilungspunkten versehen und dann als zusätzliches Analyseblatt für eine systematische Auswertung hinzuziehen.
- Ergänzen Sie die Kommentare allenfalls mit Ihren eigenen Erfahrungen, sowohl bei den bestehenden als auch bei den von Ihnen hinzukommenden Fragen. So entwickelt sich ein wertvoller Erfahrungsschatz an Interviewfragen, der sich permanent optimiert und auf Ihre individuellen Bedürfnisse ausgerichtet ist.
- Auch verschiedene Fragebogendateien für unterschiedliche Situationen sind denkbar (einfache Anforderungen, mittlere Anforderungen, Führungspositionen, Abteilungen usw.).
- Mit der Funktion *"Bearbeiten-Suchen-Ersetzen"* können Sie die Wertungen durch eigene Begriffe ersetzen. Viele allgemein gehaltene Fragen können im Laufe der Zeit auf Ihre persönlichen Bedürfnisse und betrieblichen Verhältnisse ausgerichtet werden. Sie können so auch für Sie wichtige Themenbereiche durchsuchen (Motivation, Weiterbildung, Arbeitgeber usw.)

Weitere Informationen zu Inhalt und Handhabung der CD-ROM finden Sie in den CD-ROM-Dateien selber und im Kapitel "Inhalt und Einsatz der CD-ROM" zu Beginn dieses Buches.

Einstieg ins Interview

Beim Interviewbeginn geht es darum, die Atmosphäre zu lockern, möglichst schnell einen ganzheitlichen Eindruck von der Persönlichkeit des Kandidaten zu gewinnen und eine Basis des Vertrauens herzustellen. Eine Information zu Dauer, Art und Verlauf des Interviews und den behandelten Punkten sind auf jeden Fall empfehlenswert. Eröffnungsfragen, wie die nachfolgenden, helfen Ihnen auch, die Persönlichkeit und die Erwartungen des Bewerbers möglichst früh abschätzen zu können und so das Interview für Sie und den Kandidaten möglichst optimal auszurichten.

Haben Sie den Weg zu uns gut gefunden?

Eine typische Warming-Up-Frage, die zum Standardrepertoire vieler Interviewer gehört. Doch schon mit dieser scheinbar harmlosen Frage gewinnt man bereits einen aufschlussreichen ersten Eindruck. Wer schon hier negativ, unsicher oder schlecht vorbereitet antwortet, verrät schon einiges über sich. Die Antwort "Ich fand Sie ohne Probleme, da die Lagebeschreibung auf Ihrer Website sehr klar war und ich mir eine Wegskizze ausdruckte" lautet schon sehr anders als: "Sie, ich hatte riesige Probleme, die vielen Baustellen waren störend und ich habe mich zwei Mal verfahren – es machte mich nervös..."

Was waren Ihre ersten Eindrücke, als Sie unser Haus betraten?

Die etwas andere Warming-Up-Frage: Hier ist es interessant, worauf der Kandidat sein Hauptaugenmerk richtet, welche und wie viele Eindrücke er schon gewonnen hat und wie differenziert und gehaltvoll er zu antworten weiss. Diese und die obige Frage sind Begrüssungsfragen, die oft vor dem Beginn des eigentlichen Interviews gestellt werden und durchaus in einen kleine Smalltalk münden dürfen. Hier gewinnt man auch erste Eindrücke über das Artikulationsvermögen, das Verhalten und die nonverbale Kommunikation und wie nervös oder entspannt der Kandidat ist.

Erzählen Sie mir doch etwas von sich und warum Sie sich bei uns bewerben.

Solche allgemein gehaltenen Aufforderungen sind nach einer kurzen Small Talk-Phase zu Beginn des Gesprächs üblich. Aus der Art der Darstellung des beruflichen Werdegangs kann man oft bereits grob abschätzen, ob der Bewerber auf die zu besetzende Stelle in Frage kommt. Interessant ist auch, welche Aspekte (Selbstdarstellung, Ereignisse, Motive, Interessen) wie geschildert und beschrieben werden. Überzeugen Sie sich, ob der Bewerber sich über die Position im Klaren ist und er realistische Erwartungen hat. Ist die Darstellung in sich schlüssig und lässt die Bewerbungsmotivation einen Zusammenhang zur Stelle erkennen? Ferner können Sie Rückschlüsse über das Selbstbild ziehen. Ist er realistisch oder neigt er zur Selbstüberschätzung?

Mit welchen Gedanken und Erwartungen sind Sie zu diesem Interview gekommen?

Eine nicht ganz einfache und für viele wohl auch überraschende Frage. Aber sie zeigt Ihnen auch, wie kommunikativ, selbstsicher und motiviert ein Kandidat vermutlich ist. Und es hilft Ihnen, das Gespräch kandidatenorientiert zu führen und auf gewisse Punkte genauer einzugehen.

Es würde mich interessieren, wie Sie sich auf dieses Interview vorbereitet haben.

Eine gründliche Vorbereitung zeugt von Interesse, Sorgfalt und Systematik. Wer Sie nun mit grossen Augen anschaut und nichts zu antworten weiss, lässt hier also Defizite erkennen. Kandidaten, die aber die Website besucht oder gar einen Fragekatalog erstellt haben, zeigen damit auch Qualitäten, die bei der Arbeit von Bedeutung sind: Gewissenhaftes Vorbereiten, systematisches und strukturiertes Herangehen an Aufgaben und das Ziel, über lückenlose Entscheidungsgrundlagen zu verfügen.

Welche Informationen werden während diesem Interview für Sie besonders wichtig sein?

Hat der Kandidat eigene Vorstellungen, spezifische Erwartungen und wenn ja, welche? Diese sehr einfache Frage kann interessante Informationen zur Folge und auf das Interview einen erheblichen Einfluss haben. Vor allem verrät es viel über die Persönlichkeit und die Motivatoren - und darüber, wie gut der Kandidat auf das Interview vorbereitet ist. Die Antwort gibt Ihnen wichtige Hinweise zur Beurteilung des Kandidaten bezüglich Ihres Anforderungsprofiles der ausgeschriebenen Stelle.

Angenommen, dieses Interview würde drei Minuten dauern und ich könnte Ihnen drei Fragen beantworten – welche wären dies?

Eine ungewöhnliche Frage, aber sie zwingt zur Konzentration auf das Wesentliche und verrät einiges über Erwartungen, Motivation, Prioritäten und Wertvorstellungen. Und es ist eine einfache Hilfe oder eine Art Kompass für das dann folgende Interview und die zu setzenden Schwerpunkte.

Welche Art von Informationen nehmen Sie leichter und besser auf? Zahlen, Fakten, Beispiele oder Vergleiche?

Je nachdem kann diese Frage helfen, Informationen kandidatengerechter rüberzubringen und gewisse Präferenzen der Informationsaufnahme zu berücksichtigen. Es kann interessant sein zu wissen, ob Ihr Kandidat visuell, kinästhetisch oder auditiv veranlagt ist, was den Zugang wesentlich erleichtern kann.

Was sollten wir vor dem Hintergrund Ihrer Bewerbung für die vakante Position über Sie wissen?

Diese Antwort zeigt Ihnen, ob und welche Gedanken sich der Bewerber über seine Qualifikationen in Bezug auf das Anforderungsprofil Ihrer angebotenen Stelle gemacht hat.

Was hat Sie an unserem Inserat besonders angesprochen?

Was führte den Bewerber dazu, sich um die Stelle zu bewerben, was hat ihn besonders angesprochen – diese und mehr Fragen geben Ihnen bereits einen recht guten Eindruck von den Erwartungen und Prioritäten des Bewerbers. Darauf aufbauend kann das Interview ausgerichtet und die Motivation des Kandidaten zumindest in groben Zügen erkannt werden. Diese Antwort verrät, wie intensiv sich der Bewerber mit der ausgeschriebenen Stelle auseinander gesetzt und wie sehr er sich auf das Interview vorbereitet hat. Zugleich erfährt man die ein bis zwei Punkte der dort beschriebenen Aufgaben, die auf besonderes Interesse stossen. Man sollte hier auch auf Widersprüche zu anderen Aussagen (Bewerbungsschreiben, Erwartungen an die Stelle, ähnliche Fragen) achten.

Es würde mich interessieren, was Sie zur Bewerbung bewogen hat.

Aus den Bewerbungsunterlagen kennen Sie die aktuelle Situation des Bewerbers und können beurteilen, wie genau die Antwort mit den Informationen aus den Bewerbungsunterlagen übereinstimmt. Ebenso gut kann ein Grund aus den Bewerbungsunterlagen zur Sprache kommen, zu dem sie vertiefende Mehrinformationen erfragen. Aus der Antwort erkennen Sie, ob der Kandidat klare individuelle Vorstellungen und Erwartungen hat oder ob eher undifferenziert geantwortet wird.

Wenn der Bewerber sich gründlich vorbereitet hat, kann er schlüssig darlegen, wie gut seine Fähigkeiten und Karriereziele zur ausgeschriebenen Stelle passen und zeigen, dass er sich mit dem Unternehmen und der Position gründlich auseinandergesetzt hat. Es ist auch vorteilhaft, wenn er im Laufe des Gesprächs erkennen lässt, dass er zumindest in groben Zügen weiss, was auf ihn zukommt - und dass die Aufgabe und das Umfeld für ihn attraktiv sind.

Was ist der Grund, weshalb Sie gerade gerne bei uns arbeiten würden?

Die häufigste Antwort: *Weil die von Ihnen ausgeschriebene Stelle meinen Fähigkeiten am meisten entspricht.* Diese Antwort sagt nicht viel aus. Gut ist es, wenn der Kandidat spezifisch antwortet, weniger gut, wenn Begründungen wie ein kurzer Arbeitsweg an erster Stelle stehen. Die Antwort verrät natürlich zugleich, wie gut der Kandidat über die Stelle, Ihr Unternehmen und die Aufgaben informiert ist und wie präzise und individuell die Antworten und Begründungen sind.

Weshalb hat gerade unsere Stelle Ihre Aufmerksamkeit gefunden?

Ist es der Titel, sind es die Zukunftsperspektiven oder ist es die beschriebene Aufgabenstellung? Ist es vielleicht der Reiz, sich einer neuen Herausforderung zu stellen oder Verantwortung zu übernehmen? Hier bringen Sie Motivationsinformationen in Erfahrung und erkennen, wie intensiv sich der Kandidat mit der Stelle auseinander gesetzt hat. Wenn der Kandidat hier konkrete Gründe für das Interesse zeigt, wie ein allenfalls vorher absolviertes Praktikum, Bekannte, welche in dieser Funktion/Branche arbeiten oder Informationen aus einer Fachmesse oder einem Fachartikel, ist dies um so glaubwürdiger.

Warum würden Sie gerne bei uns anfangen?

Achten Sie auf die Betonung von "warum" oder "uns". Sie erfahren entweder etwas über die allgemeinen Gründe oder besonders jene, die für Ihr Unternehmen sprechen. Auch hier: Je spezifischer, individueller und klarer die Gründe, desto besser. Aufschlussreich kann auch sein, inwiefern die Bewerbungsmotive mit den Aussagen im Begleitbrief der Bewerbung übereinstimmen.

Was gefiel Ihnen an unserer Stellenausschreibung besser als an anderen?

Interessant ist hier, für welche anderen Stellen sich der Kandidat ebenfalls interessiert hat, wie er die Prioritäten setzt und ob die Punkte, die für Ihre Stellenanzeige den Ausschlag gegeben haben, auch jene sind, mit welchen Sie die Erwartungen des Bewerbers erfüllen können.

Haben Sie unsere Website auch besucht – und wenn ja, was hat Sie dort am meisten angesprochen?

Eine ähnliche Frage wie die obige, mit dem Unterschied weiterer Hinweise, wie dynamisch der Kandidat bei der Informationsbeschaffung sonst noch vorging, wie vertraut er im Umgang mit dem Internet ist und welche Bereiche (Produkte, Mitarbeiter, Marketing) sein besonderes Interesse fanden.

Wenn Sie diese Stelle in drei bis vier Kernsätzen beschreiben müssten, wie würden Sie das tun?

Eine möglicherweise anspruchsvolle Frage, aber sie zeigt natürlich überzeugend, ob der Kandidat das Wesen, die Haupttätigkeiten und den Zweck der Stelle verstanden hat und einigermassen korrekt wiedergeben kann.

Auch beim Lesen einer Stellenanzeige kann man ein Aha-Erlebnis haben – ein Begriff, eine Tätigkeit, die den Ausschlag gibt. Wie war dies bei Ihnen?

Alles auf einen Begriff reduzieren- doch es gibt Aufgaben und Stellen, die diese Kernfaszination haben – und Menschen, die darauf ansprechen. Dies zu wissen, kann natürlich sehr wertvoll sein, da so die Toppriorität aus Sicht des Kandidaten beurteilt werden kann, ob diese Erwartungen in einem realistischen Verhältnis zu Ihrem Stellenangebot stehen.

In Ihrem Bewerbungsbrief erwähnten Sie, dass unsere Stelle Sie wegen <Angabe> besonders anspricht. Können Sie mir dazu etwas mehr sagen?

Solche Aussagen sind ja meistens von recht grosser Bedeutung, da sie den Ausschlag für eine Bewerbung gegeben haben. Dazu im persönlichen Kontakt mehr zu erfahren, kann aufschlussreich sein und zeigen, wie individuell und ernst gemeint solche Bezugnahmen wirklich sind.

Welches sind Ihre drei wichtigsten Muss-Voraussetzungen an eine Stelle?

Diese Frage ist bewusst sehr offen formuliert und sie kann Aufgaben, Branchen, Produkte, Arbeitsort, Positionen usw. betreffen. Achten Sie auf die Schwerpunkte, die gewählt werden und stellen Sie allenfalls Vertiefungs- und Folgefragen. Die Antwort gibt Ihnen wichtige Hinweise zur Beurteilung des Kandidaten bezüglich Ihres Anforderungsprofiles.

Worauf wären Sie am meisten stolz, wenn Sie unsere Stelle bekämen und dann Ihren Freunden davon erzählen würden?

Diese Frage hat einen starken emotionalen und auch statusbezogenen Aspekt, der nicht unbedingt eine erstrangige Rolle spielen muss. Aber herauszuspüren, wie die Stelle und die Aufgaben emotional besetzt sind und gewichtet werden, kann dennoch interessante und aufschlussreiche Hinweise geben.

Was wissen Sie bereits über unser Unternehmen?

Eine Frage, die zeigt, wie intensiv sich der Kandidat mit Stelle und Unternehmen auseinander gesetzt hat. Interessant ist auch, welche Aspekte ihm wichtig sind und ob zur Informationsbeschaffung zum Beispiel die Website Ihres Unternehmens oder andere Quellen genutzt werden. Werden in diesem Zusammenhang vorbereitete Fragen gestellt, ist das aktive Interesse besonders überzeugend.

Vorstellungen von der angebotenen Stelle

Dieser Teil des Interviews hilft, die Vorstellungen, Erwartungen und Prioritäten des Kandidaten in Bezug auf die von Ihnen zu besetzende Stelle kennenzulernen. Es ist also wichtig, aufgrund konkreter und verlässlicher Informationen abschätzen zu können, wie kompatibel Ihre Vorstellungen und diejenigen des Kandidaten sind und ob sie in den zentralen Punkten übereinstimmen.

Was meinen Sie, welche Ihrer Stärken und Erfahrungen Sie in dieser Position/Aufgabe einbringen können?

Bei dieser Frage geht es darum zu erfahren, wie Ihr Gesprächspartner die Position/Aufgabe einschätzt. Die Antwort zeigt auch, wie intensiv und detailliert sich der Kandidat mit der von Ihnen ausgeschriebenen Stelle auseinander gesetzt hat. Achten Sie bei der Antwort besonders darauf, inwiefern das Gesagte mit den Anforderungen und Gegebenheiten der zu besetzenden Stelle übereinstimmt und sich deckt.

Was haben Sie aus Ihren früheren Tätigkeiten gelernt?

Hier erhält man Hinweise zur Lernbereitschaft und zum Bewusstsein der Weiterentwicklung, aber auch zum selbstkritischen Selbstbild. Interessant sind hier wiederum die genannten Beispiele und allenfalls die Bandbreite der Antworten (Fachliches, Persönliches, Kommunikations-, Verhaltensaspekte usw.). Mit einem vom Kandidaten geschilderten Erlebnis zusammen gewinnt die Aussage an Glaubwürdigkeit und wird auch konkreter. Dabei ist die Art und Weise (wie Wortwahl, Prioritäten, eingebundene Menschen, Aufgaben usw.) interessant und aufschlussreich.

Welche Vorstellungen haben Sie von dieser Position bzw. Aufgabe?

Personalleute sprechen hier zuweilen auch von einer "realistischen Tätigkeitsvorschau", will heissen, von Bewerbern zu erfahren, wie realitätsnah deren Vorstellungen von der Stelle sind und ob die Erwartungen bezüglich Aufgaben, Niveau und Tätigkeiten mit der Stelle übereinstimmen. Achten Sie darauf, ob der Kandidat lediglich die Beschreibung der Stellenanzeige wiedergibt oder eigene Vorstellungen hat. Zu weit gehende Erwartungen, z.B. im Verantwortungsbereich oder in den Kompetenzen, müssen hier unbedingt korrigiert oder präzisiert werden.

Welche Anforderungen der Stellenanzeige haben Sie sehr, welche weniger angesprochen?

Meistens wird eine weitgehende Übereinstimmung der Fähigkeiten und Erfahrungen mit den Anforderungen im Stelleninserat genannt. Diese Frage zeigt, was den "Auslöser" zur Bewerbung gegeben hat. Achten Sie auf den Aussagegehalt der Antwort (nur "Weil die Stelle sehr interessant beschrieben war" oder "Ich übernehme gerne Verantwortung, arbeite gut in einem jungen Team und kann meine PC-Kenntnisse in einer zukunftsgerichteten Branche einsetzen").

Wenn Sie sich Ihre Wunschstelle schaffen könnten, wie würde diese aussehen?

Diese Frage kann je nach Antwort sehr aufschlussreiche Informationen vermitteln, denn sie ist recht unkonventionell und fordert auch das Vorstellungsvermögen und die Fantasie des Kandidaten heraus und zeigt, ob und wie er Erwartungen überhaupt zu artikulieren vermag. Die Frage ist vor allem bei eher unerfahrenen oder jungen Bewerbern interessant und sagt viel darüber aus, wie intensiv sich der Kandidat mit seinem Beruf, seiner Laufbahn und seinen Bedürfnissen an die berufliche Zukunft überhaupt auseinandersetzt und welche Ambitionen er hat. Um so erfreulicher ist es natürlich, wenn zumindest einige Bereiche der beschriebenen "Wunschstelle" auch bei der Ihrigen vorhanden sind...

Was reizt Sie am meisten an dieser Aufgabe/Position?

Durch die Präzisierung "am meisten" trennen Sie die *speziellen* Interessen von den *allgemeinen*. Diese Frage zeigt Ihnen, wie eingehend sich der Bewerber mit der Stelle auseinander gesetzt hat. Sie können annehmen, dass die genannten Bereiche auch jene sein werden, in denen sich der Bewerber am stärksten engagieren wird und am meisten motiviert ist. Interessant ist auch hier das Niveau der Antwort: "Der kurze Arbeitsweg, die guten Arbeitszeiten" oder "Die Optimierung von Abläufen, der Beitrag, die Produktattraktivität mit eigenen Ideen und meinen Erfahrungen zu erhöhen".

Mit einer neuen Stelle möchte man sich ja meistens auch weiterentwickeln. Wenn das auch bei Ihnen so ist, in welchen Bereichen wäre dies für Sie besonders wünschenswert?

Dies kann die Position, das Gehalt, das Aufgabenspektrum, das Anspruchsniveau der Tätigkeiten usw. betreffen. Dies zu erfahren ist natürlich aufschlussreich, ebenso die Tatsache, ob eine solche Weiterentwicklung bei der Stellensuche überhaupt bewusst in die Überlegungen miteinbezogen wird.

Wie würden Sie in die neue Position einsteigen?

Eine anspruchsvolle, aber gerade deshalb natürlich interessante Frage, die von Stellen und Kandidatenpersönlichkeiten abhängt. Welche Prioritäten, welche Ziele, Arbeitshilfsmittel und praktische Vorstellungen zur Sprache kommen, zeigen auch gut, wie klar dem Kandidaten Aufgaben, Kompetenzen und Verantwortung Ihrer Stelle überhaupt sind.

Was glauben Sie, welche Bedeutung diese Stelle für das Unternehmen als ganzes hat?

Hier sollte je nach Stelle und Komplexität eine Bemerkung folgen, dass man sich bewusst sei, dass dies keine einfache Frage sei und Informationen zwangsläufig fehlen. Doch je kompetenter die Antwort ist, desto besser informiert, die Zusammenhänge erkennend und vorbereitet ist der Kandidat.

Was möchten Sie über unser Unternehmen wissen?

Diese Antwort verrät einerseits, wie gut sich der Kandidat auf das Interview vorbereitet hat (sind es Fragen, die schon in der Stellenanzeige oder auf der Website beantwortet werden) oder neue, interessante Fragen? Und: Welcher Art sind sie – was sagen sie über die Motivation, den Arbeitstyp, die Ansprüche und die Ziele aus? Die Antwort lässt auch Rückschlüsse zu über Niveau und Ambitionen. Es macht einen grossen Unterschied, ob Pausenzeiten, Überstunden und Kantinenpreise im Vordergrund stehen oder Kunden, Projekte, Unternehmensziele und Weiterbildungsmöglichkeiten.

Warum möchten Sie die Stelle wechseln?

Fällt die Antwort des Kandidaten wahrheitsgetreu aus? Eine ehrliche Antwort signalisiert Selbstbewusstsein. Entsteht hier der Eindruck, dass der Bewerber etwas zu verschleiern versucht, begibt er sich auf die Verliererstrasse. Sehr wichtig sind nebst der Glaubwürdigkeit aber besonders die Motive. Wird nicht der schlechte Arbeitgeber, sondern die positive Zukunftsperspektive in den Vordergrund gerückt, ist dies positiv zu werten. Hat sich der Bewerber bewusst und zielgerichtet für den Wechsel entschieden und versteht er es, den Entscheid gut und mit für Sie und Ihre Stelle interessanten Motiven zu begründen, vermag er mit Sicherheit zu punkten. Wichtige Aussagen können bei Referenzen natürlich auf ihren Wahrheitsgehalt überprüft werden.

Einem Bewerber sollte die Ehrlichkeit zugestanden werden, negative Gründe (Mobbing, Konflikte, Arbeitsklima usw.) wahrheitsgetreu zu nennen. Hier können Vertiefungsfragen zur Klärung und Verifizierung beitragen. Klagt der Kandidat aber zu oft und ist er generell negativ, ist Vorsicht geboten.

Verhältnis zum vorherigen Arbeitgeber

Was bei einem früheren oder dem vorherigen Arbeitgeber erlebt wurde und geschah, ist auf irgendeine Weise immer auch mit der von Ihnen ausgeschriebenen Stelle von Interesse. Seien es Probleme mit Vorgesetzten, die Prioritäten des Kandidaten, die von ihm erwartete Unternehmenskultur oder die Art und Weise der von ihm genannten Konflikte – diese Thematik sagt auch sehr viel über die Grundhaltung und die Arbeitsethik eines Kandidaten aus.

In welcher Erinnerung haben Sie Ihren letzten Arbeitgeber?

Viele Bewerber sind auf diese Frage vorbereitet und antworten meistens entsprechend neutral und objektiv. Je differenzierter und individueller die Antwort ist – in positiven und negativen Aussagen –, desto glaubwürdiger ist sie. Nachfragen wie "Wie meinen Sie das genau?" oder "Können Sie mir ein Beispiel oder einen Vorfall nennen?" helfen weiter. Lassen Sie sich negative oder positive Aussagen näher umschreiben. Die positive oder negative Grundhaltung und das Menschenbild eines Bewerbers lassen sich hier recht gut beurteilen.

Was schätzten Sie an Ihren Vorgesetzten besonders und in welchen Punkten hatten Sie spezielle Probleme?

Hier ist es interessant zu erfahren, wie ehrlich und offen geantwortet wird. Interessant ist die Ausgewogenheit der positiven und negativen Schilderungen, die Sensibilität und Empfindlichkeiten in diesen Erfahrungen und das Niveau bzw. die Relevanz der Beispiele (Banalitäten wie Ordnung oder verschiedene Meinungen zu geschäftlichen Projekten oder Zielen).

Was meinen Sie, was Ihr ehemaliger Chef jetzt über Sie berichten würde, wenn ich ihn anriefe?

Bei "gutem Gewissen" werden nach kurzer Überlegung Antworten kommen, die Zuverlässigkeit, Engagement und spezielle Fähigkeiten betreffen.

Kommt die Antwort zu schnell, ist sie vorbereitet und verliert allenfalls an Glaubwürdigkeit. Beobachten Sie Änderungen im Verhalten; sie können darauf hinweisen, dass etwas nicht zum Besten steht.

Was hat den Ausschlag für Ihre Kündigung gegeben – warum haben Sie Ihre letzte Stelle gekündigt?

Ist es ein schlechtes Arbeitsklima oder Ihr besseres Angebot? Wenn es die Situation war, was war unbefriedigend? Ziehen Sie Rückschlüsse auf die Situation in Ihrem Unternehmen. Wenn es das bessere Angebot ist, welche Parallelen ergeben sich dann? Vorsicht ist geboten bei Kandidaten, die nun über Ihren Arbeitgeber oder Vorgesetzten herziehen oder sehr destruktive oder negative Antworten geben. Sachliche, nachvollziehbare Gründe, die auf Laufbahnziele oder Verbesserung der Entwicklungschancen schliessen lassen, sind besonders überzeugend.

Erzählen Sie mir doch bitte etwas über Ihre jetzige Arbeit, wie sieht ein typischer Arbeitstag zur Zeit bei Ihnen aus?

Diese Antwort gibt interessante Hintergrundinformationen zu Fähigkeiten und Qualifikationen und inwiefern sich diese mit den Angaben in den Bewerbungsunterlagen decken. Sind die Ausführungen schlüssig, wie organisiert und geplant geht man die Aufgaben an, wie weitreichend sind Kompetenzen und inwiefern sind sie der jetzigen Stelle ähnlich?

Welche Verbesserungen sind Ihnen bei einem Stellenwechsel besonders wichtig?

Mit dieser Frage gewinnen Sie Informationen, welche Prioritäten der Kandidat für seine berufliche und persönliche Situation stellt und welches seine Hauptmotive sind. Ist es Geld, weniger Stress, nur der Arbeitsweg - oder positiv – mehr Verantwortung, das Suchen nach einer neuen Herausforderung, die Möglichkeit, bei Ihnen mehr lernen zu können usw.

Welche zwei bis drei für Sie sehr wichtigen Bedürfnisse konnte der vorherige Arbeitgeber nicht erfüllen?

Diese sehr objektive und breit angelegte Frage lädt zu entsprechenden Antworten ein. Sie können aber entweder Themenkreise miteinbeziehen oder nach Beispielen und Erlebnissen fragen. Achten Sie bei der Antwort darauf, inwiefern das Gesagte mit den Anforderungen und Gegebenheiten der zu besetzenden Stelle übereinstimmt und sich beide decken.

Was hat Ihnen beim vorherigen Arbeitgeber am meisten gefallen, was sie auch bei einer neuen Stelle nicht missen möchten?

Die Umkehrfrage zur vorherigen, die zeigt, ob und wie leicht es dem Kandidaten fällt, auch positive Aspekte und Erfahrungen zu nennen und welche dies sind. Achten Sie auch darauf, aus welchen Hauptbereichen diese kommen (Arbeitsklima, Führungsstil, Sozialleistungen, Arbeitsqualität usw.).

Welches ist die für Sie wichtigste Muss-Verbesserung aufgrund Ihrer jetzigen Stelle gegenüber der von uns angebotenen?

Der Kandidat muss hier konkret antworten und er muss sich auch auf einen für ihn wichtigen Punkt konzentrieren. Solche Antworten geben unter Umständen aufschlussreiche und interessante Informationen über die Persönlichkeit des Bewerbers.

Was hat Ihnen am menschlichen Umfeld bei Ihrem letzten Arbeitgeber am meisten gefallen?

Diese Frage kann präzisiert werden mit dem Verhältnis zum Vorgesetzten oder den Arbeitskolleginnen und -kollegen oder beidem. Es sind oft die indirekten Fragen, die sich an konkreten Beispielen oder Erlebnissen des Kandidaten orientieren, mit denen sich die interessantesten und ergiebigsten Informationen gewinnen lassen.

Was würden Sie anstelle Ihres jetzigen Chefs anders machen?

Diese Frage zeigt, wie kritisch und eigenständig der Kandidat Arbeit und Vorgesetzte sieht. Interessant auch, ob nur Fehlleistungen und Negatives gesagt wird oder ob auch Alternativen und konstruktive Gegenvorschläge zur Sprache kommen.

Was haben Sie bei Ihrem letzten Arbeitgeber am meisten vermisst, was hat Ihnen am meisten gefehlt?

Eine sehr offene und geschickte indirekte Frage, die es dem Kandidaten überlässt, den oder die für ihn wichtigen Bereich(e) zu nennen und die viel über seine Bedürfnisse aussagt. Welcher Bereich dies ist, ist für Sie genauso interessant wie der Vergleich zu der von Ihnen angebotenen Stelle.

Warum möchten Sie sich beruflich verändern?

Eine offen gestellte Frage, die sehr viel Spielraum für Antworten lässt – ob es Karriereziele sind, veränderte Ansprüche wegen abgeschlossener Weiterbildung, ortsbedingte Gründe, Unzufriedenheit beim vorherigen Arbeitgeber, Branchenwechsel usw. Achten Sie darauf, wie konstruktiv, positiv oder negativ die Information ausfällt. Will der Kandidat vor allem von etwas *weg* – oder auf etwas *zu*?

Verglichen mit allen Ihren bisherigen Arbeitgebern – welches ist der für Sie wichtigste Punkt, den Sie bei einer neuen Stelle verbessert oder anders haben möchten?

Eine aus mehreren Gründen interessante Frage. Sicher einmal, ob er überhaupt darauf zu antworten weiss, was es ist und was dem Kandidaten besonders viel bedeutet. Dann aber auch der Vergleich zu Ihrer Stelle und inwiefern dieser Umstand miteinbezogen wird und der Bewerber allenfalls sogar einen konkreten Bezug zu einer relevanten Anforderung Ihrer Stelle herstellen kann.

Flexibilität und Anpassungsfähigkeit

Flexibilität und Anpassungsfähigkeit sind Anforderungen, die in der heutigen Wirtschaft immer mehr an Bedeutung gewinnen, sei es Bereitschaft zur Mobilität, Veränderungen im Aufgabenspektrum oder neue personelle Konstellationen. Hier mehr von einem Kandidaten zu erfahren, ist das Ziel der nachfolgenden Fragenbeispiele.

Wie wichtig ist für Sie ein kurzer Arbeitsweg?

Ein Kandidat ahnt vermutlich schnell einmal, dass der Hintergrund dieser Frage seine Bereitschaft zur Mobilität ist und wird dem Arbeitsweg nicht erste Priorität geben. Man kann beispielsweise nach den Arbeitswegen der vorherigen Stellen fragen - evtl. aufgrund der Angaben im Lebenslauf – und so die Bedeutung dieses Punktes in Erfahrung bringen.

Wenn wir Ihnen nach kurzer Zeit ein grosses Projekt anvertrauen würden, das Sie lange stark beanspruchen würde – wie würden Sie damit umgehen?

"Käme nicht in Frage" wird wohl kaum die Antwort sein. Aber ein starkes Abwägen, genaues Nachfragen nach dem Ausmass der Inanspruchnahme und weiteren Details sind dennoch aussagekräftig.

Angenommen, wir würden Ihnen ein halbes Jahr nach Ihrer Anstellung bei uns im Ausland eine sehr interessante Stelle anbieten. Wie würden Sie reagieren?

Hier werden tief greifende Veränderungen mit einer interessanten Stelle schmackhafter gemacht. Anstelle des Auslandes kann es natürlich auch eine andere Landesregion sein. Achten Sie bei der Antwort auf die nonverbalen Reaktionen. Eine kluge Reaktion wäre eine differenzierte Antwort in die Richtung, dass dies von den Herausforderungen und Aufgaben der neuen Stelle abhängen würde, da eine Beziehung und eine sehr guter Freundeskreis ihm hier viel bedeute.

Angenommen, unser Speditionschef würde für zwei Monate ausfallen – wie wäre es für Sie, in einem anderen Bereich Hand anzulegen und einzuspringen?

Man kann elegant von Job Enrichment sprechen, oder aber die Realität so schildern, wie sie sich ab und zu stellt. Auch hier wird kaum ein kategorisches "Nein" folgen, aber eine genaue Beobachtung der Reaktion wird dennoch Hinweise liefern. Ähnliche Fragestellungen können genauso gut mit anderen Themenbereichen formuliert werden, um an detailliertere und individuelle Informationen zu gelangen, zum Beispiel ein neuer Vorgesetzter oder völlig andere, neue Arbeitsbedingungen.

Wie würden Sie ein neues Arbeitszeitmodell aufnehmen, welches <Informationen>?

Je nachdem, wie weitgehend und einschneidend die Änderungen wären, (Lohnschwankungen, Arbeitszeitschwankungen, Möglichkeiten der Einflussnahme usw.) wird die Anpassungsbereitschaft, bzw. Bereitschaft sein, neue oder flexible Arbeitszeitmodell zu akzeptieren, sein. Die Frage kann natürlich stark relativiert werden, indem man ganz allgemein nach der Meinung zu flexiblen Arbeitszeiten oder deren Stellenwert überhaupt fragt oder informiert, dass die Geschäfts- und Personalleitung bereits am Prüfen möglicher Optionen und Varianten sei.

Können Sie sich neuen Gegebenheiten oder Veränderungen eher leicht oder eher schwer anpassen?

Ein geschickter Kandidat wird nun nachfragen und betonen, dass dies davon abhängt, in welchen Bereichen Änderungen in welcher Tragweite kommen. Ansonsten können Sie derjenige sein, der auf Situationen hinweist, die vom Anforderungsprofil oder Stellencharakter her besonders wahrscheinliche Arten von Veränderungen enthalten könnten. Der Umgang mit dem Change Management ist bei Führungskräften von besonders grossem Interesse.

In welchen Bereichen fallen Ihnen Änderungen schwerer als in anderen – und weshalb?

Ein ehrlicher Kandidat, der sich einigermassen gut kennt, wird Ihnen solche nennen können, dies aber glaubwürdig und geschickt zu begründen wissen. Fragen Sie eventuell nach, wo die Gründe liegen, ob er solche Erfahrungen unter negativen Umständen schon einmal machen musste und wie man solche Änderungsnachteile abschwächen könnte. Dies ist jedoch eine anspruchsvolle Frage, die nur geeigneten Kandidaten gestellt werden oder mit Beispielen ergänzt werden sollte.

Wie würden Sie sich dazu stellen, wenn eine neue Aufgabe bei uns einen einjährigen Abendkurs erfordern würde?

Diese Frage kann natürlich variiert werden; sie soll die Flexibilität und die Bereitschaft zur Aus- und Weiterbildung aufzeigen. Auch hier ist der Vergleich und die Relevanz angesichts der Anforderungen und Erwartungen bezüglich der von Ihnen ausgeschriebenen Stelle wichtig und sagt einiges über die Weiterbildungs-Bereitschaft des Kandidaten aus, was je nach Aufgaben einen wichtigen Stellenwert einnimmt. Ein geschickter Kandidat wird hier Relativierungen anbringen oder nachfragen (Weiterbildungsziel, daraus resultierende Karrieremöglichkeiten, die generelle darüber hinausgehende Inanspruchnahme, Konditionen und mehr).

Jede Flexibilität hat ihre berechtigten Grenzen. Wo liegen sie bei Ihnen?

Führen Sie eventuell Beispiele an, wie das Umziehen in einen anderen Kontinent, jede Woche Geschäftsflüge oder häufige Überstunden bis in die späte Nacht hinein. Damit signalisieren Sie - nebst der Einschränkung "berechtigter Grenzen" in der Frage - Beispiele von für Sie akzeptablen Grenzen. Achten Sie darauf, welche Beispiele der Kandidat aufführt, ob er die Courage hat, solche überhaupt zu nennen.

Was unterscheidet Sie von anderen Bewerbern?

Mit dieser Frage erfährt man, ob der Kandidat über ein realistisches Bild vom neuen Job – und sich selbst - verfügt. Wenn eine wertvolle Eigenschaft wie z.B. ausgeprägte Kommunikationseigenschaften oder für die Stelle besonders wichtige Eigenschaften genannt werden, sind dies überzeugende Antworten. Irrelevante Eigenschaften oder Top-Fähigkeiten hingegen bringen Minuspunkte.

Die Frage sagt auch einiges über das Selbstbild und den Selbstwert des Kandidaten aus. Überzeugend sind einige wenige, dafür aber stellenrelevante Stärken und Kernkompetenzen, die im Lebenslauf und den Arbeitszeugnissen oder in Weiterbildungen belegt werden können. Da die Frage aber sehr unspezifisch und allgemein gehalten ist, sollte sie nur im geeigneten Kontext und gegenüber gewandten Kandidaten gestellt werden.

Als <Fach>-Fachmann sind Sie sicher besonders belastbar. Wie Sie wissen, legen wir auch besonderen Wert auf Flexibilität. Wie beurteilen Sie in diesem Zusammenhang die Komplexität unserer Produkte?

Solche sogenannten Kettenfragen erfordern eine hohe Konzentration und stellen die Merkfähigkeit von Kandidaten auf die Probe, da zahlreiche weitere Aspekte und Fragestellungen miteinbezogen werden. Geht der Kandidat Punkt für Punkt genau auf die gestellten Fragen ein, ist dies ein gutes Zeichen. Vergisst er eine oder ist leicht verwirrt, lässt er sich schnell aus dem Konzept bringen. Solche Fragen sollten aber zurückhaltend und nur in berechtigten Ausnahmefällen gestellt werden.

Lebenslauf und Zeugnisse

Ein Interview ist sehr geeignet, sich offene Fragen aus dem Lebenslauf beantworten zu lassen, auf Lücken hinzuweisen, Präzisierungen zu erhalten oder nach Beispielen und Konkretisierungen zu fragen. Diese Gelegenheit sollte auf jeden Fall genutzt werden, um Widersprüche und Unklarheiten zu beseitigen.

Welches sind die wichtigsten Stationen in Ihrem Lebenslauf?

Knüpfen Sie eventuell an ein Sie besonders interessierendes Ereignis oder zu klärendes Element im Lebenslauf an. Mit dieser Frage beurteilen Sie das Sprachvermögen, die Ausdrucksweise und das Ausdrucksvermögen des Kandidaten. Achten Sie auch darauf, ob die Antwort ausschweifend ist, ob der Kandidat sich in Details verliert oder ob er sich auf das Wesentliche konzentriert. Die Art, wie ein Bewerber seinen Werdegang zusammenfasst, zeigt auch, wo er selbst seine Schwerpunkte setzt.

Zwischen Ihrem Zeugnis vom ... und Ihren Angaben im Lebenslauf glaube ich einen Widerspruch zu sehen, den ich gerne mit Ihnen klären möchte.

Widersprüche zwischen Lebenslauf, Zeugnissen und Interviewaussagen sollten sofort und offen als diese deklariert, angegangen und ausgesprochen werden. Mit dieser diplomatischen Fragestellung lassen Sie dem Bewerber genug Spielraum, den Sachverhalt objektiv und ohne Gesichtsverlust zu klären.

Uns interessieren die Gründe für die langen Ferienzeiten <oder andere Lücken>. Können Sie uns dazu etwas sagen?

Wie konkret und selbstsicher antwortet der Kandidat? Sind es plausible, nachvollziehbare und mit anderen Daten und Aussagen übereinstimmende Informationen? Hier können auch persönliche Aspekte oder Probleme zur Sprache kommen, über deren Art Sie informiert werden, was aber durchaus als Offenheit und Ehrlichkeit interpretiert werden kann.

Es ist mir aufgefallen, dass Sie Ihren Arbeitsplatz häufig gewechselt haben – welches sind die Gründe dafür?

Hier kennen Sie aus den Zeugnissen und dem Lebenslauf zumindest, ansatzweise die Gründe. Sind es Entlassungen aus wirtschaftlichen Gründen, sollten Sie solche Antworten hinterfragen. Ist es das Sammeln von Erfahrungen und das Ausüben verschiedener Aufgaben und Tätigkeiten, kann dies positiv bewertet werden. Sind es aber permanente Unzufriedenheiten, schlechte Erfahrungen und Klagen als Antworten, ist Vorsicht geboten.

Sie haben im Jahre 20XX Ihren Beruf gewechselt – was hat Sie dazu veranlasst?

Die Gründe dafür können von Veränderungen auf dem Arbeitsmarkt und den Arbeitschancen im angestammten Bereich bis zu gesundheitlichen Gründen oder Veränderungen in der Persönlichkeitsentwicklung und Weiterbildung reichen. Achten Sie darauf, wie überzeugend und für Ihre Stelle vorteilhaft die Begründungen ausfallen. Haken Sie hier ohne weiteres nach, wenn Sie eine Information nicht nachvollziehen können oder ein bestimmter Aspekt der Antwort für Ihre Stelle eine besondere Bedeutung hat. Einfach und oft passend ist dafür die Fragestellung: "Können Sie mir <zum Punkt> etwas mehr sagen?

Warum haben Sie Ihre Ausbildung im Jahre XY abgebrochen?

Die Gründe dafür können ebenfalls sehr unterschiedlich sein. Die Antworten darauf sind aber aufschlussreich, weil Sie erkennen können, wie durchdacht, ausgereift und begründet einschneidende Entscheidungen der Kandidat trifft. Dies kann sehr wohl ein wichtiges Kriterium für die Erfüllung der Aufgaben an Ihrer Stelle sein. Wurde eine Ausbildung abgebrochen ohne anschliessende Neuausrichtung oder mangelt es an Durchhaltewillen und Lernmotivation, ist je nach Stelle Vorsicht geboten.

Wenn Sie sich bei uns ein Aus- und Weiterbildungsprogramm zusammenstellen könnten, wie würde dieses aussehen?

Eine recht anspruchsvolle Frage, aber sie lässt auch viel Raum für individuelle Antworten. Wer hier nichts zu antworten weiss, setzt sich vermutlich mit seinen Schwächen, Defiziten, Berufszielen und Aus- und Weiterbildungsmöglichkeiten nicht sehr häufig und intensiv auseinander. Unter Umständen müssen Sie hier aber nachfragen, Hilfe, Ideen und Beispiele für Antworten geben.

In Ihrem Lebenslauf sind – im Gegensatz zu früher – von <Datum> bis <Datum> keine Weiterbildungsaktivitäten mehr aufgeführt. Warum sind Sie da weniger aktiv gewesen?

Nachlassende Weiterbildungsaktivitäten sind nicht unbedingt ein gutes Zeichen, doch dafür kann es Gründe geben, z.B. punktuelle Weiterbildungen in Seminarform oder autodidaktisch, die deshalb nicht festgehalten werden. Sprechen Sie aber solche Punkte ohne weiteres dennoch an.

Fremdsprachen spielen in dieser Position eine wichtige Rolle. Können Sie mir hier zu Ihren Lebenslauf-Angaben einige ergänzende Informationen geben?

Ein "mittel" oder "Schulbildung" sagt jeweils besonders bei Fremdsprachen, aber auch in anderen Bereichen wie PC- und Softwarekenntnissen, nicht viel über die wirklichen und für Ihre Stelle benötigten Kenntnisse aus. Fragen Sie daher dann nach ergänzenden und vertiefenden Informationen: Wo wurden die Kenntnisse erworben, wie pflegt man sie und hält sie aktuell, was hat davon besondere Bedeutung für die Stelle, wie gedenkt er gewisse Lücken zu füllen, wo wurde welche Praxiserfahrung gewonnen und wie möchte der Kandidat diese Kenntnisse inskünftig vertiefen oder weiterentwickeln? Sind Fremdsprachen wichtig, kann das Interview beispielsweise für einige Minuten in der Fremdsprache geführt oder ein Fachthema angesprochen werden.

In Ihrem Lebenslauf bin ich auf <Punkt, z.B. Weiterbildung> gestossen. Können Sie mir dazu etwas mehr sagen, da dies auch bei unserer Stelle von Bedeutung ist.

Solche Fragen können durchaus akzeptable Gründe haben und z.B. in der Änderung einer Weiterbildungsstrategie liegen. Es kann aber auch ein Hinweis für einen nachlassenden Stellenwert des Berufslebens sein. Je nachdem sind aber sehr persönliche Gründe vorsichtig zu hinterfragen.

In Ihrem Lebenslauf ist mir aufgefallen, dass Sie in den letzten fünf Jahren in der Weiterbildung nicht mehr sehr aktiv waren. Können Sie mir die Gründe dafür nennen?

Die Bedeutung dieser Frage hängt natürlich weitgehend vom Stellenwert der Aus- und Weiterbildungs-Bereitschaft bei der von Ihnen ausgeschriebenen Stelle ab. Ferner können auch punktuelle oder autodidaktische Weiterbildungs-Aktivitäten unternommen worden sein, die nicht in den Rahmen eines Lebenslaufes passen. Mit voreiligen Schlüssen ist hier also Vorsicht geboten und die Antwort des Kandidaten genau und gegebenenfalls verständnisvoll oder kritisch zu hinterfragen.

Angenommen, wir hätten Ihren Lebenslauf noch nicht gelesen...

... und wir wüssten noch nichts von Ihnen: Schildern Sie uns doch bitte die wesentlichen Stationen Ihrer beruflichen Entwicklung und besonders das *Wieso und Warum* wichtiger Karrierephasen. Was waren jeweils Ihre wesentlichen Erfolge und Erfahrungen - und welche wären für unsere Stelle und Aufgaben Ihrer Meinung nach von besonderer Bedeutung und Wichtigkeit? Interessant ist bei dieser Antwort, welche Prioritäten aus welchen Gründen der Bewerber setzt. Auch hier ist es wiederum empfehlenswert, darauf zu achten, wie relevant die Aussagen in Bezug auf die Anforderungen und Aufgaben Ihrer Stelle sind (Gründe von Stellenwechseln, Interesse an Aufgaben, Art von Leistungen und Erfolgen usw.).

Interessant ist auch, wie gekonnt Lebenslauf-Informationen auf für Sie wichtige Anforderungen und die Stelle ausgerichtet werden können.

In Ihren Arbeitszeugnissen wird Ihre Fachkompetenz besonders hervorgehoben. Können Sie mir dazu mehr sagen?

Diese konstruktive und positive Äusserung, bzw. Frage bewirkt Selbstvertrauen und zeugt von Achtung gegenüber dem Kandidaten. Zudem ist es interessant, zu erfahren, wie der Kandidat selber solche Kernkompetenzen und Kernfähigkeiten beurteilt und wie überzeugend er diese in Bezug zu den Anforderungen Ihrer Stelle zu setzen vermag.

In Ihrem Arbeitszeugnis ist die Leistungsaussage zu <Thema> unklar formuliert. Können Sie mir mehr dazu sagen?

Die Frage kann auch die Leistung, das Verhalten oder eine andere Zeugnisaussage betreffen. Vor allem bei codierten oder schwammig und unklar verfassten Zeugnissen ist eine solche Frage auch fair gegenüber dem Kandidaten und allemal besser, als eigene, möglicherweise falsche Interpretationen vorzunehmen. Es schafft für Sie als Interviewer zusätzliche Klarheit und ist auch gegenüber dem Kandidaten fair. Bei wichtigen Sachverhalten kann die Übereinstimmung von Zeugnisbeurteilung, Kandidatenantwort und Referenzaussage geprüft werden.

In Ihren Arbeitszeugnissen werden Sie als sehr kommunikativ bezeichnet, was ich auch für unsere Stelle als sehr wichtig erachte. Wie hat sich das geäussert?

Dies kann natürlich jede andere Aussage betreffen. Hier kann auch in die Richtung gefragt werden, wie man diese Beurteilung im Hinblick auf die von Ihnen angebotene Stelle beurteile und sehe. Ähnliche Fragestellungen können genauso gut mit anderen Themenbereichen formuliert werden, um an detailliertere und individuelle Informationen zu gelangen, zum Beispiel zu Tätigkeiten und Aufgabenveränderungen.

Ihr Verhalten kommt in einigen Arbeitszeugnissen kaum zur Sprache. Wie erklären Sie sich das?

Diese Frage kann auch Lücken, den Verdacht unklarer Codierungen, Widersprüche, Fachkompetenzen oder unklare Leistungsbewertungen und Verhaltensumschreibungen und mehr betreffen. Hier sollte man nachfragen und Bewerber genau beobachten, wie ihre Reaktion ausfällt und wie glaubwürdig ihre Erklärungen sind.

In Ihrem letzten Arbeitszeugnis werden Ihre Verkaufsleistungen sehr positiv beurteilt. Können Sie mir einige Beispiele oder konkrete Erfolge schildern?

Es sind natürlich vor allem jene Leistungen interessant, die auch bei Ihrer Stelle eine grosse Bedeutung haben. Damit lassen sich Zeugnisaussagen auch auf ihre Validität prüfen oder wichtige Kernkompetenzen können so präzisiert werden.

Beim vorletzten Zeugnis sind die Tätigkeiten sehr vage und knapp gehalten. Können Sie mir mehr dazu sagen?

Tätigkeits- und Aufgabenbeschreibungen werden in Arbeitszeugnissen leider oft vernachlässigt. Deshalb sind hier Präzisierungen oft informativ und sagen mehr über Erfahrungen und Kompetenzen aus, wiederum im Hinblick auf Ihre Stelle.

Das Zeugnis <Bezeichnung> ist so exzellent, dass man ein Gefälligkeitszeugnis vermuten könnte. Was meinen Sie dazu?

In Extremfällen sind solche Fragen durchaus berechtigt und es ist wohl oft auch an der Reaktion zu erkennen, ob solche Vermutungen zutreffen. Wichtig ist ja dabei immer auch, wie sehr Aussagen von Arbeitszeugnissen mit anderen Zeugnissen und Belegen übereinstimmen und harmonieren.

Fachliche Anforderungen

Je nach Position und Funktion hat das Fachwissen und die fachliche Erfahrung meistens oder sogar immer einen hohen Stellenwert. Es ist empfehlenswert, im Vorfeld eines Interviews vom Linienvorgesetzten oder von einer Fachperson Informationen zu beschaffen, worauf zu achten ist, welches die besten Fragen sind und wie die Antworten ausfallen sollten. Dazu kann auch gehören, welches die Grundlagen sind, die verraten, wie uptodate ein Bewerber in seinem Fachbereich ist.

Aus Ihren Unterlagen ist ersichtlich, dass Sie folgende Aufgaben ausführten. Können Sie mir umschreiben, was da alles dazu gehörte?

Diese Antwort zeigt Ihnen detaillierter, in welchen Bereichen der Kandidat praktische Erfahrungen hat und inwiefern er sich überlegt, dass diese der von Ihnen ausgeschriebenen Stelle entsprechen.

Auf welche Leistungen waren Sie bei Ihren vorherigen Stellen besonders stolz?

Hat sich der Bewerber jemals Gedanken über sein Leistungsvermögen gemacht – und welche Leistungen sind es, die auch für die von Ihnen ausgeschriebene Stelle von Interesse sind? Beobachten Sie auch die Art und Weise, wie diese geschildert werden, objektiv, begeisterungsfähig oder überzeugend.

Probleme gehören zum Berufsalltag. Beschreiben Sie mir doch bitte ein Problem an einem Ihrer vorherigen Arbeitsorte und schildern Sie mir, wie Sie damit umgingen.

In welcher Grössenordnung bewegt sich das Problem, welches stellte überhaupt eines dar? Dies ist eine geschickte Frage, um die Belastbarkeit und die Stressbedingungen in Erfahrung zu bringen – war es das fehlende Büromaterial oder der Ausfall einer EDV-Anlage? Interessant ist auch der Hinweis, wie das Problem angegangen und gelöst wurde. Man weiss aus der Erfahrung von zahlreichen Interviews, dass solche indirekten Fragestellungen gerade zurückhaltende Kandidaten oft aus der Reserve locken und die Antworten gewöhnlich einen hohen Informationsgehalt haben.

An jeder Stelle kommt man weiter und lernt etwas dazu. Was haben Sie bei Ihren vorherigen Stellen am meisten gelernt?

Weniger gut ist es, wenn der Kandidat hier nichts zu antworten weiss. Gut ist es, wenn er gleich mehrere konkrete Beispiele nennen kann, und noch besser, wenn es solche sind, die auch in Ihrer Stelle eingesetzt werden können und von Bedeutung sind.

Nennen Sie uns doch einige Aufgaben, die Ihnen schwer fielen oder die Sie belastet haben.

Hier ist es interessant zu erfahren, wie ehrlich und offen geantwortet wird. Sind es Banalitäten oder Probleme, die zeigen, dass der Kandidat sich darüber Gedanken gemacht hat und etwas dagegen unternommen hat? Sind es Probleme, die auch bei Ihrer Stelle häufig auftreten oder eine grosse Rolle spielen könnten?

Initiative ist bei jeder Stelle, auch bei unserer, wichtig. Nennen Sie mir doch ein, zwei Beispiele von Initiativen, die Sie an Ihrem letzten Arbeitsplatz ergriffen haben.

Weiss der Bewerber überhaupt zu antworten? War es das Auswechseln von Hängemappen oder eine für das Unternehmen bedeutende Innovation? Und auch hier gilt: Ist diese Art von Initiative für Ihr Unternehmen von Interesse, entspricht sie den Aufgaben und Anforderungen, auch bezüglich Niveau und daraus erkennbaren Kompetenzen und Fähigkeiten? Ein Nachfragen nach dem Grund des Ergreifens von Initiative, der Erwartungen an Resultate und Feedback, erreichte Verbesserungen und den daraus gewonnenen Erfahrungen kann interessante Mehrinformationen zur Folge haben.

Welche berufsbezogenen Fachzeitschriften oder Fachbücher lesen Sie?

Diese Antwort zeigt nicht nur, ob, sondern auch wie – z.B. angesichts der Ansprüche und des Niveaus – sich der Bewerber auf seinem Gebiet informiert. Eine in diesem Punkt positiv ausfallende Antwort zeugt von Engagement und Lernbereitschaft und einem hohen Identifikationsgrad mit dem Fachwissen.

Welche fachlichen Qualifikationen besitzen Sie, die Sie zur Ausübung dieser Position befähigen?

Damit wird die Selbsteinschätzung angesprochen. Kann der Bewerber das Wesentliche vom Unwesentlichen unterscheiden? Versteht er es, die Antwort auf die Stelle und die Aufgaben ausgerichtet zu geben? Ist Bescheidenheit, Glaubwürdigkeit und eventuell sogar eine Portion Selbstkritik oder Einschränkung aus der Antwort ersichtlich, oder zeigt er sich als "Allround-Genie", auf das Sie nicht verzichten können?

Welche Ihrer Fähigkeiten und beruflichen Qualifikationen möchten Sie zur Zeit am ehesten verbessern?

Diese Frage zeigt, wie objektiv und selbstkritisch der Bewerber sich beurteilen kann, wie geschickt er solche Fähigkeiten und beruflichen Qualifikationen in Verbindung zur von Ihnen angebotenen Stelle bringt und ob er das Hauptaugenmerk auf die Art und Weise richtet, wie solche eventuellen Mängel optimiert oder verbessert werden können.

Wenn Sie Ihre Fähigkeiten den Anforderungen unserer Stelle gegenüberstellen – wo sehen Sie die wichtigsten Übereinstimmungen?

Diese Frage ist anspruchsvoll und kann nur beantwortet werden, wenn der Kandidat seine Fähigkeiten und Ihre Anforderungen kennt und diese ins richtige

Verhältnis setzen kann. Die Antwort gibt Ihnen wichtige Hinweise zur Beurteilung des Kandidaten bezüglich Ihres Anforderungsprofiles der ausgeschriebenen Stelle. In Ihren Arbeitszeugnissen wird Ihre Fachkompetenz im <Bereich> jeweils besonders hervorgehoben. Das interessiert mich. Können Sie mir dazu mehr sagen? Diese konstruktive und positive Äusserung bewirkt Selbstvertrauen und zeugt von Achtung gegenüber dem Kandidaten. Zudem ist es interessant, zu erfahren, wie der Kandidat selber solche Kernkompetenzen und Kernfähigkeiten beurteilt.

Wie beurteilen Sie persönlich die aktuelle Entwicklung im Bereich der <Fachbereich>?

Hier kommt der Kandidat vermutlich auf vertrautes Terrain und kann fachsimpeln und sein aktuelles Fachwissen unter Beweis stellen. Wählen Sie ein Thema aus, das einerseits bezüglich Niveau und Relevanz von Bedeutung ist und andererseits von der Problematik oder Aktualität her in Ihrem Unternehmen oder bei Ihrem Anforderungsprofil eine grosse Rolle spielt.

Unser Unternehmen ist in seiner strategischen Ausrichtung vor allem auf <Bereich> fokussiert. Sehen Sie in dieser Ausrichtung auch Risiken und Nachteile?

Diese Antwort gibt einen charakterlichen Hinweis, nämlich wie es um die Ehrlichkeit, den Mut und die Bereitschaft zur Kritik bestellt ist. Andererseits verrät sie einiges über die Fachkompetenz und das Fachwissen und je nach Fragestellung die Auseinandersetzung des Kandidaten mit Ihrem Unternehmen und seiner Strategie. Es ist jedoch eine anspruchsvolle Frage, die nur fachlich sehr kompetenten oder branchenerfahrenen Kandidaten oder allenfalls auch nur Führungskräften gestellt werden sollte. Antwortet der Kandidat gut, beweist er ein hohes Kompetenzniveau und hat sich vermutlich intensiv mit Ihrem Unternehmen auseinandergesetzt.

Welches sind zur Zeit Ihre Aufgaben, Kompetenzen und Verantwortungen?

Das AKV (Aufgaben, Kompetenzen und Verantwortungen) ist eine Methode, mit der nicht nur die Aufgaben einer Stelle beschrieben werden sondern auch die zu ihrer Erfüllung notwendigen Kompetenzen und die für die Zielerreichung und Ausführung notwendige Verantwortung inklusive Ressourcenverantwortung. Wer klar und systematisch antwortet und das Anforderungsprofil Ihrer Stelle im Auge behält, wird mit Sicherheit zu überzeugen.

Ich gebe Ihnen das Anforderungsprofil für diese Stelle mit den Muss- und Soll-Anforderungen. Was meinen Sie dazu?

Wenn Sie ein solches Anforderungsprofil haben, welches aber die Kernanforderungen auf einen Blick erkennen lassen sollte, ist die Reaktion des Bewerbers natürlich interessant. Wo sieht er Übereinstimmungen, wo Abweichungen, wie umschreibt er diese und sind es die relevanten Anforderungen, auf die er entsprechend genauer eingeht? Hier erfährt man natürlich auch, wie schnell Informationen aufgenommen und verarbeitet werden und wie selbstbewusst reagiert wird. Aufschlussreich ist unter Umständen auch, wie der Kandidat seine Fähigkeiten und Kompetenzen in Bezug zum Anforderungsprofil setzt und wie prägnant und überzeugend er diese darlegt.

Angenommen, sie müssen einem jungen Menschen sagen, worauf es im Berufsleben ankommt. Was würden Sie ihm mit auf den Weg geben?

Aus dieser Perspektive sollte der Kandidat eigentlich recht grundsätzlich und ganzheitlich nachdenken und eine Antwort geben, die seine Erfahrungen widerspiegeln, etwas über seine Grundwerte aussagt und, was besonders interessant sein dürfte, wo er seine Prioritäten und Erwartungen sieht. Die Antwort verrät allenfalls auch, wie differenziert und tiefgründig ein Kandidat über Arbeit und Beruf nachdenkt.

Berufliche Entwicklung und Weiterbildung

Diese beiden Bereiche bilden in einem Interview einen wichtigen Teil und sollten deshalb mit der notwendigen Sorgfalt und Genauigkeit unter die Lupe genommen werden - schon beim Studium der Unterlagen. Bei den Fragen zur Aus- und Weiterbildung sind Intentionen und Aktivitäten und deren Kontinuität von Bedeutung. Richten Sie aber die Fragen so aus, dass Sie mit den Erfordernissen und Möglichkeiten des Anforderungsprofils einerseits und denen in Ihrem Unternehmen andererseits übereinstimmen.

Was würden Sie in fünf Jahren gerne tun?

Bei dieser Frage erfährt man mehr zum Ehrgeiz des Bewerbers und ob er eine langfristige Laufbahnziele und Perspektiven hat und von welcher Art diese sind, zum Beispiel karriere- oder fachbezogen. Achten Sie darauf, ob die Zielsetzungen realistisch sind und ob sie sich in groben Zügen mit der angebotenen Stelle vereinbaren lassen. Vor allem bezüglich Weiterentwicklungsvorstellungen sollten die Möglichkeiten nicht zu weit auseinanderliegen. Bei dieser Frage kann es sinnvoll sein, vertiefende oder konkretere Informationen einzuholen.

Welche beruflichen Pläne und Ziele haben Sie kurz-, mittel- und langfristig?

Bei dieser Frage ist die Zeitlinie von Interesse. Die Aufteilung in drei Fristzeiten stellt hohe Ansprüche und kann nur von Kandidaten beantwortet werden, die recht genaue und durchdachte Zielsetzungen und Pläne haben. Hier kann mit einer Vereinfachung der Frage nachgeholfen werden, also innerhalb des nächsten Jahres und was in den nächsten zwei bis drei Jahren geplant ist. Die Frage sollte fairerweise nur erfahrenen und qualifizierten Kandidaten gestellt werden. Eine naheliegende Anschlussfrage kann sein, was getan wird, um diese Ziele zu erreichen oder welche konkreten Massnahmen zur Erreichung der kurzfristigen Zielsetzungen bereits in die Wege geleitet worden sind.

Welche Ihrer Fähigkeiten und beruflichen Qualifikationen möchten Sie verbessern?

Dies ist einerseits ein indirekter Weg, mehr über die Schwächen und Lücken zu erfahren, andererseits aber auch ein Hinweis, wie motiviert und zielstrebig ein Bewerber angesichts der Weiterentwicklung überhaupt ist. Achten Sie auch hier darauf, inwiefern sich die Verbesserungsvorschläge mit der Relevanz der angebotenen Stelle decken.

Unser Unternehmen bietet folgende Weiterbildungsmöglichkeiten ... Welche wären für Sie am interessantesten?

Wie gut kann der Bewerber seine Defizite in Bezug auf die Anforderungen an Ihre Stelle in Zusammenhang bringen und wie ehrlich und qualifiziert fällt die Antwort aus?

An welchen zwei bis drei Punkten meinen Sie, müssten Sie am ehesten noch an sich arbeiten, um die Aufgaben unserer Stelle optimal zu erfüllen?

Diese konkret gestellte Frage sollte auch entsprechend substanzielle Antworten bewirken. Es ist eine faire Frage, die den Bewerber nicht in Verlegenheit bringt. Damit erkennen Sie auch, wie es generell um die Motivation zur Weiterbildungsbereitschaft bestellt ist, wie selbstkritisch der Bewerber überhaupt ist und ob er die Stellenanforderungen verstanden hat.

Weshalb haben Sie sich für diesen Beruf entschieden?

Mit dieser Frage erfährt man einiges zu Motivation und Engagement und wie ausgeprägt Neigungen und Fähigkeiten schon in jüngeren Jahren waren. Waren es eher Prestige- oder Verdienstfaktoren oder ein Interesse an der Sache oder eine Herausforderung im Hinblick auf Überzeugungen und Begabungen?

Wie halten Sie sich über berufs- und fachspezifische Entwicklungen auf dem Laufenden?

Die Frage gibt Aufschluss über die konkreten Aktivitäten, das Ausmass und das Niveau der permanenten Bereitschaft zur Weiterbildung und Information über das Fachgebiet. Zudem sagt es auch einiges zur Motivation und Persönlichkeitsdynamik überhaupt aus.

Welches sind die für Sie wichtigen Kriterien für die Wahl einer Aus- oder Weiterbildung?

Damit lernen Sie die Selbsteinschätzung, die Fähigkeit zur Eigenbeurteilung und das Interesse und die Bereitschaft zur Aus- und Weiterbildung überhaupt kennen. Interessant ist eine Antwort, welche die Erfordernisse der von Ihnen gebotenen Stelle miteinbezieht.

Was haben Sie in Ihren bisherigen Tätigkeiten und Stellen am meisten gelernt?

Hier sollte eine realistische Selbsteinschätzung folgen. Die Antwort verrät auch, wo der Bewerber heute steht und was er erreicht hat und ob er sich dessen auch bewusst ist. Werden die Kompetenzen überzeugend auf den Punkt gebracht, lässt sich möglicherweise eine durchdachte berufliche Laufbahn daraus ableiten. Achten Sie auf die Übereinstimmungen und Erfordernisse mit der von Ihnen angebotenen Stelle.

Welche neuen Trends und Entwicklungen halten Sie in Ihrem Fachgebiet für besonders wichtig?

Wie intensiv setzt sich der Bewerber mit seinem Fachgebiet auseinander, welche Rückschlüsse lässt die Antwort auf die Qualifikation als Ganzes zu, und macht er sich auch über die Zukunft seines Tätigkeitsgebietes Gedanken?

Welche Erwartungen an Weiterbildungsaktivitäten hätten Sie im Falle der von uns gebotenen Stelle?

Diese Frage ist unter Umständen nicht ganz einfach zu beantworten. Gelingt dies aber zumindest ansatzweise, zeigt es, dass der Bewerber sich schon recht intensiv mit der Stelle auseinander gesetzt hat und die Schwerpunkte und Hauptanforderungen auch schon schnell erfasst und kritisch mit seinem Ausbildungsstand verglichen hat.

In welchen Bereichen würden Sie eine auf unsere Stelle bezogene Weiterbildung am ehesten begrüssen?

Ähnlich wie bei der vorangegangen Frage: Bei einer mehr oder weniger konkreten Antwort deutet dies darauf hin, dass Schwerpunkte und Hauptanforderungen auch schon schnell erfasst und kritisch mit dem Ausbildungsstand verglichen worden sind.

Können Sie mir sagen, weshalb Sie so lange ohne feste Anstellung sind? - Was haben Sie konkret unternommen, um eine neue Anstellung zu finden?

Mit dieser Frage soll herausgefunden werden, wie der Kandidat mit einer allfälligen Arbeitslosigkeit umgeht oder lange Arbeitsunterbrüche begründet: Bemüht er sich gezielt um eine neue Anstellung oder tendiert er zu Passivität und Selbstmitleid? Geht er bei seinen Bemühungen strategisch oder nach dem Zufallsprinzip vor? Und schliesslich: Sind seine Ausführungen überzeugend? Hieraus kann man sehr gut Rückschlüsse über die Arbeitsmotivation ziehen.

Von welchen Weiterbildungen haben Sie bis anhin weshalb am meisten profitiert?

Hier geht es darum, herauszufinden, ob die Vorstellungen und Schwerpunkte des Kandidaten mit der Personalentwicklung in Ihrem Unternehmen und ihren Förderungsschwerpunkten im grossen und ganzen übereinstimmen. Wer hier konkret und substanziell zu antworten weiss, zeigt auch, dass er sich über Laufbahn und Weiterbildung bzw. seine berufliche Zukunft überhaupt, Gedanken macht und Gelerntes in der Praxis umzusetzen weiss.

Ist in Ihrem Werdegang ein roter Faden erkennbar?

Wenn Sie ihn im Bewerbungsdossier nicht erkennen konnten, vermag der Kandidat es jetzt allenfalls zu erklären. Die Frage impliziert so gestellt allerdings, dass Ihnen dies aufgrund der Unterlagen nicht gelungen ist und verunsichert daher. Wenn er aber Neuorientierungen oder neue Weichenstellungen stichhaltig begründet, auch selbstkritisch ist und darlegen kann, welche Laufbahnstrategie er nun mit dem Antritt der Stelle bei Ihnen einzuschlagen gedenkt, kann auch ein weniger gut erkennbarer roter Faden wohl oft toleriert werden.

Welche Tätigkeiten, die Sie jetzt ausüben, würden Sie in unserer Position vermissen, welche eher nicht?

Hier kann der Kandidat aus seiner praktischen und unmittelbaren Erfahrung und Tätigkeit berichten, was die Antwort vermutlich glaubwürdig ausfallen lässt. Wichtig sind natürlich die Übereinstimmungen und die Abweichungen vom Anforderungsprofil und das Erkennen allfälliger Widersprüche zu anderen Aussagen. Fehlt eine dem Kandidaten besonders wichtige Tätigkeit bei Ihrer Stelle, sollten Sie ihn offen darauf ansprechen, und fragen, was dies für ihn bedeutet und ob dies für ihn hinnehmbar wäre.

Welche Herausforderungen und Veränderungen kommen in den nächsten Jahren auf Ihren Beruf/Ihren Fachbereich zu?

Hier zeigt sich, wie ernsthaft, detailliert und kompetent sich der Bewerber mit seinem Beruf auseinandersetzt, wie hoch für ihn dessen Stellenwert überhaupt ist, ob auch ein Interesse an Weiterbildung und Neuorientierung besteht und ob er dies gar auf die Stelle und ihre Branche auszurichten versteht.

Praktische Berufserfahrung

Der Stellenwert der Berufserfahrung wird je nach persönlicher Einschätzung, Branche, Funktion und Aufgaben nicht immer gleichermassen hoch eingestuft. Aber dennoch gibt es gewisse Aufgaben und Stellen, z.B. hochkarätige Fachleute in einer kleinen Branche oder sehr spezifische Produkte, bei denen Erfahrung eine grosse Rolle spielt. Diese Erfahrung näher auszuloten und ihr bei Bedarf das notwendige Gewicht geben zu können, dabei sollen die folgenden Fragen behilflich sein.

Wie haben Sie bisher Ihre fachlichen Fähigkeiten und Überzeugungen eingebracht und umgesetzt?

Hier ist es interessant zu erfahren, wie ehrlich und offen geantwortet wird. Sind es Banalitäten oder Fakten, die zeigen, dass der Kandidat sich darüber Gedanken gemacht und etwas dagegen unternommen hat. Sind es Punkte, die auch bei Ihrer Stelle häufig auftreten oder wichtig sind?

Für welche Aufgaben können Sie sich besonders begeistern?

Ist der Bewerber überhaupt in der Lage, eine Antwort zu geben? Wie engagiert und motiviert tut er dies? Achten Sie auch darauf, ob es Aufgaben und Herausforderungen sind, die mit der von Ihnen ausgeschriebenen Stelle vergleichbar sind. Diese Antwort gibt auch interessante Hinweise, wie emotional der Kandidat motiviert ist und welche Art von Beispielen er wie schildert.

Fühlten Sie sich in Ihren beruflichen Leistungen von Ihren Vorgesetzten bisher angemessen und fair beurteilt?

Hier erfahren Sie mehr zum Thema Leistungsbeurteilung. Negativ zu werten ist, wenn der Bewerber hier über andere herzieht und sich als unverstandenes Genie sieht. Gut zu werten ist eine Mischung verschiedener Erfahrungen, gewisse selbstkritische Bemerkungen und eine grundsätzlich konstruktive Antwort.

In Ihrem Fachgebiet macht zur Zeit ja die <Beispiel> besonders von sich reden – was ist Ihre Meinung dazu?

Je nach Fachgebiet erfahren Sie hier, wie sehr der Interviewpartner auf dem Laufenden und wie gut er informiert ist. Hat er eine eigene, möglicherweise auch kritische Meinung, wie kompetent und auf welchem Niveau fällt seine Antwort aus und wie aktuell sind seine Informationen? Es kann sich je nach Stelle um neue Technologien, ein Arbeitsinstrument oder Meinungen von Fachleuten handeln. Hier kann bezüglich der zu stellenden Frage auch der Input des Linienvorgesetzten eingeholt werden. Anschlussfragen, wie der Bezug zu Stelle und Unternehmen, wie die Weiterentwicklung und die Konsequenzen beurteilt werden, welche anderen Trends und Veränderungen der Kandidat auch als wichtig und branchenrelevant erachtet, welche Informationsquellen er nutzt, usw. können solche Informationen vertiefen, ergänzen oder breiter fächern.

Nach unserer Einschätzung verfügen Sie in der Software-Handhabung noch über zu wenig Kenntnisse und Erfahrungen. Wie könnten Sie und wir dieses Defizit beheben?

Dies ist eine anspruchsvolle Frage, die Selbstkritik, Weiterbildungs- und Lernbereitschaft, Intelligenz und einen guten Informationsstand über die Stelle und die Aufgaben voraussetzt. Um so klarer, differenzierter und realistischer die Antwort auf diese Frage ausfällt, desto besser. Sympathisch wirkt hier auch, wenn der Kandidat ohne Wenn und Aber zum einen oder anderen Defizit steht. Um so konkreter und zielgerichteter die Massnahmenideen zur Behebung des Defizits ausfallen, (Schulungskurs-Vorschlag, bevorzugte Lernmethoden, Kursthema, verwandte Lerngebiete, Lernziele usw.), desto gründlicher hat sich der Kandidat wohl schon vorher mit seinem Wissensstand auseinandergesetzt. Auch ein Nachfragen kann hier berechtigt sein; zusätzliche Schulungsvorschläge zeugen beispielsweise von guter Lernbereitschaft und Interesse an der eigenen Weiterentwicklung.

Welche Station hat Sie in Ihrem Arbeitsleben fachlich am meisten geprägt?

Eine interessante Frage, da hier die Station, die Erfahrung und die Art und Weise, wie diese den Kandidaten geprägt hat, gleich mehrmals zeigen, wo die Schwerpunkte und der Fokus liegen, wie es um die Vergleichbarkeit mit Ihrer Stelle steht und ob es der Kandidat versteht, Brücken zu schlagen. Hier sind verschiedene Vertiefungsfragen sinnvoll, beispielsweise Begründungen oder wie stark der Bewerber diese Erfahrung nach seiner Einschätzung an der neuen Stelle wohl anwenden könnte.

Welche Ihrer wertvollsten Erfahrungen glauben Sie bei uns am meisten anwenden zu können?

Hier nennt der Kandidat mit Vorteil Erfahrungen, die den Kernkompetenzen Ihres Anforderungsprofils entsprechen. Auf nicht einsetzbare Erfahrungen sollte der Kandidat angesprochen werden. Bei ähnlichen oder vermuteten Erfahrungsbereichen können Sie durchaus nachfragen oder solche nennen, die Sie aus dem Lebenslauf, den Arbeitszeugnissen oder aus dem bisher Gesagten des Kandidaten aufgenommen haben, dieser aber nicht zur Sprache gebracht hat.

Gibt es Erfahrungen, die Sie bei uns zu wenig oder nicht einsetzen könnten?

Dies ist eigentlich oft bedauerlich und viele Kandidaten sind sich dessen nicht voll bewusst. Dazu gehören natürlich auch Fähigkeiten Kernkompetenzen, Know-how, besondere Talente und Interessengebiete, die an neuen Stellen nicht mehr anwenden zu können immer eine Art Verlust ist. Die Nachfrage, wie sehr die Nichtanwendung einer gewissen Erfahrung der Kandidat bedauert und was dies für ihn heisst, ist daher zu empfehlen.

Laufbahn und Karriere

Hier sind Intentionen und Berufsziele des Kandidaten, bisherige Aktivitäten, die Beharrlichkeit eingeschlagener Richtungen und dahintersteckende Motivationen, um nur einige Beispiele zu nennen, von Interesse. Die nachfolgenden Fragen sollen Ihnen helfen, je nach Wichtigkeit dieses Themenbereiches, interessante Informationen gewinnen zu können.

Welches waren und sind für Sie die wichtigsten Kriterien für Ihre Karriereplanung

Die Antwort sagt viel über Karriereplanung, Motivationsbandbreite, Planungsbewusstsein aus. Achten Sie bei der Antwort besonders darauf, inwiefern das Gesagte mit den Anforderungen und Gegebenheiten der zu besetzenden Stelle übereinstimmt und sich deckt.

Was meinen Sie, wodurch sich Ihre Karriere auszeichnet?

Zugegebenermassen keine einfache Frage, denn sie gibt sehr viel Raum für die Antwort und erfordert einiges an Denkarbeit. Aber gerade deshalb gewinnen Sie wertvolle Informationen zu einer ganzen Reihe von Punkten wie Wertvorstellungen, Zielorientierung, Selbstvertrauen, Systematik, Menschenbild, Charakter und mehr.

Welche Position ist nach Ihrer Einschätzung die beste Ihrer bisherigen Karriere?

Vor allem in Bezug zu Ihrem Stellenangebot interessant zu wissen. Welche Branche, welche Produkte, welche Funktion waren dies und wie werden diese Positionen begründet? Mit einem Erlebnis und einer Erfahrung zusammen gewinnt die Aussage an Glaubwürdigkeit und wird auch konkreter. Dabei ist die Art und Weise (wie Wortwahl, Prioritäten, eingebundene Menschen, Aufgaben usw.) interessant und aufschlussreich.

Was reizt Sie gerade an unserem Unternehmen besonders?

Wie genau stimmen die Punkte mit Ihrem Anforderungsprofil überein, wie steht es um die Prioritäten, bezieht der Kandidat Ihre neuen Informationen aus dem Interview mit ein? Achten Sie bei der Antwort besonders darauf, inwiefern das Gesagte mit den Anforderungen und Gegebenheiten der zu besetzenden Stelle übereinstimmt und sich beides deckt.

Sind Sie mit Ihrer bisherigen Laufbahn zufrieden?

Eine heikle Frage, die nicht jedem Kandidaten gestellt werden kann, da hier sehr geschickt und differenziert geantwortet werden muss. Doch genau darin liegt der Wert der Frage und sie sagt auch einiges über Ansprüche, Erwartungen und die Fähigkeit zur Selbstkritik aus. Hier ist der Vergleich und die Relevanz angesichts der Anforderungen und Erwartungen bezüglich der Stelle besonders wichtig.

Ihre Karriereziele unserem Stellenangebot gegenübergestellt – wo sehen Sie die für Sie wichtigsten Übereinstimmungen?

Ein Kandidat, der hier genau und überlegt zu antworten weiss, hat sich über sich selber und die von Ihnen angebotene Stelle gründliche Gedanken und Überlegungen gemacht. Stellen Sie dies fest und ist eine starke Übereinstimmung zu erkennen, sammelt der Kandidat wohl einige wesentliche "Pluspunkte".

Wie würden Sie sich den Verlauf Ihrer Karriere bei Ihrem aktuellen Arbeitgeber vorstellen?

Auf indirekte Weise erfahren Sie hier einiges über Zufriedenheit und Unzufriedenheit beim momentanen Arbeitgeber - und damit logischerweise auch, was bei Ihnen gegeben sein muss. Man weiss aus der Erfahrung von zahlreichen Interviews, dass solche indirekten Fragestellungen gehemmte und zurückhaltende Kandidaten aktivieren können und einen hohen Aussagewert haben.

Was macht für Sie die Qualität Ihrer Karriere aus?

Eine anspruchsvolle Frage mit Tiefgang, die interessante Einblicke in die Persönlichkeit und Wertvorstellungen des Kandidaten gibt. Auch eine Frage, die einiges an Intelligenz erfordert, um eine substanziell befriedigende Antwort zu erhalten. Mit dieser Frage erfährt man sehr viel über die Grundwerte und wesentlichen Grundmotivatoren. Hier darf und sollte man unsicheren oder weniger gewandten Kandidaten mit konkreteren Fragen die Antworten etwas erleichtern.

Wie hätten Sie rückblickend betrachtet Ihre Karriere beschleunigen können?

Eine indirekte Frage, so gewisse Schwächen und Fehler in der bisherigen Laufbahn herauszufinden und die Selbstkritik des Kandidaten zu prüfen. Kommen kurz und bündig einige nachvollziehbare und eventuell relativierende Gründe zur Sprache ist das adäquat, folgen aber endloses Bedauern und "eine verpasste Chance nach der anderen", ist es um das Selbstwertgefühl des Kandidaten vermutlich nicht zum Besten bestellt.

Wie sehen Sie Ihre Zukunft?

Mit dieser Frage kann der berufliche Ehrgeiz und die Motivation des Kandidaten in Bezug zur ausgeschriebenen Stelle und den Anforderungen ausgelotet werden. Wird gar eine zielorientierte Strategie und Laufbahnplanung aufgezeigt und kommen allenfalls auch Lebens- und Grundwerte und die persönliche Weiterentwicklung zur Sprache, zeugt dies von einem reifen und intelligenten Kandidaten. Lässt die Antwort generell eine gesunde Leistungsbereitschaft und ein der Position angemessenes Karrierebewusstsein erkennen, ist dies positiv zu werten.

Was würden Sie heute in Ihrem beruflichen Werdegang während des Studiums anders machen?

Ist es alles oder nichts? Eine gute Antwort ist, dass man begründet, weshalb das meiste bis anhin ziel- und wunschgerecht verlief. Interessant ist, wenn es dem Kandidaten gelingt, die wichtigsten Stationen und Weichenstellungen zu nennen. Ein bis zwei kritische Anmerkungen sind aber durchaus angebracht, vor allem wenn diese gut begründet werden und der Kandidat konkret zu sagen vermag, wann er dies allenfalls korrigieren könnte und weshalb dies für die Stelle von besonderem Vorteil wäre.

Schildern Sie mir doch einmal Ihre Ideal-Karriere und weshalb sie das wäre?

Welche Werte und Ziele im Vordergrund stehen und wie sehr diese von der vorliegenden abweichen, ist bei dieser Antwort natürlich besonders interessant. Achten Sie auch darauf, ob die Schwerpunkte und die Schilderungen mit den Möglichkeiten in Ihrem Unternehmen realisierbar wären und ob die Idealziele Ihrer Unternehmenskultur und Führungsphilosophie im grossen und ganzen entsprechen. Hier lassen sich natürlich auch der Stellenwert von Arbeit und Beruf, die Balance zwischen Beruf und Privatleben und die Motive überhaupt erkennen.

Welche Werte und Voraussetzungen sind Ihnen bei einer Karriere wichtig?

Diese Antwort verrät einiges über die Motivatoren und die Arbeitswerte des Kandidaten und seine Persönlichkeit. Sind es eher Ansehen und Gehalt oder Herausforderungen und Freiräume? Es ist eine anspruchsvolle Frage, die auch aussagt, wie intelligent ein Kandidat ist und wie sehr er über Arbeit und Beruf nachdenkt und welchen wichtigen Fragen er sich stellt. Achten Sie auch hier darauf, wie kompatibel seine Aussagen mit Ihrer Unternehmenskultur sind.

Welche Fachbücher haben Sie in letzter Zeit gelesen?

Diese Antwort sagt, ob der Kandidat überhaupt liest, welche Themen ihn interessieren, wie wichtig ihm Weiterbildung ist, ob er auch privat bereit ist, etwas dafür zu tun, und ob er flexibel genug ist, allenfalls andere Medien zu nennen. Auch hier ist es wieder interessant, zu erfahren, ob und welche Themen mit Ihrem Stellenangebot korrespondieren.

Angenommen, wir würden Ihnen eine Weiterbildung offerieren. Welche würde Sie am meisten interessieren?

Die Antwort ist aus ähnlichen Gründen interessant, wie oben jene nach den zuletzt gelesenen Fachbüchern. Hier zeigt sich aber noch deutlicher, wie sehr der Kandidat die Antwort auf die Stellenanforderungen ausrichtet, welche umfangreiche Fachausbildung bzw. Richtung er wählen würde und welche Defizite sich allenfalls ableiten lassen.

Welche Lernmedien bevorzugen Sie?

Die Antwort sagt auch etwas aus über die generelle Medienkompetenz des Kandidaten und ob er solche überhaupt zu nennen vermag. Welche es dabei sind und in welchem Zusammenhang er sie nennt, sagt auch einiges über die Lernbereitschaft und die Fähigkeiten aus. Medienkompetenz gewinnt immer mehr an Bedeutung und ist ein wichtiger Faktor der Qualifikation.

Was würde Sie bei Persönlichkeits-Trainings oder Persönlichkeitsschulungen am meisten interessieren?

Eine zugegeben etwas heikle Frage, die mit Bedacht eingesetzt werden sollte, da man dadurch natürlich entsprechende Defizite erkennen lässt. Ob und welche Themen es sind und auch die diplomatische oder differenzierte Art der Antwort sind hier gleichermassen aufschlussreich.

Arbeitseinstellung und Motivation

Die Motivation und Arbeitseinstellung gehört nebst fachlicher und persönlicher Qualifikation zu den wohl wichtigsten und erfolgsentscheidensten Faktoren. Sie ist letztlich die verlässlichste und dauerhafteste Basis jeder wirklich substanziellen Leistungserbringung. Solche Fragen können beispielsweise Auskunft geben über das Mass an Innovation, Kreativität und Initiative, die jemand entwickelt. Erkenntnisse lassen sich auch in Bezug auf Belastbarkeit, Ausdauer, Durchsetzungsvermögen und Überzeugungskraft, Kommunikationsfähigkeit, Verhalten im Team, Führungskompetenz, Führungsstil und Entscheidungsfreudigkeit gewinnen. Deshalb haben wir diesen Teil ausführlich und relativ umfassend gestaltet.

Was ist Ihnen wichtiger – Zufriedenheit und Sicherheit im Beruf oder berufliches Weiterkommen und Karriere?

Diese Antwort gibt Aufschluss zu Ehrgeiz und Arbeitsmotivation. Zufriedenheit als einziger Aspekt deutet auf weniger ausgeprägten Ehrgeiz hin. Zufriedenheit ist Voraussetzung für das berufliche Weiterkommen und ist Motor für die Leistungsbereitschaft; also deutet eine Antwort, die beide Alternativen in gegenseitiger Abhängigkeit einbezieht, auf eine gute Übereinstimmung und ein ausgewogenes Verhältnis zur Arbeitsmoral.

Wie wichtig ist Ihnen regelmässige Anerkennung, auf einer Skala von 1 – 10 festgehalten?

Sie wollen es nun konkret wissen. Eine auch für andere Themenbereiche gute Methode, verbindliche und auf eine Art messbare Antworten zu erhalten. Dies ist besonders bei Kandidaten angebracht, die sich schwer tun, klare, verbindliche und präzise Aussagen zu machen.

Über welche Art von Anerkennung freuen Sie besonders?

Eine interessante Frage, die auch viel über Emotionen, Selbstvertrauen, Wertvorstellungen und Begeisterungsfähigkeit aussagt. Achten Sie auch auf die nonverbalen Aspekte, z.B. mit welchem emotionalen Engagement und anhand welcher Erlebnisse welche Anerkennungen genannt werden.

Für welche Leistungen hätten Sie bei Ihren letzten Stellen mehr Anerkennung erwartet?

Wird nun endlos geklagt oder werden ganz einfach sachlich und nüchtern einige begründete und nachvollziehbare Leistungen und Situationen genannt? Achten Sie bei der Antwort besonders darauf, inwiefern das Gesagte mit den Anforderungen und Gegebenheiten der zu besetzenden Stelle übereinstimmt und sich beides deckt.

Worauf legen Sie im Berufsleben besonderen Wert?

Damit kann man Interessantes zu persönlichen Wertvorstellungen und Vorlieben sowie Rückschlüsse zum Verhalten am Arbeitsplatz erfahren. Von Interesse ist dabei die Übereinstimmung der relevanten Eigenschaften mit den wichtigen Punkten des Anforderungsprofils und inwiefern die Wertvorstellungen des Bewerbers mit denen des Unternehmens übereinstimmen. Ähnliche Fragestellungen können genauso gut mit anderen Themenbereichen formuliert werden, um an detailliertere und individuelle Informationen zu gelangen.

Was macht Ihrer Meinung nach gute Teamarbeit aus und welches sind Ihre Erfahrungen?

Teamarbeit nimmt bei den meisten Stellen einen wichtigen Platz ein. Mit dieser Frage bringt man in Erfahrung, ob die Grundeinstellung zur Teamarbeit positiv ist und ob und welche Erfahrungen man damit gemacht hat. Achten Sie bei den Erfahrungen auf die Übereinstimmung und Relevanz mit den Anforderungen der von Ihnen ausgeschriebenen Stelle.

Was bedeutet für Sie Erfolg?

Damit erfährt man, was den Bewerber zur Arbeit motiviert. Das Spektrum der Antworten kann vom reinen "Minimalisten" über den erfolgsorientierten Mitarbeiter mit gesundem Ehrgeiz bis zum egozentrischen Karrieristen reichen, der allenfalls nur materiell motiviert ist. Die Frage nach konkreten Erfolgserlebnissen kann Aufschluss über die Glaubwürdigkeit der genannten Einstellung geben.

Auf welche Verdienste sind Sie weshalb besonders stolz?

Nennt der Bewerber eine berufsspezifische Leistung und sind es Qualitäten, die für das Unternehmen und die Stelle von Interesse sind und mit den Anforderungen übereinstimmen? Auch die Art der Erfolge und benötigten Fähigkeiten geben Aufschluss über die Motivierbarkeit, die Grundwerte und die Talente, denen der Bewerber besonders vertraut und die er an sich besonders hoch einschätzt.

Mit welcher Art Misserfolg tun Sie sich besonders schwer?

Keine einfache Frage, da der Kandidat sich hier zwangsläufig exponiert. Aber die Rückschlüsse auf Sensibilität, Ehrgeiz, Empfindlichkeiten, Misserfolgsauslöser und - themen, der Mut und die Offenheit des Kandidaten geben sehr aufschlussreiche Informationen. Helfen Sie eventuell, die Frage zu relativieren und den Kandidaten zu ermutigen, nur mit einem einfachen Beispiel antworten zu können.

Was möchten Sie in Zukunft erreichen – wo möchten Sie in 5 bis 10 Jahren stehen?

Damit wird der berufliche Ehrgeiz und die Motivation ausgelotet. Sind die Vorstellungen des Bewerbers realistisch, passen die Persönlichkeitsmerkmale zu den Zielen. Die Antwort auf die mittel- und längerfristigen Ziele ist eher anspruchsvoll, deutet aber bei konkreten Vorstellungen auf beruflichen Ehrgeiz und einen guten Stellenwert des Berufes hin, mit dessen Aspekten sich der Bewerber aktiv auseinandersetzt.

Erzählen Sie mir doch etwas von einer schwierigen Situation an Ihrem letzten Arbeitsplatz und wie Sie damit umgegangen sind.

Mit dieser auf das Verhalten, die Konfliktfähigkeit und die Belastbarkeit abzielenden Frage kann man meistens auf das künftige Verhalten schliessen. Es ist eine schwierige Frage, die aber viel verrät, zum Beispiel auch, was überhaupt als eine schwierige Situation empfunden wird (von der Kantine mit schlechtem Kaffee bis zu einem Umfeld, welches wenig Eigeninitiative oder Entfaltung im beruflichen Weiterkommen zuliess).

Mit welchen neuen Vorschlägen oder Ideen haben Sie bei Ihren vorherigen Stellen viel in Bewegung setzen können?

Es ist nicht unbedingt eine Frage der Menge von Ideen und Vorschlägen, sondern deren Qualität und die Art und Weise, wie der Kandidat diese schildert und beschreibt. Fällt es ihm schwer, Ihnen nur schon einige wenige Ideen und Vorschläge zu nennen, haben Sie es vermutlich nicht mit einem sehr innovativen und begeisterungsfähigen Menschen zu tun. Lassen Sie sich aber auch nicht von allzu eloquenten oder von sich allzu sehr überzeugten "Erzählern" beeindrucken.

Wie kommen Sie zu Ihren besten Ideen, gibt es da bestimmte Techniken oder Vorgehensweisen?

Kreativitätstechniken gibt es viele – doch nur wenige wenden Sie konsequent und vor allem mit Erfolg an. Der Sinn dieser Frage besteht nicht darin, dass Sie unbedingt eine solche Technik zu hören bekommen, sondern vielmehr die Art und Weise, was Ihnen gesagt wird und ob der Kandidat den Mut hat, eventuell auch unkonventionelle oder sehr persönliche Methoden zu nennen.

Welches Thema interessiert Sie so stark, dass Sie davon stundenlang begeistert reden könnten?

Auch hier ist nicht unbedingt - oder zumindest nicht nur - das *"Was"*, sondern viel eher das *"Wie"* entscheidend und das Ziel der Frage. Ist der Kandidat in der Lage, überhaupt eine Antwort zu geben, wenn ja welche, aus welchem Gebiet und mit welchem emotionalen Engagement wird diese geäussert?

Mit welchen alten Gewohnheiten oder Einstellungen haben Sie in letzter Zeit gebrochen?

Eine ungewöhnliche, unerwartete Frage. Doch die Antwort kann sehr viel aussagen. Wie flexibel, wie veränderungsfreudig ist der Kandidat? Ist er ein Gewohnheitstier, dem Veränderungen fremd und suspekt sind oder sucht er geradezu Herausforderungen und Veränderungen?

Was glauben Sie, was Menschen wirklich zur Arbeit anspornt, ist es Geld, Karriere, Begeisterungsfähigkeit, Ehrgeiz, Berufung oder anderes?

Die Antwort auf diese Frage ist sehr interessant, denn sie sagt viel über das Wertesystem des Kandidaten aus. Achten Sie auf die Glaubwürdigkeit und das Differenzierungsvermögen und bitten Sie eventuell darum, ein persönliches Beispiel oder Erlebnis zu nennen. Ähnliche Fragestellungen können genauso gut mit anderen Themenbereichen formuliert werden, um an detailliertere und individuelle Informationen zu gelangen, zum Beispiel zu Weiterbildung oder Laufbahn und Karriereplanung.

Wieso glauben Sie, dass Sie diese Arbeit gerne tun würden?

Diese Antwort verrät Ihnen, wie gut der Kandidat über das Anforderungsprofil und die Stelle informiert ist und welche Aufgaben die für ihn interessantesten und motivierendsten sind. Ähnliche Fragestellungen können genauso gut mit anderen Themenbereichen formuliert werden, um an detailliertere und individuelle Informationen zu gelangen, zum Beispiel persönliche Anforderungen oder Projektziele.

Was meinen Sie, ermöglicht wirklich gute Leistungen?

Eine indirekte Frage zur Motivation, einfach auf einer objektivierten Ebene. Da diese Antwort aber auch einiges an das Abstraktionsvermögen stellt, sollte sie nur gewandten Kandidaten für gewisse Positionen gestellt werden. Sie können diese Frage auch weniger offen so stellen: "Welches sind Ihrer Meinung nach die Voraussetzungen für überdurchschnittliche Leistungen?"

Welches sind für Sie die entscheidenden Aspekte in der Arbeit der von uns angebotenen Stelle?

Auf den ersten Blick eine harmlose und einfache Frage, aber dennoch eine, die sehr viel aussagt, ob der Kandidat das Wesentliche verstanden hat und ob er weiss und erkannt hat, worauf es ankommt. Wenn hier Nebensächlichkeiten, fragwürdige Prioritäten oder völlig belanglose Aspekte zur Sprache kommen, ist wohl Vorsicht geboten. Der Begriff "Aspekte" ist bewusst unspezifisch gewählt, die Frage kann auch konkreter gestellt werden bezüglich Herausforderungen und Interessen, Übereinstimmung mit den Laufbahnzielen usw.).

Über welche Anerkennung haben Sie sich in letzter Zeit besonders gefreut?

Für den Bewerber ist es eventuell nicht ganz einfach, auf diese Frage eine befriedigende Antwort zu finden, da Anerkennung leider nicht allzu häufig vorkommt. Interessant ist es aber zu erfahren, worauf sich eventuelle Anerkennung bezieht, wer sie ausgesprochen hat und welche Relevanz die zugrunde liegenden Leistungen aufweisen.

Für welche Art von Leistungen würden Sie im Allgemeinen mehr Anerkennung erwarten?

Fehlende Wertschätzung in für den Kandidaten wichtigen Bereichen zu erfahren, ist vor allem in Bezug auf Ihre Stelle von grosser Bedeutung. Man weiss aus der Erfahrung von zahlreichen Interviews, dass solche indirekten Fragestellungen gerade zurückhaltende Kandidaten oft aus der Reserve locken und die Antworten gewöhnlich einen hohen Informationsgehalt haben.

Über welche Art von Wertschätzung freuen Sie sich im Allgemeinen am meisten?

Ist es materielle Anerkennung, ist es ein spontan ausgesprochenes Lob, ist es eine eher offizielle Gratulation – auf diesem Weg etwas über die Motivationsstruktur zu erfahren, ist auf jeden Fall von Interesse. Achten Sie darauf, inwiefern sich die Bedürfnisse mit Ihrer Unternehmenskultur und Ihren Führungsstilen decken.

Mit welcher Wesensart oder persönlichen Stärke glauben Sie, Vertrauen und Sympathie von Kolleginnen und Kollegen zu gewinnen und zu haben?

Wie bewusst ist sich der Kandidat seinem Charisma, seiner Ausstrahlung, wie leicht fällt es ihm überhaupt, auf diese Frage zu antworten? Ähnliche Fragestellungen können genauso gut mit anderen Themenbereichen formuliert werden, um an detailliertere und individuelle Informationen zu gelangen, zum Beispiel Wertschätzung von Fähigkeiten durch Vorgesetzten oder Teamplayer-Ruf in einer Projekt- oder Arbeitsgruppe.

Was erwarten Sie von Ihrer neuen Aufgabe, was ist Ihnen am wichtigsten?

Sind es Herausforderungen, die Möglichkeit, Neues zu lernen, eine neue Branche kennenzulernen, Gelerntes aus einer Weiterbildung anwenden zu können oder sich in einer dynamischen Branche weiterzuentwickeln? Die Schwerpunkte, die möglichen Begründungen, die dahinter liegenden Motive (Karriere, Herausforderung, Neues lernen usw.) geben interessante Hinweise. Achten Sie vor allem bei dieser Antwort darauf, in welchem Masse Sie die Erwartungen des Kandidaten erfüllen können.

Wie motivieren Sie sich?

Diese Frage ist so kurz wie sie auch schwierig ist und viele Antworten zulässt. Greift der Bewerber auf konkret gemachte Erfahrungen zurück, überzeugt er durch Glaubwürdigkeit. Motivierte Bewerber bringen auch zum Ausdruck, dass sie sich gerne berufliche Ziele stecken, auf deren Erreichung hinarbeiten und besser mit Rückschlägen umgehen können als unmotivierte Kollegen. Eine kluge Antwort kann sein: "Ich motiviere mich durch gute Arbeitsergebnisse und bin auf Erfolge stolz. Wenn ich eine Aufgabe sehr gut gelöst habe, bin ich gleich motiviert für neue Herausforderungen. So habe ich beispielsweise bei meinem jetzigen Arbeitgeber ein interessantes Projekt zum Thema Ablauforganisation übernommen, nachdem ich die Tagesroutine gut im Griff hatte". Vorsicht ist geboten bei Allgemeinplätzen wie "Ich gebe sowieso immer mein Bestes" oder "Motivation ist für mich ohnehin kein Problem".

Man kann die Art der Motivation übrigens wie folgt unterscheiden: Es gibt die selbst- und interessenbestimmte und aus innerem Antrieb kommende, sogenannte *intrinsische* Motivation, welche oft die interessantere ist. Und dann gibt es die *extrinsische* Motivation, welche von äusseren Faktoren und Anreizen beeinflusst und erzeugt wird, wie beispielsweise ein gutes Gehalt oder das Arbeitsklima.

Arbeitsverhalten und Arbeitstechnik

Je nach Funktion, Aufgabe und Position kann dieser Bereich eine wichtige oder eher untergeordnete Rolle spielen. Auf jeden Fall sagen diese Antworten "zwischen den Zeilen" auch einiges zur Persönlichkeit, Systematik und Arbeitsethik eines Kandidaten aus.

Wie würden Sie mit der täglichen Informationsflut umgehen, die Sie bei unserem Arbeitsplatz antreffen würden?

Informationen sind nicht alles, aber ohne Informationen ist alles nichts, eine wohl je länger desto zutreffendere Aussage. Erwarten Sie kein perfektes und durchdachtes Modell, denn oft wird dies unbewusst und nach Gewohnheiten gemacht. Doch wie hier vorgegangen wird und was geantwortet wird, ist dennoch von Interesse, da es Rückschlüsse auf die Eigenorganisation des Bewerbers als Ganzes ziehen lässt.

Wie geben Sie Ihr Wissen oder neue Erkenntnisse weiter, z.B. an neue oder jüngere Kollegen?

Wissensmanagement in der Praxis, zumindest auf Basis der Persönlichkeit. Dies ist jedoch ein Punkt, der je länger desto wichtiger wird und auch einiges über den Charakter und die Persönlichkeit aussagt. Die Antworten geben unter Umständen aufschlussreiche und interessante Informationen über die Persönlichkeit des Bewerbers.

Für welche Zwecke nutzen Sie das Internet, wie vertraut ist es Ihnen?

Das Medium erfordert Aufgeschlossenheit gegenüber Neuem, Flexibilität, Recherchefähigkeiten und Lernbereitschaft. Dies sind Fähigkeiten, die ganz generell von Bedeutung sind. Zugleich verrät der Kandidat indirekt auch etwas über seine Interessen und bevorzugten Informationsquellen.

Welche drei Informationsquellen gehören zu den für Sie wichtigsten?

Diese Antworten sagen unter anderem aus, ob Ihr Kandidat eher konservativ ist (Branchenbücher, Bibliotheken, Fachkollegen) oder neuen Beschaffungswegen gegenüber auch aufgeschlossen ist (Internet, Diskussionsforen, internationale Online-Magazine usw.)

Wenn Sie an eine Problemsituation denken, zu der Sie eine erfolgreiche Lösung gefunden haben – auf welche sind Sie besonders stolz?

Bei dieser Antwort ist die Art und Weise des Problems (Bezug zu Ihrer Stelle) und die Lösungsmethode (Effizienz, Schnelligkeit, Kreativität, Originalität) von besonderem Interesse. Indirekt kann man hier auf elegante Weise auch das Selbstbild von Fähigkeiten und Stärken in Erfahrung bringen.

Schildern Sie uns bitte eine Situation, in der Sie sich mit der Entscheidungsfindung eher schwer getan haben, beispielsweise, weil es mehrere vergleichbare Alternativen gab.

Nebst dem Informationsgehalt ist diese Antwort auch deshalb interessant, weil sie unter Umständen einiges über den Charakter, d.h. die Fähigkeit zur Selbstkritik und dem Eingestehen von Schwächen aussagt.

Wie stellen Sie sicher, dass Sie anstehende Aufgaben termingerecht angehen?

Eine sehr konkrete Frage, die nur bei Stellen nachgefragt werden sollte, bei denen das Einhalten von Terminen und die Termintreue eine grosse Rolle spielen. Bei dieser Antwort erfährt man einiges über die Arbeitsorganisation des Kandidaten, seine Arbeitstechnik und die benutzten Arbeitsinstrumente und deren Art wie PC- und Organizer-Nutzung und die Systematik der Arbeitsweise.

Wonach richten Sie die Prioritäten Ihres Arbeitstages aus?

Eine die persönliche Arbeitsorganisation und Prioritätenordnung betreffende, sehr interessante Frage. Es ist allenfalls empfehlenswert, die Gründe für diese Frage näher darzulegen und in Verbindung mit spezifischen Stellenanforderungen zu bringen. Ähnliche Fragestellungen können genauso gut mit anderen Themenbereichen formuliert werden, um an detailliertere und individuelle Informationen zu gelangen, zum Beispiel Zielerreichung oder Qualitätskontrollen.

Haben Sie eine Tages- oder Wochenplanung, wenn ja, welche und wie gehen Sie da konkret vor?

Diese Form der Arbeitsorganisation und –Planung ist eigentlich elementar, zumindest bei Aufgaben und Stellen, die ein Minimum an Planung erfordern. Welche Hilfsmittel (PC oder klassische Planer) und Vorgehensweisen (Stichwort-Zettel oder minutiöse Tagesplaner mit Zeiteinteilung) sagen auch etwas über den Arbeitscharakter und die Persönlichkeit als Ganzes aus.

Was liegt Ihnen näher: Ein Arbeitstag, der durchgeplant und durchstrukturiert ist oder einer, der etwas chaotisch ablaufen mag und bei dem Sie flexibel auf unvorhergesehene Aufgaben reagieren müssen?

Eine gute Antwort ist sicher eine differenzierte, die von der jeweiligen Situation und den darin involvierten Menschen abhängig gemacht wird. Man weiss aus der Erfahrung von zahlreichen Interviews, dass solche indirekten Fragestellungen gerade zurückhaltende Kandidaten oft aus der Reserve locken und die Antworten gewöhnlich einen hohen Informationsgehalt haben. Je nach Präferenz ist die Nachfrage allenfalls aufschlussreich, mit welchen Arbeitshilfsmitteln oder Methoden und Vorgehensweisen der Kandidat seine Arbeitstage plant und organisiert.

Genauigkeit ist bei dieser Stelle äusserst wichtig. Wie können Sie mir versichern, dass Sie genau arbeiten?

Die Frage kann so gestellt werden, in Form einer Eigenbeurteilung oder mit einer Frage nach Beispielen oder Arten von Aufgaben und Tätigkeiten, die besondere Genauigkeit erforderten. Auch hier ist der Vergleich und die Relevanz angesichts der Anforderungen und Erwartungen bezüglich der von Ihnen ausgeschriebenen Stelle wichtig und interessant.

Diskretion und Vertrauenswürdigkeit ist das A und O dieser Stelle. Wie können Sie mich überzeugen, dass Sie das besitzen?

Hier kann man ebenfalls nach Beispielen fragen, Widersprüche zu klären, Arbeitszeugnisse und Lebensläufe einzubeziehen oder konkrete Situationen und Anforderungen der Stelle zu schildern und die Reaktionen und Antworten zu beobachten und zu prüfen.

Bei dieser Stelle würde ich Zuverlässigkeit als das Wichtigste bezeichnen. Wie können Sie mir versichern, dass Sie dafür der geeignete Kandidat sind?

Eine ähnlich lautende Fragestellung, wie die zwei vorangehenden. Die Art der Beispiele, der Konkretisierungsgrad, die Spontaneität der Antworten, die Ausrichtung auf die Anforderungen Ihrer Stelle sind Punkte, welche die Qualität und Glaubwürdigkeit der Information beurteilen lassen.

Welcher der Stellenanforderungen glauben Sie am meisten zu entsprechen – und weshalb beurteilen Sie das so?

Diese Antwort ist aus mehreren Gründen interessant. Der Bewerber muss seine Stärken und Fähigkeiten kennen, er sollte das Anforderungsprofil präsent haben, aus beidem das Zutreffendste wählen können und dies in eine optimale Übereinstimmung mit Ihren Informationen aus dem Interview bringen.

Können Sie mir zu dieser Beurteilung zwei bis drei Beispiele und Erlebnisse schildern?

Eine Anschluss- und Vertiefungsfrage an die obige. Sich an bestimmten Erfahrungen und Tätigkeiten orientierende Fragen haben meistens einen hohen Informationswert, da sie sehr konkret sind und bessere Vergleichsmöglichkeiten mit dem Anforderungsprofil zulassen. Ferner ist auch das emotionale Verhalten und die Situationsschilderung und Themenwahl des Kandidaten interessant.

Wie fühlen und verhalten Sie sich, wenn Sie unter starken Druck und Stress geraten?

Belastbarkeit und Stressresistenz sind je nach Stelle, Aufgaben und Position wichtige Voraussetzungen und Charaktereigenschaften. Stress beeinflusst den Menschen auf allen Ebenen und er steht im Zentrum der Grundfunktionen des Menschen. Der Umgang mit Stress entscheidet jedoch auch in hohem Masse, wie produktiv und leistungsfähig ein Mitarbeiter sein kann. Die Schlüssel zur Stressbekämpfung sind Kontrolle und Anpassung. Wer sich gut vorbereitet in Belastungssituationen begibt oder schwierige Situationen vorab im Geiste durchspielt, kann ebenfalls Druck wegnehmen. Antworten, die in diese Richtung gehen, zeigen, dass der Kandidat weiss, wie er den Stress in Grenzen hält.

Beschreiben Sie eine Konfliktsituation, in der Ihre Arbeit oder eine Ihrer Ideen heftig kritisiert wurde. Was haben Sie daraus gelernt?

Eine knifflige, aber ebenso aufschlussreiche Antworten ermöglichende Frage. Hier geht es um die Kritik- und Lernfähigkeit, die an einem konkreten Beispiel unter Beweis gestellt werden soll. Wer hier relativ schnell eine Situation (und dann erst noch eine, die zu den Anforderungen der Stelle passt) schildert und vor allem glaubwürdig sagen kann, was er daraus gelernt hat, vermag sicher überzeugend zu punkten.

Was interessiert Sie an dieser Stelle am meisten, was sich zugleich von ihrer jetzigen Arbeitssituation am deutlichsten unterscheidet?

Die Frage hat nicht nur den Vorteil, dass sie offen ist und eine konkrete Antwort voraussetzt – sie zwingt den Bewerber auch zu einer differenzierten Aussage, bei der er viel über seine Interessen, seine Karriereziele und seine letzte Beschäftigung zu erkennen gibt und zeigt, wie viele und welche Überlegungen er sich dazu überhaupt macht. Bei dieser und übrigens vielen weiteren Fragen ist es jeweils klug, darauf einzugehen, was der Kandidat sagt und auf dieser Antwort aufbauend die nächste Frage zu formulieren. Damit erkennt und hinterfragt man Denkmuster und kann gleichzeitig wesentlich besser prüfen, ob Antworten glaubwürdig sind.

Wie finden Sie es, geführt zu werden?

Die Frage kommt harmlos und je nachdem ohne erkennbaren Zusammenhang daher. Sie entspricht nicht der gewohnten Bewerber-Perspektive, sondern eher der einer Führungskraft. Je nach Qualität der Antwort verrät sie auf subtile Weise, wie gut und schnell sich der Kandidat später in die Unternehmenskultur einfügen wird, welcher Art seine bisherigen Erfahrungen sind und welche Bedürfnisse und Werte wie Anerkennung, Förderung, Orientierung, Vertrauen ihm dabei wichtig sind. Der Vergleich mit dem Führungsstil des Vorgesetzten der zu besetzenden Stelle ist dann der zweite Schritt.

Wann haben Sie das letzte Mal die Regeln nicht genau eingehalten - und weshalb?

Wohl jeder hat schon mal gegen Unternehmensregeln oder Betriebsvereinbarungen verstossen. Die Antwort zeigt also, wie ehrlich der Kandidat ist und wie diplomatisch er sich bei kritischen Fragen verhält. Zugleich kommt es aber darauf an, in welchem Zusammenhang dies geschah und warum er die Regeln gebrochen hat, d.h. wie gut er dies zu begründen versteht. Bei einer Antwort wie dieser kann eine Prise Humor oder Selbstironie sympathisch wirken und angebracht sein.

Was schuldet ein Unternehmen seinen Mitarbeitern?

Auch dies ist eine unerwartete und aussergewöhnliche Frage, aber gerade deshalb kann nicht nur die Antwort, sondern auch das Verhalten bzw. die Reaktion darauf viel verraten. Sie zwingt den Interviewten zum Um- und Querdenken und zu einer kritischen Stellungnahme. Zudem lässt die Antwort erkennen, welche für ihn wichtigen Erwartungen der Kandidat an die Position hat, welche Werte einer Unternehmenskultur ihm wichtig sind und was er, beispielsweise unter Fairness oder Weiterentwicklungsmöglichkeiten, versteht und was ihn letztlich motiviert.

Beispiele positiver, berechtigter und anspruchsvoller Erwartungen sind: Förderung und Entwicklungsmöglichkeiten, Lernchancen, Anerkennung, Respekt vor Person und Leistung, angemessene Entlöhnung und mehr.

Wenn Sie unser Unternehmen eines Tages vielleicht wieder verlassen: Wie soll man sie in Erinnerung behalten?

Diese Frage ist wohl etwas gar aussergewöhnlich, denn schliesslich hat der Kandidat die Stelle ja noch nicht einmal angetreten. Solche Überraschungsfragen bringen die meisten Kandidaten gehörig aus dem Konzept, doch ihr Vorteil sind gerade deswegen spontane und meist ehrliche Antworten.

In diesem Fall verrät die Antwort einiges über die Identifikation mit Arbeit, Beruf, Unternehmen und Prioritäten des Kandidaten. Doch bei unsicheren oder im Ausdruck weniger gewandten Kandidaten sollte auf diese Fragen verzichtet werden, da sie zu viel Verunsicherung auslösen können.

Persönliche Eignung und Sozialkompetenzen

Die Bedeutung der Persönlichkeit – Charakter, Teameignung, Sozialkompetenz, Kommunikationsfähigkeiten - um nur einige Beispiele zu nennen - wird bei vielen Interviews und Rekrutierungsverfahren nach wie vor unterschätzt. Fragen spielen auch hier eine grosse Rolle und ein Interview kann im persönlichen Kontakt vieles zu Tage fördern. Doch letzten Endes ist es immer noch das Sensorium, das Gespür, das Beobachten von Persönlichkeitsmerkmalen, die am Gesamteindruck ebenso stark beteiligt sind Auch interkulturuelle Kompetenzen werden immer wichtiger.

Was denken Sie, wie lange Sie für eine gute Einarbeitung bei uns brauchen würden?

Hier erfahren Sie etwas zur Selbsteinschätzung des Bewerbers. Ist für ihn alles kein Problem und ist er in wenigen Wochen eingearbeitet? Ist das Gegenteil der Fall? Realistisch sind in der Regel je nach Komplexität drei bis sechs Monate Einarbeitungszeit.

Welche die Stelle oder unser Unternehmen betreffenden Informationen interessieren Sie besonders?

Hier ergibt sich ein interessanter Hinweis, wie sehr sich der Bewerber mit der Stelle befasst hat. Und die Motive: Sind es nur die finanziellen Aspekte, Sicherheit und Arbeitszeit – oder geht es auch um Weiterbildung, detailliertes Interesse an den Aufgaben und die Entwicklungsmöglichkeiten?

Wie verlief Ihre letzte Woche im Rahmen Ihrer Bewerbungen?

Hier gewinnen Sie einen Einblick in die Systematik, die Aktivität und die Initiative des Bewerbers. Zeugen die Beispiele von Initiative und Aktivitäten, wird sofort geantwortet und das Wesentliche genannt – oder schaut der Bewerber Sie ratlos an und nennt einige Banalitäten? Es sind oft die indirekten Fragen, die sich an konkreten Beispielen oder Erlebnissen des Kandidaten orientieren, mit denen man die interessantesten und ergiebigsten Informationen erhält.

Wie wichtig ist für Sie die Motivation von Mitarbeitenden – und können Sie uns ein Beispiel nennen, wo Ihnen das besonders gut gelungen ist?

Eine Frage, die natürlich bei Führungskräften von Bedeutung ist. Wird dies nur im finanziellen Rahmen und bei ausserordentlichen Leistungen gesehen oder steht regelmässige Anerkennung und das Eingehen auf Bedürfnisse und Charaktere der Mitarbeitenden im Vordergrund? Achten Sie auch darauf, wie konkret, charakteristisch und spontan das Beispiel genannt und umschrieben wird.

Was ist für Sie ein gutes Arbeitsklima, in dem Sie sich wohl fühlen?

Ist es das menschliche Umfeld, das Team und der Vorgesetzte? Oder sind andere Kriterien wichtig, wie Innovationsgeist oder eine den Mitarbeiter achtende und fördernde Unternehmenskultur? Hier gilt es natürlich auch, die genannten Kriterien mit denen des Arbeitsklimas Ihres Unternehmens zu vergleichen und Übereinstimmungen zu beachten. Flüchtet jemand allzu sehr in generelle nichtssagende Bezeichnungen, sollte man hier nachfragen und nachhaken.

Welche positiven und negativen Gegebenheiten spielten bei Ihrer letzten Stelle eine wichtige Rolle?

Die zu konkreterer Antwort führende Frage, was gefallen hat und was nicht. Achten Sie darauf, ob dies für Ihren Fall relevante Faktoren sind und wie das Verhältnis von positiven und negativen Gegebenheiten ist, ob es nur Frustration und Vorwürfe sind, die zur Sprache kommen oder ob auch den positiven Ereignissen Beachtung geschenkt wird – dies sagt viel über die grundsätzliche positive oder negative Grundhaltung eines Kandidaten aus. Wer zum Beispiel nur aus Ärger und Enttäuschung, also ohne konstruktive Ziele wie ein berufliches Weiterkommen den vorherigen Arbeitgeber verlässt, ist wohl kaum der ideale Kandidat.

Wie erfolgreich waren Sie nach Ihren eigenen Massstäben bei der vorherigen Stelle?

Seien Sie nicht überrascht, vielfach fällt es den Kandidaten schwer, überhaupt zu antworten. Eigentlich ist dies als eine Art kleiner Persönlichkeitstest zu werten und zeigt Ihnen auch, wie es um das Selbstwertgefühl des Bewerbers steht.

Arbeiten Sie lieber mit anderen zusammen oder allein?

Hier bringt man in Erfahrung, ob es sich beim Bewerber um einen "Teamplayer" handelt. Je nach Art der Stelle ist dies aber nicht unbedingt Voraussetzung. Interessant ist die Antwort, wenn ein Bewerber glaubhaft darlegen kann, dass er sich je nach Situation und Anforderungen bei beiden Arbeitsweisen wohl fühlt.

Ziehen Sie es vor, allein oder im Team zu arbeiten?

Eine recht wichtige Frage in Bezug auf die von Ihnen angebotene Stelle und deren Arbeitsumfeld. Es gibt ausgesprochene "Einzelkämpfer", die nur so ihre Leistungen entfalten können, und andere, die das nur im Team schaffen. Eine differenzierende, sowohl das eine wie auch das andere enthaltende Antwort ist meistens eine gute Reaktion.

Mit welcher Art von Menschen arbeiten Sie gerne zusammen?

Indirekt zeigt sich hier die Erwartung an Teamkolleginnen und - kollegen, ein Arbeitsklima, das Naturell des Bewerbers und seine Toleranzbandbreite. Eventuelle Beispiele aus der praktischen Erfahrung sind von besonderem Interesse. Mit einem Erlebnis zusammen gewinnt die Aussage an Glaubwürdigkeit und wird auch konkreter. Dabei ist die Art und Weise (wie Wortwahl, Prioritäten, eingebundene Menschen, Aufgaben usw.) interessant und aufschlussreich.

Mit welcher Art von Menschen arbeiten Sie nicht besonders gerne zusammen?

Sozusagen der zweite Teil zur obigen Frage. Die Antworten sagen einiges zum Niveau und zur Toleranz aus. Auch das generelle Menschenbild kommt hier klar zum Ausdruck. Wer bei der vorherigen Frage kaum etwas zu antworten weiss und hier plötzlich "sprudelt", hat wohl eine eher negative Grundeinstellung zur Zusammenarbeit mit Kollegen.

Welches sind Ihre zwei bis drei grössten Stärken und Schwächen?

Diese Selbsteinschätzung ist interessant und sie kann durchaus nichtberufliche Aspekte miteinbeziehen. Achten Sie auf das Verhältnis von Stärken und Schwächen, auf den Konkretisierungsgrad - und wiederum auf die Voraussetzungen, die für die ausgeschriebene Stelle relevant sind. Je nach Anforderungen und Prioritäten der angebotenen Stelle sollte diesem Punkt entsprechend grosse Beachtung geschenkt werden und sich allenfalls auf konkrete Aufgabenstellungen bezogen werden. Oft ist die Bewertung der Selbsterfahrung und Einsicht interessanter als die tatsächlichen Schwächen. Wer aufrichtig zu Schwächen steht, aber glaubhaft bekräftigen kann, mit welchen Massnahmen er an deren Beseitigung arbeitet, zeigt Reife, Ehrlichkeit und Courage.

Was unternehmen Sie, wenn Sie mit einem Kunden, Kollegen, Vorgesetzten oder Mitarbeiter nicht klarkommen?

Hier geht es darum, die Konfliktfähigkeit, Offenheit und Ehrlichkeit eines Kandidaten durch eine konkrete Frage zu ergründen. Die Frage kann natürlich auch auf den Vorgesetzten oder Mitarbeiter eingeschränkt werden. Ähnliche Fragestellungen können genauso gut mit anderen Themenbereichen formuliert werden, um an detailliertere und individuelle Informationen zu gelangen, zum Beispiel bei einer Stress erzeugenden Arbeitssituation oder einer tief greifenden, plötzlich erfolgenden Veränderung.

Wenn ich Ihnen jetzt einen zur Unterschrift fertig erstellten Vertrag vorlegen würde – würden Sie ihn unterschreiben?

Je nach Zeitpunkt des Gespräches erfahren Sie mit dieser Frage gleich mehreres. Wie gross ist das Interesse an der Stelle, wie entschlussfreudig ist der Bewerber? Wie gelassen und sicher reagiert er auf unerwartete Fragen und Situationen? Solche Fragen sollten jedoch zurückhaltend und mit Rücksicht auf das Naturell von Bewerbern gestellt werden. Gegenüber unerfahrenen oder eher unsicheren Bewerbern sind solche Fragen unangebracht.

Was macht Ihnen Freude im Berufsleben, was eher Mühe?

Diese Frage wird bewusst sehr offen und geradezu naiv anmutend gestellt, ermutigt den Bewerber aber gerade deshalb zu einer freien, ungebundenen Stellungnahme mit viel Spielraum. Bei dieser Antwort sind generell Motivatoren wie auch das Anspruchsniveau, die beruflichen Grundwerte, die Arbeitsmoral, die Laufbahnziele und vieles mehr erkennbar. Die Frage ist auch gegenüber unerfahrenen, jungen oder eher unsicheren Bewerbern geeignet, da sie sehr offen ist und zu ehrlichen Antworten einlädt.

Welche Eigenschaft mögen Sie an sich selber, wo stolpern Sie über sich selbst?

Diese direkte aber dennoch ähnlich wie die obige viel Spielraum lassende Frage nach der Selbsteinschätzung ist so gestellt, dass ein Kandidat ungezwungen ein Bild von sich selber vermittelt. Interessant ist die Ausgewogenheit und das sich daraus ableitende Selbstvertrauen. Achten Sie natürlich auch hier auf Beispiele oder Persönlichkeitsbereiche, die Ihr Team, die Stelle und das Unternehmen in besonderem Masse betreffen.

Nicht immer lässt sich beruflich Notwendiges mit eigenen Ansichten und moralischen Prinzipien vereinbaren. Hatten Sie solche Konflikte auch schon?

Das ist keine einfache Frage. Sie zeigt aber, wie sehr der Kandidat sein berufliches Wirken reflektiert und wie es um seine moralischen Vorstellungen und Grundwerte steht. Darüber hinaus ist es ein Hinweis, wie offen und diplomatisch er zu antworten versteht, welches die Konflikte waren und sind und wie sehr er diese relativieren kann.

Sie beobachten in Ihrem Team zweifelsfrei Mobbing und Schikanen eines Kollegen. Was unternehmen Sie?

Auch dies ist eine anspruchsvolle Frage. Es ist interessant und aufschlussreich, zu sehen, wie es um die Zivilcourage eines Bewerbers steht, wie ausgeprägt seine emotionale Intelligenz ist und mit welchen Sozialkompetenzen er schwierige Situationen angeht.

Was würden Sie von uns erwarten, damit Sie den Einstieg bei dieser Stelle optimal schaffen würden?

Die Antwort zeigt, wie intensiv und umfassend sich der Kandidat mit Stelle und Anforderungen auseinandergesetzt hat und ob er die Prioritäten und Schwerpunkte richtig setzt. Es kommen unter Umständen auch einige Defizite zur Sprache, was aber nicht als Nachteil, sondern als selbstkritische Offenheit gewertet werden sollte.

Welche Grundwerte und Prinzipien sind Ihnen bei Beruf und Arbeit besonders wichtig?

Dies könnten Erfolg, Leistung, Genauigkeit, Loyalität, Kundenorientierung, Lernbereitschaft und mehr sein. Interessant ist hier, welche Werte dies sind, ob der Kandidat überhaupt solche nennen kann, welches Berufs- und Menschenbild dahintersteckt und wie kompatibel es mit Ihrer Unternehmenskultur ist.

Man sagt zu Recht, Erfahrung sei der beste Lehrmeister. Stimmt das für Sie auch und wo war dies für Sie auch so?

Vielleicht ist der Kandidat anderer Meinung, dies würde von Courage zeugen, dies dann auch zu sagen. Vor allem aber sind hier die Kompetenzbereiche der Erfahrungen, das daraus Gelernte, die Fähigkeit zur Selbstkritik und die Art und Weise interessant, wie der Kandidat dies schildert und worauf er Wert legt.

Welches war aus heutiger Sicht Ihre grösste Dummheit?

Dummheiten zuzugeben, erfordert einiges an Offenheit und Mut. Gerade darin liegt der Wert dieser recht provokativen, aber gerade deshalb wohl oft aufschlussreichen Frage. Auch hier kommt wieder zum Ausdruck, wie sehr der Kandidat reflektieren kann und wie selbstkritisch und offen er ist, zu Fehlern zu stehen, und was er daraus gelernt hat.

Ihr Kollege stellt Sie in einer Sitzung auf klar unfaire Art und Weise bloss. Wie reagieren Sie, was unternehmen Sie?

Wie sich jemand verteidigt, wie diplomatisch er dabei vorgeht, wie konflikterfahren er ist und wie es um seine Zivilcourage steht, ist immer interessant. Diese Antwort sagt vor allem einiges über die Konfliktfähigkeit aus. Man kann allenfalls nach einem konkreten Beispiel oder einer Erfahrung fragen.

Welche Schwächen können Sie bei anderen nur schwer ertragen und tolerieren – und weshalb ist dies so?

Welche dies sind, zeigt zuweilen auch die empfindlichen Stellen des Kandidaten. Die Antwort gibt Aufschluss über das Menschenbild und gemachte Erfahrungen des Kandidaten und sagt Ihnen zudem, ob es Schwächen sind, die im Team der zu besetzenden Stelle allenfalls in abgeschwächter Form auch vorhanden sind oder ein Problem darstellen könnten.

Welche Erfahrungen haben Sie in der Zusammenarbeit mit Menschen aus anderen Kulturen gemacht?

Hier sollte man allenfalls etwas präzisieren oder die Frage konkretisieren. Stellt man sie aber offen wie hier, sind die Nennung der Erfahrungsbereiche, die Gewichtung, die Art der Beispiele und auch die Wortwahl interessant – auch was die Weltoffenheit und eine liberale Gesinnung betrifft.

Sie werden regelmässig asiatische Länder besuchen. Wie stehen Sie zu diesem Kulturkreis?

Was wie und mit welchen Beispielen und Meinungen gesagt wird, ist oft recht informativ. Hier sind Vertiefungsfragen nach mehr Beispielen, Präzisierungen, persönlichen Erfahrungen und mehr oft hilfreich oder gar notwendig, um an authentische Überzeugungen und Ansichten zu gelangen.

Auch unsere Kunden werden immer internationaler, und das ist nicht immer einfach. Was meinen Sie dazu?

Ein aufgeweckter Kandidat wird hier wohl mehr wissen wollen, z. B. welche Nationen dies sind, welche Produkte es betrifft und so weiter. Im Vordergrund der Antwort sollten die positiven Aspekte dominieren, aber es dürfen ohne Weiteres auch Probleme angesprochen werden. Trifft dies oder eine ähnliche Situation bei Ihnen zu, ist natürlich eine entsprechend konkretere Fragestellung sinnvoll.

Nehmen wir an, Sie haben eine Arbeitskollegin aus Indien. Plötzlich wendet sich diese von Ihnen ab. Wie reagieren Sie?

Bei dieser Antwort erfahren Sie einiges über kommunikative Fähigkeiten und emotionale Intelligenz, aber auch darüber, wie der Umgang des Bewerbers mit Menschen aus anderen Kulturkreisen in der Praxis wohl ist – auch wie sich der Bewerber bei Teamproblemen und -konflikten generell verhält.

Auftreten und Selbstbewusstsein

Ein sicheres Auftreten und das Selbstvertrauen sind bei den meisten Aufgaben und Positionen von Bedeutung, Stichworte: Führungspositionen oder Angestellte mit Kundenkontakt. Bei solchen Fragen versteht es sich von selbst, dass mit dem notwendigen Takt und Fingerspitzengefühl vorgegangen werden sollte. Bringen Sie je nachdem gewisse Fragen auch in einen konkreten Zusammenhang mit Anforderungen der von Ihnen angebotenen Stelle.

Welche Eigenschaften lassen Sie nach Ihrer Selbsteinschätzung erfolgreich sein?

Diese Frage ist einerseits interessant, um welche Eigenschaften es sich handelt und andererseits aufschlussreich, ob und auf welche Art diese geschildert werden (zahlreiche Beispiele, mit Überzeugung vorgebracht, aber dennoch relativierend oder mit Humor, Rahmenbedingungen für Voraussetzungen von Erfolgen usw.).

Angenommen, Sie verhandeln mit Ihrem Chef über eine Gehaltserhöhung, welches sind Ihre Argumente?

Eigentlich eine Frage nach den besonderen Fähigkeiten und dem Leistungsvermögen, doch auf der Basis einer heiklen Situation befragt, die Selbstvertrauen und einen gewissen Mut erfordert. Die Schilderung gibt unter Umständen aufschlussreiche und interessante Informationen über die Persönlichkeit des Bewerbers.

Wann war das letzte Mal, dass Sie Ihre Meinung auf Grund von Argumenten Ihrer Mitarbeiter geändert haben?

Selbstvertrauen ist auch die Fähigkeit, Meinungen oder Ideen anderer und von Mitarbeitern als besser und geeigneter empfunden akzeptieren zu können. Daher ist diese Antwort und die Relevanz des Beispiels oder Ereignisses von Interesse.

Woran erkennen Sie Menschen und Mitarbeiter mit Selbstvertrauen?

Hier ist die Antwort oft auch eine Projektion. Diese Frage gibt aber auch Aufschluss über die Menschenkenntnis und das Wertesystem eines Kandidaten, z.B. ob nur Äusserlichkeiten (Auftreten) oder auch substanzielle Führungseigenschaften (Entscheidungsfreudigkeit) genannt werden.

Wie stark und ausgeprägt schätzen Sie Ihr Selbstvertrauen ein?

Eine direkte Frage, die aber gerade deshalb eine entsprechend klare Antwort ergeben kann. Fällt es dem Kandidaten schwer zu antworten, können Sie mit der Frage nach Erlebnissen, mit der Nennung eines Beispieles oder mit einer konkreten Begründung der Frage aus dem Anforderungsprofil der Stelle weiterhelfen.

In welchen beruflichen Situationen fühlen Sie sich besonders wohl?

Bei dieser Antwort wird es interessant sein, welche Aspekte wie zur Sprache kommen und wie leicht es dem Kandidaten fällt, Antworten zu geben. In den wichtigen Punkten ist ein sorgfältiger Vergleich mit Ihrem Anforderungsprofil empfehlenswert.

Angenommen Sie müssten bei uns vor 30 Personen einen Vortrag halten – wie würden Sie sich dabei fühlen?

Die Mehrheit hat in solchen Situationen Hemmungen und Ängste, vor einem grösseren Publikum aufzutreten. Dazu zu stehen, macht einen Kandidaten ehrlich und zu Schwächen zu stehen ist immer auch ein Zeichen von Sympathie und wirklicher Stärke. Ist die Reaktion aber besonders heftig in der Art "So was käme nie in Frage", und könnte eine solche oder ähnliche Situation bei der angebotenen Stelle entstehen, wäre natürlich Vorsicht angebracht.

Woher wissen Sie, wie Sie auf andere wirken?

Eine nicht einfache Frage, aber sie wird einiges über das Selbstvertrauen, die Kenntnisse über die eigene Persönlichkeit und das Selbstbild verraten. Achten Sie auch darauf, wie ausgewogen die Antwort ausfällt. Zu bescheiden ist genauso wenig überzeugend wie eine *"Ich bin der Beste"* - Antwort ohne jede Differenzierung. Ausgewogene Antworten, die von einem gesunden und angemessenen Selbstwertgefühl zeugen aber zugleich eine Portion Selbstkritik oder Selbstironie enthalten, sind meistens die überzeugendsten und sympathischsten.

Was ist Ihre schlechteste Charaktereigenschaft?

Antworten wie "Ich arbeite zu viel" oder "Ich bin ungeduldig" mögen früher Eindruck gemacht haben, jetzt sind sie eher plump und leicht durchschaubar. Heutzutage schätzt man authentische Sozialkompetenzen, bzw. die Ehrlichkeit, zu seinen Defiziten zu stehen. Erwähnt der Kandidat womöglich einen Fehler, der direkt mit der Stelle zusammenhängt und erklärt, was er zur Überwindung seiner Charakterschwäche getan hat oder tun wird, ist dies in den meisten Fällen eine zufriedenstellende Antwort.

Welche Fähigkeiten würden Sie gerne noch weiter ausbauen und verbessern?

Fragt man nach Schwächen oder Optimierungsmöglichkeiten, so sollte dies nicht immer direkt sondern zuweilen auch in abgeschwächter, entschärfter Form ohne zu starke negative Untertöne geschehen wie dies bei dieser Frage der Fall ist. Die Wahrscheinlichkeit, damit ehrliche(re) Antworten zu erhalten,wird damit wesentlich grösser und man erhält in den meisten Fällen auch mehr Informationen.

Belastbarkeit und Leistungsvermögen

Insbesondere bei Führungspositionen, aber ebenso in anderen Bereichen ist die Belastbarkeit und das Leistungsvermögen ein wichtiger Faktor, um gegenüber den täglichen Herausforderungen, auch von der psychischen Stabilität her zu bestehen.

Um auch in diesem Bereich Hinweise und Informationen zu erhalten, sollen Ihnen die nachfolgenden Fragen helfen. Beachten Sie aber, dass die Privatsphäre bewahrt bleiben muss und allzu weitgehende, persönliche Fragen den Persönlichkeitsschutz und die Würde verletzen können.

Gibt es bestimmte Situationen, die Sie in Ihrem Arbeitsalltag als besonders belastend empfinden?

Interessant ist hier, wie offen geantwortet wird und welche Situationen es sind. Achten Sie bei der Antwort besonders darauf, inwiefern das Gesagte mit den Anforderungen und Gegebenheiten der zu besetzenden Stelle übereinstimmt und sich beides deckt.

Schildern Sie uns bitte ein Erlebnis, bei dem Sie einen Druck als besonders belastend empfunden haben.

Indem diese Frage auf einer sehr konkreten Erlebnisebene gestellt wird, fällt die Antwort vermutlich glaubwürdig und repräsentativ aus. Achten Sie dabei besonders auf Einflussfaktoren, die bei Ihrer Stelle eine grosse Bedeutung haben (Aufgabenstellungen, Situationen, Problemkonstellation, Personen- oder Sachauslöser und dergleichen).

Der Ausdruck "Fels in der Brandung" ist beliebt. Trifft er in Stresssituationen auf Sie zu?

Metaphern lösen mitunter starke und emotional geprägte Assoziationen und Erlebnisse aus, was auch bei dieser Frage zum Ausdruck kommen dürfte. Hier wird man vermutlich auch oft nachfragen und nachhaken wollen und müssen.

Wie schnell und wie gut können Sie Rückschläge oder Enttäuschungen verarbeiten?

Die berühmte Frustrationstoleranz, die bei dieser Frage interessiert. Hier ist die Anschlussfrage nach einem Erlebnis aus einem vom Bewerber genannten Teilaspekt wohl interessant. Seien Sie sich aber bewusst, dass dieser Bereich schnell einmal auf eine sehr persönliche Ebene geraten kann und deshalb mit Fingerspitzengefühl angegangen werden sollte.

Wir stark wird Ihre jeweilige Stimmung von Erfolgen oder Misserfolgen beeinflusst?

Zwischen einem "überhaupt nie" und einem "immer und jederzeit" liegt die wünschenswerte Antwort. Emotional stabile und starke Bewerber werden dazu stehen, dass dies in gewissen Situationen durchaus so sei, man aber von Misserfolgen schnell wegkomme und vor allem daraus lernen wolle. Wer hier differenziert antwortet und den Mut aufbringt, dazu zu stehen, dass ein Misserfolg die Stimmung durchaus mal trüben kann, wirkt glaubwürdig und verfügt vermutlich über eine gute emotionale Intelligenz.

Wie gehen Sie mit einem Misserfolg generell um?

Eine Antwort, die natürlich viel über die Belastbarkeit, das Selbstvertrauen und die Frustrationstoleranz verrät und zugleich einiges über die Persönlichkeit überhaupt. Achten Sie hier auch auf nonverbale Äusserungen und die Ausgewogenheit der Antwort.

Würden Sie sich als entscheidungsfreudig betrachten – oder tun Sie sich eher schwer damit?

Entscheidungsstärke kann einiges mit Belastbarkeit zu tun haben, ist aber auch eine wichtige Führungseigenschaft. Hier ist in vielen Fällen eine Folge- oder Vertiefungsfrage angebracht – entweder nach einem Erlebnis eines Sie interessierenden Aspektes oder einer Präzisierung zu einer bestimmten Aussage.

Auf welche ein bis zwei Entscheidungen Ihrer bisherigen Laufbahn sind Sie besonders stolz?

Wie schnell antwortet der Kandidat, welche "Entscheidungskomplexitäten" werden mit welchen Tragweiten genannt, aus welchen Branchen und Situationen stammen sie? Diese und mehr Informationen sind von Interesse. Mit einem Erlebnis zusammen gewinnt die Aussage auch hier an Glaubwürdigkeit und wird auch konkreter. Dabei ist die Art und Weise (wie Wortwahl, Prioritäten, eingebundene Menschen, Aufgaben usw.) interessant und aufschlussreich.

Hochs und Tiefs gibt es im Leben immer. Wie gehen Sie damit im Beruf um?

Emotional starke Persönlichkeiten stehen dazu und schildern Ihnen diese Situationen und den Umgang ohne Scheu und Zögern. Reagiert hier aber ein Bewerber zurückhaltend oder zögert stark, so sollten Sie dies respektieren und nicht auf einer Antwort beharren.

Welche wesentlichen Fähigkeiten konnten Sie bei Ihren letzten Stellen besonders einsetzen?

Welche Fähigkeiten sind es, ist ein roter Faden zu erkennen, welche Bedeutung haben diese Fähigkeiten für die von Ihnen angebotene Stelle – dies können für Sie interessante Informationen sein. Ähnliche Fragestellungen können genauso gut mit anderen Themenbereichen formuliert werden, um an detailliertere und individuelle Informationen zu gelangen, zum Beispiel mit Diplomabschlüssen oder Branchenkenntnissen.

Was hat Sie bei Ihren vorherigen Stellen im Erzielen von Erfolgen besonders unterstützt ?

Eine offene Frage, die team-, arbeitshilfsmittel-, freiraum- und aufgabenbezogene Gründe zulässt.

Fragen Sie eventuell nach oder erkundigen Sie sich nach Beispielen – allenfalls mit Bezug zu der von Ihnen angebotenen Stelle.

Was ist Ihnen an der Zusammenarbeit mit Ihrem Vorgesetzten besonders wichtig?

Interessant zu erfahren, welche Bereiche dominieren. Sind es emotionale, menschliche, unterstützende, arbeitstechnische, Freiraum gebende oder andere Gründe, die der Kandidat nennt? Auch hier ist der Vergleich und die Relevanz angesichts der Anforderungen und Erwartungen des Vorgesetzten und seiner Persönlichkeit und seinem Stil der Zusammenarbeit von besonderer Wichtigkeit. Hellhörig sollte man natürlich werden, wenn Punkte als besonders wichtig eingestuft werden, die beim Vorgesetzten dieser Stelle nicht oder in nur geringem Masse zutreffen, beispielsweise Selbstständigkeit, Möglichkeiten zum Einbringen von Ideen, Kritikfähigkeit und mehr. Beachten Sie, dass die Kompatibilität von Vorgesetzten und Mitarbeitern äusserst wichtig ist.

Was würden Sie einem Einsteiger raten, welche Stärken und Fähigkeiten bei <Funktion> besonders wichtig sind?

Diese Frage führt auf eine sehr souveräne Art zu Stärken und Prioritätensetzungen des Kandidaten. Es liegt im Wesen von uns Menschen, mit Ratschlägen jeweils besonders schnell zur Stelle zu sein und beweisen zu können, was wir alles können und wissen. Der Kandidat wird Ihnen somit sagen, welche Qualifikationen er als relevant erachtet, wie er seinen Job versteht.

Wie würden Sie sich in folgender <Situation> verhalten?

Beschreiben Sie eine für die angebotene Stelle und Funktion typische, hektische Situation, welche von der Aufgabenstellung oder anderen Umständen her eine besondere Belastbarkeit erfordert. Dies ist am besten eine Situation, in der mehrere Anforderungen gleichzeitig gestellt werden und in der auch Termindruck involviert ist. Interessant kann eine aktuelle und für die Stelle typische und relevante Situation sein. Das thematische Spektrum für eine solche Situationsfrage kann sehr breit sein: Aufgaben, Kompetenzen, Vorgesetztenverhältnis, Arbeitsklima, Teamkonstellation, Change Management-Situation, Anpassungsfähigkeit und mehr.

Wie werden Sie von Ihren Mitarbeitern beschrieben, was sagen Ihre Freunde über Sie?

Eine ähnliche Frage wie die obige, nur ist sie so gestellt, dass eine Antwort leichter fällt und möglicherweise auch selbstkritischer ausfällt. Die Antworten geben unter Umständen aufschlussreiche und interessante Informationen über die Persönlichkeit des Bewerbers, da es sich um eine klassische projektive Frage handelt. Die Antwort beinhaltet wohl oft auch Informationen über das Selbst- und Fremdbild und die wesentlichen Prioritäten und Schwerpunkte des Teamverhaltens und der Arbeitsphilosophie des Kandidaten, was wiederum interessante Rückschlüsse auf jene in Ihrem Unternehmen, bzw. die Kompatibilität mit diesen gestattet.

Wie entspannen Sie sich nach einem anstrengenden Arbeitstag?

Was dieser Interviewer alles von mir wissen will, mag wohl bei dieser Frage durch den Kopf manch eines Bewerbers gehen. Je nach Stelle und Belastungsanforderungen kann es aber im Interesse des Bewerbers und in ihrem sein, zu wissen, ob und wie sich der Kandidat regeneriert. Äusserst belastbare Menschen benötigen solche Entspannungsphasen möglicherweise nicht oder nur selten. Je nach genannten Techniken kann die Antwort auch bezüglich Persönlichkeit interessant sein, ob es beispielsweise eher um aktive oder passive Methoden geht oder ob man auch Zugang zu Methoden anderer Kulturkreisen hat wie Meditation und dergleichen.

Fragen nach Leistungen und Ergebnissen

Genauere Informationen zu Leistungen, Erfolgen und Ergebnissen sind äusserst wichtig. Dabei geht es um die Leistungsbereitschaft, den Leistungswillen, die Leistungsfähigkeiten und das Leistungsniveau. Situative Fragen, die konkrete Antworten ermöglichen und vertiefende über Allgemeinplätze hinausgehende Informationen sind hier besonders angebracht. Die von Kandidaten genannten Leistungsereignisse und daraus ersichtliche Schwerpunkte verraten einiges über Motivation und das Leistungsverständnis.

Wie genau haben Sie diese Ergebnisse erzielt?

Oft kann das *Wie* interessantere Informationen liefern als das *Was, Wer* und *Warum.* Diese Frage gibt Aufschluss über Arbeitstechnik, Einflussfaktoren, Führungsumfeld und die indirekte Selbsteinschätzung, die der Kandidat damit von sich gibt. Auch die in der Aussage erkennbaren Prioritäten und Motivationen können bei der Beantwortung dieser Frage sehr aufschlussreich sein.

An welchen Resultaten und Ergebnissen werden Sie bei Ihrer jetzigen Stelle gemessen?

Hier erfährt man, was Konkretes erreicht worden ist und wie leistungsbewusst der Kandidat ist. Zugleich gibt der Kandidat allenfalls zu erkennen, dass er auf das Erzielen von Ergebnissen und Resultaten und somit die Messbarkeit von Leistungen Wert legt.

Welche der von Ihnen vorher genannten Stärken hat Ihnen in Ihrer Karriere am meisten genutzt – und mit welchen Ergebnissen?

Hier erfährt man anhand konkreter Beispiele einiges über Wertvorstellungen und Hauptmotivatoren und natürlich, wie stark der Kandidat karrieremotiviert ist. Hören Sie auch aufmerksam zu, welche Ergebnisse wie geschildert werden und inwiefern diese mit der angebotenen Stelle vergleichbar oder von Interesse sind.

Ein beachtenswerter Erfolg! Wie ist Ihnen dies gelungen?

Eine Anschlussfrage, mit der Sie Interesse am Ergebnis und Resultat einer Schilderung oder einer Tätigkeit zeigen. Die Antworten geben unter Umständen aufschlussreiche und interessante Informationen über die Persönlichkeit des Bewerbers.

Mit welchen Erfolgen oder Projekten waren Sie in Ihrer bisherigen Tätigkeit besonders zufrieden – wie haben Sie die Ziele erreicht?

Hier erfährt man, ob der Bewerber in der Lage ist, Erfolge überhaupt zu nennen, und mit welchem emotionalen Engagement er dies tut. Die Art und Weise, wie die Ziele erreicht wurden, bzw. wie dies geschildert wird, sagt viel über die Systematik, das Ausdrucksvermögen und die Energie des Bewerbers aus.

Welche der von Ihnen vorher genannten Stärken hat Ihnen in Ihrer Karriere am meisten genutzt – und mit welchen Ergebnissen?

Hier erfährt man anhand konkreter Beispiele einiges über Wertvorstellungen und Hauptmotivatoren und natürlich, wie stark der Kandidat karrieremotiviert ist. Hören Sie auch aufmerksam zu, welche Ergebnisse wie geschildert werden.

Welche Herausforderungen spornen Sie in welchem Umfeld zu besonderen Spitzenleistungen an?

Sind es Innovationen, komplexe Projekte, sind es kleine, schlagkräftige Teams oder Aufgaben als Einzelkämpfer – Antworten auf diese Frage sind vermutlich sehr aufschlussreich. Fragen Sie dort nach, wo der Bezug zu Ihrem Unternehmen oder die Übereinstimmung besonders wichtig ist und bitten Sie je nachdem auch um konkrete Beispiele oder Erlebnisse.

Wo könnten Sie bei uns welche Beiträge leisten?

Damit bringt man in Erfahrung, wie viel der Kandidat über das Unternehmen und die Anforderungen der Stelle weiss. Der Beitrag sollte in einem Zusammenhang mit den wichtigsten Tätigkeitsbereichen des Unternehmens stehen und auch im angemessenen Verhältnis zum Ausbildungsstand und den Kernkompetenzen des Kandidaten stehen.

Zur Zeit hat das Projekt <Name> bei uns erste Priorität. Können Sie mir sagen, worauf Sie besonders achten würden?

Ein wichtiges aktuelles Problem, Projekt oder Change Management-Thema herauszugreifen, kann sehr wertvolle und aufschlussreiche Informationen geben bezüglich Kompetenzen, Niveau des Fachwissens, Problemlösungsfähigkeiten, Schnelligkeit, sich in eine neue Situationen hineinzudenken, Prioritätensetzungen und Substanz der erwähnten Punkte. Man kann aber hier genau so gut nach der Meinung, der Einschätzung eines Problems oder beispielsweise den Chancen einer Produktinnovation fragen. Der Themenbereich sollte aber keinesfalls zu komplex sein oder zu viel Insiderwissen voraussetzen.

Welche der Qualifikationen, die Sie sich während Ihrer bisherigen Tätigkeit angeeignet haben, ist Ihrer Meinung nach die herausragendste?

Dies ist keine einfache Frage, denn der Kandidat muss sich hier festlegen und mit Vorteil eine Qualifikation nennen, die den Interviewer am meisten interessiert, d.h. für die ausgeschriebene Stelle von besonderer Relevanz ist und gleichzeitig auch ein hohes oder passendes Qualifikationsniveau beinhaltet. Um so konkreter und präziser der Kandidat eine Qualifikation zu nennen vermag, die in einer wichtigen Beziehung zu den Anforderungen steht, desto befriedigender fällt die Antwort aus, die dann auch noch beweist, dass sich der Kandidaten intensiv mit den Stellenanforderungen auseinandergesetzt hat.

Nennen Sie mir bitte ein Beispiel, bei dem eine Idee oder eine Arbeit von Ihnen heftig kritisiert wurde.

Bei dieser Antwort erfährt man einerseits, welche Art von Idee es war und ob der Bewerber couragiert und ehrlich genug ist, überhaupt eine zu nennen bzw. sich einer bewusst zu sein, und andererseits auch, wie er mit Kritik umzugehen versteht und wie objektiv oder selbstkritisch er Fehler einzugestehen bereit ist.

Für Spitzenleistungen braucht es sowohl Fach- wie auch Sozialkompetenzen. Welche sind dies bei Ihnen?

Eine recht anspruchsvolle Frage, die verrät, welche es sind, wie sie geschildert und begründet werden, ob sie für Ihre Stelle und die Anforderungen relevant sind, wie sehr der Kandidat zu differenzieren versteht und mit welchen Beispielen und in welchem Kontext diese genannt werden. Hier kann ein spezifisches Nachfragen sinnvoll und aufschlussreich sein.

Wir sind sehr leistungsorientiert. Was heisst das für Sie?

Eine Frage, die alle möglichen Antworten zulässt. Ein geschickter Kandidat fragt allenfalls nach, welcher Bereich damit gemeint ist. Die Antwort sagt aber auf jeden Fall einiges über das Leistungsbewusstsein aus und mit welchem Selbstvertrauen und mit welcher Souveränität der Kandidat antwortet.

Welche Misserfolge haben Ihnen weshalb am meisten zu schaffen gemacht?

Hier erfährt man, welche es waren und weshalb und wie der Bewerber mit Misserfolgen umgeht, d. h., wie es um seine Belastbarkeit steht. Selbstbewusste Kandidaten können diese objektiv beschreiben, verstehen es aber, zu relativieren, auf die damaligen Umstände hinzuweisen und zu vergewissern, dass man mit Misserfolgen gut umgehen kann.

Der persönliche Hintergrund

Das persönliche Umfeld und der familiäre Hintergrund stehen nicht im Zentrum eines Interviews, sollten aber dennoch - auch im Interesse einer ganzheitlichen Beurteilungsweise - zur Sprache kommen. Der Datenschutz und der Anstand erlegt in diesem Bereich Grenzen auf. Ein sachlicher Bezug zur Arbeit und zur Stelle sollte bestehen, d.h. nur solche Fragen sind letztlich wirklich berechtigt. Heikle Themenbereiche müssen mit Respekt und Fingerspitzengefühl angegangen werden.

Beachten Sie, dass Fragen nur mit Takt und Relevanzbezug gestellt werden sollten. So ist z.B. der Gesundheitszustand nur in Berufen von Bedeutung, wo die physische Leistungsfähigkeit eine wichtige Rolle spielt. Fragen nach Krankheiten, Schwangerschaft, Eheverhältnissen und dergleichen sind – wenn möglich – zu vermeiden oder nur mit äusserster Vorsicht oder dem ausdrücklichen Einverständnis des Kandidaten zu stellen.

Sagen Sie mir bitte etwas über sich selbst, wer Sie sind, was Sie interessiert und was für Sie wichtig ist.

In vielen Vorstellungsgesprächen ist dies die Eröffnung, die den Bewerber dazu bringt, sich uneingeengt und frei über sich zu äussern und die Atmosphäre aufzulockern. Für Sie ist es eine gute Möglichkeit, den Kandidaten ganzheitlich kennen zu lernen und zu erfahren, welches seine Einschätzung, Wertvorstellungen und seine Prioritäten sind.

Was sagt Ihre Familie zu Ihrem geplanten Stellenwechsel?

Dieser Aspekt ist nicht zu unterschätzen. Nun ist allerdings auch bei eventuellen Problemen hier nicht unbedingt der effektive Sachverhalt zu erfahren, aber ein aufmerksamer Interviewer kann aus einer nonverbalen Beobachtung und der Art und Weise der Antwort dennoch Eventuelle Probleme heraushören. Diese Frage sollte jedoch mit Fingerspitzengefühl gestellt werden ohne zu stark in die Privatsphäre einzudringen. Empfehlenswert kann es sein, die Frage unter Umständen zu begründen.

Haben Sie Hobbys, welche eventuell auch berufliche Berührungspunkte haben?

Hier können Sie erfahren, wie aktiv und dynamisch er sich in seiner Freizeit verhält und welchen Stellenwert sie überhaupt einnimmt. Freizeitinteressen können auch Berührungspunkte zu beruflichen Interessen und Prioritäten haben und Aussagen zur Persönlichkeit liefern, ob es sich zum Beispiel um ein Hobby handelt, welches eher introvertierte oder teamorientierte Menschen anspricht.

Wie charakterisieren Sie sich selbst?

Diese Frage zielt auf das Selbstbild ab – liegt ein realistisches Selbstbild vor oder neigt der Antwortende zu Übertreibungen? Ist auch die Fähigkeit zur Selbstkritik vorhanden, ist es eine ausgewogene Antwort, die eine gewisse Bandbreite von Charaktereigenschaften umfasst?

Was glauben Sie, wie andere Sie einschätzen?

Hier geht es um das Fremdbild des Bewerbers. Interessant sind hier Übereinstimmungen zur vorangegangenen Antwort. Inwiefern stimmt die Selbsteinschätzung mit der Ihrigen überein, wie realistisch fällt die Antwort aus und von welcher Fähigkeit zur Selbstkritik zeugt sie? Diese Antwort sagt auch viel zum Selbstvertrauen und zur Teamfähigkeit aus.

Wie kommen Sie mit Kritik zurecht? – wie reagieren Sie, wenn sie sich ungerecht behandelt fühlen?

Diese recht heiklen Fragen sagen etwas zur Kritikfähigkeit aus. Hier soll eine ausgewogene Antwort folgen, die etwa in der Art ausfallen kann: "Kritik nehme ich gerne an, wenn sie sachbezogen, also nicht persönlich ist, da ich davon immer etwas lernen kann. Fühle ich mich ungerecht behandelt, sage ich das ganz offen und direkt und kläre den Sachverhalt, ohne deshalb aber gleich zu explodieren.".

Angenommen, Sie kommen regelmässig über längere Zeit erst spät abends nach Hause. Würde das Ihre Lebenspartnerin sehr stören, würden Sie mit Problemen rechnen?

Eine Frage mit dem Ziel, mehr über das Verständnis der Lebenspartnerin für Phasen mit hoher Arbeitsbeanspruchung zu erfahren. Man wird hier natürlich selten über effektiv entstehende Probleme informiert, kann aber an der Art und Weise der Reaktion abschätzen, ob mit starken Widerständen zu rechnen wäre und dies ein ernsthaftes Problem darstellen könnte.

Finden Sie es wichtig, Privates und Geschäftliches zu trennen oder spielt das für Sie keine Rolle?

Eine richtige oder falsche Antwort gibt es hier nicht, aber im Kontext mit anderen Auskünften und Meinungen des Kandidaten in diesem Themenbereich kann die Antwort durchaus aufschlussreich sein.

Wie würde Ihre Lebenspartnerin wohl Ihre grösste Schwäche beschreiben?

Hier werden Personen wie Partner, Freunde, Kollegen oder Vorgesetzte in das Gespräch einbezogen, um weitere Charaktermerkmale wie die Fähigkeit zu Selbstkritik zutage zu fördern und nebenbei noch die Beziehungsfähigkeit zu ergründen. Bei einer solchen Frage, die über Dritte gehen, sind Kandidaten eher bereit, kritisch und offen auch heikle Punkte zu erwähnen.

Welchen alternativen Lebensplan können Sie sich für sich vorstellen?

Diese Frage zielt darauf ab, die Bedeutung und den Stellenwert von Arbeit und Beruf zu erkunden oder gar herauszufinden, ob die Stelle nur eine Übergangslösung sein könnte. Interessante alternative Lebenspläne sind aber durchaus kein Minuspunkt und können bezüglich Lebenswerte, Grundsätze und

Lebensweise aufschlussreich sein. Wird aber zu sehr von einem alternativen Lebensplan geschwärmt, hat der Job möglicherweise aber nicht unbedingt erste Priorität.

Wie steht Ihre Lebenspartnerin zu Ihrer Arbeit und Karriere?

Es ist empfehlenswert, diese Frage offen und breit zu stellen und nicht zu sehr in die Privatsphäre einzudringen. Es ist vor allem auf emotionale Reaktionen und Beispiele zu achten und wie souverän und entspannt der Kandidat reagiert. Erfordert die Stelle beispielsweise oft Überstunden oder Auslandreisen, welche eine Beziehung belasten können, sollte dies natürlich unbedingt zur Sprache kommen.

Wie wichtig ist Ihnen die Balance zwischen Familien- und Privatleben und Beruf und Karriere?

Es geht hier um die Work-Life-Balance, aber auch die Grund- und Lebenswerte des Kandidaten. Auch hier gilt es, die Privatsphäre zu respektieren, aber auch abschätzen zu können, welchen Stellenwert Beruf und Karriere im Leben des Kandidaten einnehmen und ob hier Konflikte und Spannungen entstehen könnten. Hier sollte auf die Ehrlichkeit und Individualität der Aussagen geachtet und allfällige Probleme offen angesprochen werden, beispielsweise bei zur starker Inanspruchnahme des Berufes oder besonderen Karriereerwartungen.

Es gibt Menschen, die dem Beruf und der Karriere alles unterordnen und solche, die konsequent Grenzen setzen. Zu welchen gehören Sie eher?

Diese Frage zielt wiederum darauf ab, herauszufinden, welchen Stellenwert Beruf, Arbeit und Karriere beim Kandidaten haben. Hier ist auf eine ehrliche, ausgewogene Antwort zu achten, die auf eine gesunde und ausgewogene Lebensbalance schliessen lässt. Beide Extreme sind heikel. Eine solche ausgewogene Antwort könnte sein: "Meine Arbeit bedeutet mir viel und ich engagiere mich zeitlich und emotional konsequent und stark. Aber meine Familie und andere private Interessen haben in meinem Leben ebenso ihren Platz und ihre Berechtigung".

Können Sie mir einige konkrete Grenzen irgendwelcher Art nennen?

Eine heikle Frage, da Grenzen genannt werden sollen, aber es keine sein sollten, die mangelhaftes Engagement vermuten lassen könnten. Achten Sie hier darauf, wie sich die Grenzen mit der ausgeschriebenen Stelle vertragen und welche es sind. Wichtig ist auch, wie ehrlich und glaubwürdig der Kandidat antwortet und ob er die Courage hat, klare Grenzen zu nennen und diese allenfalls auch begründet. Positiv ist auch, wenn konkret geantwortet wird (Überstunden, Auslandreisen, Ressourcen usw.)

Wir bieten HR- Services wie Vaterschaftsurlaub, Einkaufsvergünstigungen, Laufbahnberatungen, attraktive Weiterbildungskonditionen, Sabbaticals, Gesundheitschecks und mehr. Welche würden Sie besonders interessieren?

Liegen die Schwerpunkte auf privaten Vorteilen wie Einkaufsvergünstigungen oder beruflichem Weiterkommen oder wird beides in einer vernünftigen Balance genannt? Sind es beispielsweise Laufbahnberatungen und attraktive Weiterbildungskonditionen, die im Vordergrund stehen und daher auf ein ausgeprägtes Interesse an Weiterentwicklung hinweisen, ist dies natürlich ein überzeugender Pluspunkt für den Bewerber.

Interessant kann auch sein, wie sehr der Kandidat an materiellen Werten interessiert ist. Um so ausgewogener, begründeter und mit anderen Aussagen übereinstimmend geantwortet wird, desto überzeugender und glaubwürdiger sind die Informationen. Das Feedback liefert übrigens auch allgemeine Hinweise bezüglich der Attraktivität und Nachfrage der Serviceleistungen.

Teamfähigkeit und Vorgesetztenbeziehung

Der Abklärung dieses Bereiches kommt eine grosse Bedeutung zu. Denn Qualifikationen und Erfahrungen sind nahezu wertlos, wenn ein Mitarbeiter nicht in der Lage ist, sich in einem Team zu integrieren oder mit dem Vorgesetzten eine gute Beziehung aufzubauen.

Welche Erwartungen haben Sie an einen Vorgesetzten?

Eine sehr offene und viel Raum lassende Frage, bei der es zum Beispiel interessant ist, auf welche Bereiche sich die Antwort bezieht, sind es menschliche Qualitäten und Fragen der Kompatibilität oder Punkte der geschäftlichen Zusammenarbeit und Qualifikation. Ähnliche Fragestellungen können genauso gut mit anderen Themenbereichen formuliert werden, um an detailliertere und individuelle Informationen zu gelangen, zum Beispiel Unternehmenskultur oder Fragen der Personalentwicklung.

Welchen Stellenwert nimmt Ihr Beruf in Ihrem Leben ein?

Eine interessante, unter Umständen beinahe philosophische Frage. Sie zeigt auch, wie tiefgründig und differenziert der Kandidat denkt und ob sein Leben für ihn "ein nachdenkenswertes Thema" ist. Eine differenzierte, ausgewogene und relativierende Antwort dürfte die beste sein, wobei dies genauso von der Persönlichkeit des Kandidaten abhängt.

Was können Sie uns über sich selbst sagen, was nicht in Ihrem Lebenslauf steht?

Eine je nachdem etwas verunsichernde Frage, die aber darauf abzielt, nicht streng geschäftliche oder berufliche Informationen zu erhalten. Welcher Art diese sind, entscheidet der Bewerber. Man kann diese Frage aber ebenso einschränken und in eine gewünschte Richtung lenken, z.B. zu Themen wie Erfolgserlebnisse, Projektaufgaben, Karriereziele und so fort.

Wie gehen Sie mit Kritik um?

Eine bewusst sehr offene Frage, die viel Spielraum für verschiedenste Antworten offen lässt. Mit der Frage nach einem konkreten Erlebnis gewinnt die Aussage an Glaubwürdigkeit und wird auch konkreter. Haken Sie also dort nach, wo Sie ein Aspekt - z.B. in Bezug zur angebotenen Stelle oder bei vermuteten Schwächen - näher interessiert.

Können Sie mir ein Erlebnis schildern, wo Sie rückblickend eine Kritik besonders getroffen hat?

Hier erfahren Sie, über welche sensiblen Seiten der Kandidat verfügt. Die Art des Erlebnisses und die Umstände und Menschen geben eventuell aufschlussreiche und interessante Informationen über die Persönlichkeit des Bewerbers.

Was zeichnet ein Team aus, in dem Sie sich wohlfühlen?

Ist es ein "Dream-Team", sind es realistische Ansprüche und Erwartungen, die zur Persönlichkeit des Kandidaten passen oder ist es gar eine Antwort, die Ihre Interviewinformationen, das Umfeld und das Stellenprofil schon miteinbezieht? Achten Sie natürlich ganz besonders auf die Kongruenzen mit dem bestehenden Team, in welches der Kandidat bei einer Anstellung käme.

Bezeichnen Sie sich als Teamplayer - und wenn ja (nein): Weshalb (nicht)?

Je nach Art der Stelle hat diese Frage eine untergeordnetere oder grössere Bedeutung. Die Antworten geben unter Umständen aufschlussreiche und interessante Informationen über die Persönlichkeit des Bewerbers. Die Praxis zeigt, dass zwischen "gerne in einem gut funktionierenden Team mitzuarbeiten" und dem effektiven Beitrag zu einem guten Teamklima und der Teameignung ein oft erheblicher Unterschied besteht, welcher sowohl von Mitarbeitenden wie auch von Arbeitgebern häufig unterschätzt oder gar verkannt wird. Während die erste Aussage eine eher passive Rolle in Bezug auf die Teamqualität beschreibt, verlangt die zweite Aussage nach konkreten Aktivitäten zu Gunsten des Betriebsklimas oder der Effizienz des Teams.

Was unternehmen Sie, wenn Sie vom Fehler eines Kollegen betroffen sind?

Es sind oft die indirekten Fragen, die sich an konkreten Beispielen oder Erlebnissen des Kandidaten orientieren, mit denen sich die interessantesten und ergiebigsten Informationen gewinnen lassen. Bei dieser Antwort verrät der Bewerber charakterliche Seiten, sagt etwas über Teamverhalten, Bereitschaft zur Übernahme von Verantwortung aus. Berechtigt ist hier natürlich auch relativierendes Nachfragen, z.B. nach Umständen, Fehlertragweite usw.

Wie wichtig ist Ihnen eine gute Beziehung zu Ihrem Vorgesetzten?

Achten Sie bei dieser Antwort auf Details und das emotionale Engagement. Fordern Sie den Bewerber eventuell dazu auf, Beispiele zu nennen und Erlebnisse zu schildern. Achten Sie dabei natürlich besonders auf die Gegebenheiten des Vorgesetzten der angebotenen Stelle und eventueller Kompatibilitäten und Problembereiche. Sprechen Sie solche unter Umständen – ob indirekt oder direkt – speziell an.

Beschreiben Sie mir doch bitte Ihren idealen Vorgesetzten.

Bei der Beschreibung von Idealbildern oder Idealpersonen werden Menschen immer stark ermutigt, sich unbeschwert auszudrücken und "Ihrer Fantasie freien Lauf zu lassen". Hier mag es Bereiche geben, bei denen Sie gewisse Informationen (Charakter, Persönlichkeit, Anerkennungs-Erwartung, Sensibilität, Freiraum-Erwartung usw.) mit einer Folgefrage vertiefen möchten.

In welchen Situationen fühlen Sie sich bei einer Teamarbeit oder einem Teamerlebnis besonders wohl?

Die Glaubwürdigkeit und der Informationsgehalt dieser Frage wird vermutlich gut ausfallen und viel über Teamstärken und Teamschwächen aussagen. Ähnliche Fragestellungen können genauso gut mit anderen Themenbereichen formuliert werden, um an detailliertere und individuelle Informationen zu gelangen, zum Beispiel bevorzugte Aufgaben oder besondere Herausforderungen.

Was bewundern Sie an einem Vorgesetzten am meisten?

Eine ähnliche Frage wie schon vorgeschlagen, nur ist diese emotionaler gefärbt und spricht eher menschliche und persönliche Komponenten an. Die Antworten geben unter Umständen aufschlussreiche und interessante Informationen über die Persönlichkeit des Bewerbers und seine Bedürfnissen und Wertvorstellungen in der Vorgesetztenbeziehung und im Führungsalltag.

Was würden Sie besser als Ihre bisherigen Chefs machen, wenn Sie eine Vorgesetztenrolle hätten?

Kann man selber zeigen, "wo's lang geht", ist man meistens sehr direkt, engagiert und auskunftswillig. Diese Antwort sagt auch einiges über die Reife, die Grundhaltung und den Realitätssinn des Kandidaten aus – es lohnt sich also, hier auch zwischen den Zeilen zuzuhören und bei gewissen Aussagen nachzufragen.

Welche Art von Kritik verletzt Sie von einem Vorgesetzten besonders?

Eine Frage, die viel über die Sensibilität und Kritikfähigkeit aussagt. Achten Sie auf Umstände (Kritik vor anderen im Team oder persönliche Verletzungen usw.). Wenn es bestimmte Verhaltensweisen des Vorgesetzten der anzutretenden Stelle sind, die dem

Kandidaten zu schaffen machen, müssen natürlich die Alarmglocken schrillen oder der Bewerber wird zumindest darauf angesprochen. Ein Nachfragen ist bei dieser Antwort auf jeden Fall angebracht, wenn auch nur die leisesten Konfliktgefahren bestehen.

Schildern Sie mir bitte anhand von Beispielen, wie Sie im Team zusammenarbeiten.

Die Auswahl der Beispiele hinsichtlich Situationen, Herausforderungen, Zielsetzungen und Repräsentanz wird von Interesse sein. Man weiss aus der Erfahrung von zahlreichen Interviews, dass solche indirekten Fragestellungen gerade zurückhaltende Kandidaten oft aus der Reserve locken und die Antworten gewöhnlich einen hohen Informationsgehalt haben.

In welchen Situation fällt es Ihnen eher schwer, mit anderen zusammenzuarbeiten?

Die "Gegenfrage" zur vorangegangenen. Auch hier ist die Auswahl der Beispiele hinsichtlich Situationen, Herausforderungen, Zielsetzungen und Repräsentanz von Interesse. Achten Sie auf Bezüge zur der von Ihnen ausgeschriebenen Stelle, wie sehr die geschilderten und vergleichbaren Situationen bei Ihnen ins Gewicht fallen würden.

Wie beurteilen Sie Ihre Beziehungen zu Ihren gegenwärtigen Kolleginnen und Kollegen?

Diese Selbstbeurteilung ist nicht ganz einfach. Je plastischer, beispielhafter, vielseitiger und informativer sie aber ausfällt, desto aufschlussreicher wird sie sein. Ähnliche Fragestellungen können genauso gut mit anderen Themenbereichen formuliert werden, um an detailliertere und individuelle Informationen zu gelangen, zum Beispiel was das Verhältnis zum Vorgesetzten betrifft oder wie herausfordernd bestehende Aufgaben sind.

In welchen Teams haben Sie bisher besonders erfolgreich zusammengearbeitet?

Die vom Bewerber beschriebene Konstellation ist besonders interessant, da sie natürlich Parallelen zur der von Ihnen angebotenen Stelle zulässt. Erkundigen Sie sich allenfalls nach mehr Beispielen oder schildern Sie eine für Ihre angebotene Stelle besonders typische Situation und erfragen Sie dann die Meinung des Kandidaten. Achten Sie darauf, wie selbstbewusst und überzeugend die Erfolge geschildert werden, aber auch darauf, ob der Kandidat nicht zu sehr prahlt und sich in den höchsten Tönen lobt. Auch Relativierungen wie "Ohne überheblich klingen zu wollen, aber ...", sind wenig überzeugend, dadurch vermitteln Kandidaten den Eindruck, als müssten sie sich für ihre Leistungen entschuldigen und könnten nicht zu diesen stehen.

Wie gehen Sie mit schwierigen Kollegen um?

Hier erfahren Sie recht gut, wie teamfähig der Kandidaten wohl ist, wie ehrlich er antwortet und wie diplomatisch er sich verhält. Ein cleverer Bewerber stellt sich als Mensch dar, der sich bewusst ist, dass im Berufsleben Kompromisse im Umgang miteinander erforderlich sind. Er zeichnet ein Bild von sich und seiner Umgebung, in der er aktiv an der Lösung von Konflikten mitwirkt. Ein realistisches Bild seiner Arbeitsumgebung und Funktion vermittelt einen kompetenten Eindruck.

Eine ausgewogene, von Lebenserfahrung und Realitätssinn zeugende Antwort könnte beispielsweise sein: "Es kommt zuweilen vor, dass man schwierige Situationen mit Kollegen klären muss. Das gelingt mir im allgemeinen ganz gut, indem ich das Gespräch suche, die Ursachen für den Konflikt finden will und dann eine gemeinsame Lösung anstrebe. Oft kann ich dann auch aus selber gemachten Fehlern lernen und andere besser verstehen".

Gehaltserwartungen

Der Lohnbereich ist erfahrungsgemäss eine etwas delikate Angelegenheit, die mit Feingefühl und auf taktisch kluge Art angegangen werden sollte. Die folgenden Fragen sind daher teilweise sehr taktisch und indirekt formuliert oder je nach Situation aber auch unkonventionell oder sehr direkt.

Was wäre Ihrer Meinung nach ein angemessenes Gehalt für diese Aufgabe/Position?

Diese Frage sollte eine sympathische Geste an den Bewerber sein. Er kann eine Lohnvorstellung nennen, ohne seine Verhandlungsbereitschaft aufzugeben. Die Antwort liefert Ihnen Informationen, wie realistisch die Lohnvorstellungen sind und ob sie sich mit dem Ihnen zur Verfügung stehenden Budget decken.

Was würden Sie in dieser Aufgabe/Position gerne verdienen?

Diese Frage ist schon wesentlich konkreter, denn Sie verbindet Person und Position. Hier geht es darum, den groben Rahmen der Übereinstimmung abzustecken. Der Rahmen kann etwas breiter abgesteckt werden, indem auch von einer Grössenordnung oder von einer Bandbreite gesprochen werden kann.

Wie viel müssten Sie zumindest verdienen?

Diese Frage geht auf das untere Limit. Hier wird der Kandidat natürlich bestrebt sein, das Minimum nicht zu tief anzusetzen, um nachher keinen Verhandlungsspielraum mehr zu haben.

Was verdienen Sie in Ihrer jetzigen Position?

Mit dieser Frage wissen Sie schnell und präzise, in welcher Einkommensrahmen dem Bewerber vorschwebt. Die Frage zeigt, ob Ihre Vorstellungen und die des Bewerbers nicht zu weit auseinander gehen.

In welcher Grössenordnung bewegt sich Ihre Lohnvorstellung?

Mit einer solchen Frage wird in Erfahrung gebracht, ob der Bewerber seine Qualifikation und Qualitäten richtig einschätzen kann und/oder die Lohnerwartung marktgerecht ist. Unter Umständen ist dieses direkte Ansprechen der Lohnerwartung das beste Vorgehen, da Eventuelle Abweichungen dann auch ebenso offen geklärt werden können.

Welchen Lohn müssten wir Ihnen zumindest bieten?

Bei dieser Frage sollte vorgängig natürlich geklärt sein, welche Leistungen oder variablen Lohnbestandteile wie Erfolgsvergütungen Sie sonst noch bieten. Sind die Sonderleistungen (Firmenauto, Prämie) mit der aktuellen Stelle identisch, erfahren Sie jetzt, über welches Gehalt Sie verhandeln können, wenn Sie den Kandidaten als Mitarbeiter gewinnen wollen.

Welchen Stellenwert hat der Lohn für Sie ganz allgemein?

Natürlich eine sehr interessante Frage, die das Wertesystem des Kandidaten in Erfahrung bringen hilft. Achten Sie auf die nonverbalen Aspekte, die Klarheit eventueller Beispiele und stellen Sie die Antwort in den Kontext anderer Aussagen während des Interviews und anhand der Bewerberunterlagen.

Welche Einflussfaktoren und Kriterien sollten Ihrer Meinung nach bei Ihnen den Lohn bestimmen?

Diese Frage ist interessant, weil sie den Kandidaten zwingt, objektive und faktische Gründe für seine Lohnerwartung zu nennen. Die angeführten Gründe helfen Ihnen natürlich auch, die Beweggründe für bestimmte Lohngrössenordnungen nachzuvollziehen, falsche Vorstellungen zu korrigieren und von Ihrer Lohnpolitik abweichende, nicht übereinstimmende Faktoren begründen zu können.

Wäre ein Anfangslohn und eine später leistungsabhängige Erhöhung ein möglicher Weg?

Diese Frage sollte als Option in den Raum gestellt werden und nur in Situationen Sprache kommen, die eine weitere Option benötigen, um nicht in eine Sackgasse zu geraten.

Wie wichtig ist ein besseres Gehalt für Sie?

Mit dieser Frage findet man heraus, wie wichtig dem Kandidaten eine Lohnverbesserung oder das Gehalt überhaupt ist. Die Antworten geben unter Umständen aufschlussreiche und interessante Informationen über die Persönlichkeit des Bewerbers. Ausgewogene Antworten, welche ein ehrliches Interesse an einem guten Lohn zeigen, die materielle Seite aber nicht überbewerten und andere Aspekte miteinbeziehen, sind in der Regel überzeugend.

Welches sind die Kriterien, die Sie persönlich als faire und gerechte Bemessungsgrundlage für Gehälter erachten?

Einerseits erfährt man, wie sozial und leistungsbewusst der Kandidat denkt und wir entsprechend fundiert die Antwort ausfällt, andererseits ergeben sich interessante Vergleichsmöglichkeiten mit der Lohnpolitik Ihres Unternehmens. Ähnliche Fragestellungen können genauso gut mit anderen Themenbereichen formuliert werden, um an detailliertere und individuelle Informationen zu gelangen, z.B. zum Arbeitsklima oder zu einer fairen Leistungsmessung.

Wie gross sollte der Stellenwert der Leistung bei einem Gehalt sein – und wo liegen die Grenzen, bzw. erachten Sie auch andere Elemente als wichtig?

Eine solche Frage wird in den meisten Fällen von der eigenen Warte aus beantwortet. Der zweite Teil ist unter Umständen bei einer Führungskraft angebracht. Die Folgefrage, inwiefern genannte Kriterien überhaupt messbar sind, dürfte weitere interessante

Informationen ergeben. Mit dieser Fragen erfährt man auch einiges über den Stellenwert des Materiellen und Monetären einerseits und das Leistungsverständnis andererseits, beispielsweise ob dieses quantitativ oder qualitativ orientiert ist und inwiefern es mit den Anforderungen und Prioritäten der Stelle übereinstimmt.

Welche Bedeutung hat Geld und Materielles ganz allgemein in Privatleben und Beruf für Sie?

Die Antwort verrät, wie materiell der Kandidat denkt, lebt und motiviert ist und welche Beispiele er allenfalls erwähnt. Interessant ist natürlich auch das Niveau und die Differenziertheit, mit der diese Frage beantwortet wird. Je nach Antwort kann man hier auch stellenspezifisch nachhaken oder eine Vertiefungsfrage stellen, welche die Art der Motivation ergründet.

Welche Art von Leistungen sollten Ihrer Meinung nach besonders gut honoriert werden – und weshalb?

Diese Frage ist deshalb interessant, weil sie verschiedene Aspekte wie Leistungsvorstellungen, Prioritäten, Motivation, Materielles, Grundwerte und Substanz in einer verbindet. Man kann die Frage auch pauschalisieren, indem man ergänzt, dass damit nicht die persönliche Meinung zur Kandidatenleistung gemeint sei, sondern dass die Frage die Meinung zur allgemeinen, gesellschaftlichen Situation betreffe.

Bei uns ist der variable (fixe) Lohnbestandteil relativ hoch. Wie stehen Sie dazu?

Die Frage kann auch einen anderen Bereich Ihrer Lohnpolitik oder Ihres Lohnkonzeptes betreffen. Es sind allenfalls eher ungewöhnliche oder heikle Regelungen, bei denen es von Vorteil ist, die Meinung des Kandidaten zu hören, um spätere Konflikte oder Informationslücken zu vermeiden.

Wie stehen Sie zur leistungsbezogenen Entlöhnung?

Das Leistungsverständnis auch von der Gehaltsseite her zu beleuchten, kann andere Sichtweisen mit sich bringen und in diesem Zusammenhang auch die materielle Motivierbarkeit aufzeigen. Als vertiefende Frage kann es sinnvoll sein, nachzufragen, welche Leistungskriterien bei der in Frage kommenden Stelle dann für die Gehaltsbestimmung bzw. für Erfolgsvergütungen massgebend sein sollten. Damit lassen sich auch die Leistungsprioritäten erkennen und die Überlegungen des Kandidaten, wie er eigene Stärken und Unternehmensinteressen gewichtet.

Nennen Sie mir bitte auf einer Skala von 1-10, welchen Stellenwert das Gehalt bei Ihrem Entscheid für unseren Job hat?

Eine nicht ganz einfache Frage, denn eine Eins wird kaum glaubwürdig sein und eine Zehn lässt den Kandidaten als zu materiell orientiert erscheinen. Je nach Persönlichkeit, Qualifikation, Position und Stelle wird wohl ein guter Bereich zwischen sechs und neun liegen. Eine glaubwürdige Begründung ist hier sicher von Vorteil und relativiert.

Angenommen, das Gehalt würde für Sie keine Rolle spielen – wofür würden Sie arbeiten? Was würden Sie mit Ihrem Leben bewirken wollen?

Wiederum eine Frage, die zum Denken über den gewohnten und alltäglichen Horizont hinaus zwingt und zeigt, über welches berufliche und private Wertesystem der Kandidat verfügt. In erster Linie geht es dabei natürlich um die dominierenden Motivationsfaktoren. Aber auch Werte wie Karriereziele, Engagement, Interesse an Weiterentwicklung usw. sind damit erkennbar. Darüber hinaus zeigt die Antwort auch, ob der Kandidat sein Leben in einem grösseren Zusammenhang betrachtet, darüber reflektiert und von welchen Werte und Prinzipien er sich dabei leiten lässt. Auch hier kann es angebracht sein, den Kandidaten um ein diesbezügliches Erlebnis aus seiner beruflichen Tätigkeit zu bitten.

Abschluss des Interviews

Dieser Teil des Interviews setzt für beide Seiten wichtige Schlusspunkte. Der Bewerber kann letzte Fragen stellen (Achten Sie auf diese, denn es sind oft diejenigen, die auf der Prioritätenliste zuoberst stehen) und der Interviewer kann je nach Frage einen relativ sicheren Eindruck bekommen, wie gross das Interesse des Kandidaten an der Stelle ist. Wichtig ist, dass Sie Klarheit schaffen, wie weiter vorgegangen wird, d.h. wer sich wann bei wem mit welchen Informationen meldet. Sie können z.B. "den Ball dem Kandidaten zuzuspielen", dass er sich in den nächsten Tagen bei Ihnen melden soll, wenn seine Entscheidung gefallen ist.

Welchen Gesamteindruck haben Sie von unserem Unternehmen gewonnen?

Mit dieser Frage können Sie die Haltung gegenüber Ihrem Unternehmen erkunden und die Gesamtstimmung sondieren. Auf diesem Weg kann man eventuelle Zweifel eruieren oder Fragen beantworten. Es ist durchaus positiv zu werten, wenn Kritik geäussert oder Zweifel genannt werden, da dies von der Kritikfähigkeit und Ehrlichkeit des Bewerbers zeugt. Eine positive Formulierung der Antwort, interessante und adäquate Gewichtungen der Eindrücke und ein klares und pointiertes Interesse an der Stelle sind auf jeden Fall positiv zu werten.

Haben Sie noch Fragen zum Unternehmen oder zur Stelle?

Hier können Sie nochmals ersehen, welche Punkte oder Themen dem Bewerber wichtig sind und wie er die Prioritäten setzt. Sind es eher materielle Fragen wie Lohn oder Sozialleistungen oder banale Fragen zu Pausenzeiten und Kantinenmenüs oder will der Kandidat mehr über Aufstiegschancen und Herausforderungen wissen? Hier hören Sie auch heraus, wie gut sich jemand vorbereitet und zugehört hat, denn durch interessierte Fragen bezeugen Kandidaten auch ihre Motivation. Wer etwa wissen will, wer die Kollegen sind, wie sich das Team zusammensetzt und welche Arbeitsatmosphäre herrscht, bekundet ein echtes und ernsthaftes Interesse, welches über Lohn und Arbeitszeiten hinausgeht. Wer weiterführende und vertiefende Fragen zur konkreten Tätigkeit stellt oder mehr zu den Entwicklungsperspektiven erfahren möchte, unterstreicht damit ebenfalls seinen Willen, engagiert zu arbeiten und an der Stelle ein langfristiges Interesse zu haben.

Können Sie mir zusammenfassend sagen, weshalb es richtig wäre, die Stelle mit Ihnen zu besetzen?

Dies kann eine Abschlussfrage sein, mit der Sie das Gespräch in einer positiven Atmosphäre ausklingen lassen. Sie erfahren mehr von der Stimmung des Bewerbers und seinem Eindruck vom Gespräch. Wird eher Desinteresse gezeigt, kommen erhebliche Vorbehalte zum Vorschein, oder ist das Interesse an der Stelle gross und ist dies auch emotional oder anhand konkret genannter Gründe erkennbar?

In welchen Punkten sind sie an dieser Stelle besonders interessiert?

Je nach Ihrer Einschätzung kann diese Frage so oder anders ausfallen. Ist Ihr Eindruck sehr positiv, so kann man dies spontan sagen, was den Bewerber positiv prägt und die Chancen für eine Zusage erhöht, wenn dies schon beim Interview klar zum Ausdruck kommt. Antworten werden unterschiedlich ausfallen, manche Menschen legen mehr Wert auf Sachinformationen, für andere steht Zwischenmenschliches im Vordergrund.

Nun schlage ich Ihnen die nächsten Schritte für unser weiteres Vorgehen vor.

Machen Sie dem Bewerber das weitere Vorgehen klar. Lassen Sie ohne weiteres schon ein wenig durchblicken, wie es um die Chancen steht, bzw. welchen Eindruck Sie gewonnen haben. Danken Sie für das Gespräch und sein Kommen, setzen Sie positive Akzente und achten Sie auf einen sympathischen Abschluss.

Wie interessiert sind Sie an der Position, auf einer Wahrscheinlichkeitsskala von 1 – 10?

Mit diesen Antworten muss der Kandidat sozusagen Farbe bekennen. Die Frage ist natürlich vor allem dann angebracht, wenn Sie am Bewerber besonders interessiert sind.

Was macht unsere Stelle für Sie attraktiv und interessant?

Mit dieser Frage können Sie herausfinden, wie aufmerksam der Bewerber zugehört hat und wie gut er das Anforderungsprofil kennt. Doch auch die Qualität der Antwort – welche Begründungen genannt werden, wie individuell und glaubwürdig die Kriterien sind – kann sehr aufschlussreich sein.

Zusammenfassend: In welchen Punkten sind Sie der Meinung, dass Ihre Qualifikation und Ihre Fähigkeiten gut zur Stelle und den von mir geschilderten Aufgaben passen?

Dies kann auch als eine Kontrollfrage betrachtet werden, ob die Begründungen widerspruchsfrei und logisch zum gesamten Interview stehen und wie klar und umfassend der Bewerber Ihre Informationen aufgenommen hat.

Legen Sie alles offen auf den Tisch: Welche Gründe hindern Sie am meisten, diese Stelle anzunehmen?

Eine wichtige Frage, wenn Sie an einem Kandidaten interessiert sind, denn sie gibt Gelegenheit, unausgesprochene Punkte, letzte Zweifel, Bedenken und Unsicherheiten nochmals zu erörtern und bestenfalls aus dem Weg zu räumen. Versichern Sie dem Kandidaten dabei auch, wie wichtig es Ihnen ist, dass er über vollständige und lückenlose Entscheidungsgrundlagen verfügt und keine Zweifel oder Bedenken hat, die allenfalls aus dem Weg geräumt werden könnten.

Welche Fragen können wir Ihnen noch beantworten, damit Sie zu einer tragfähigen Entscheidung kommen?

Eine sehr kluge und sehr entgegenkommende Frage. Sie signalisieren damit, dass Ihnen viel daran liegt, dass der Bewerber vollumfänglich und gut informiert ist und er nur dann eine für Sie und ihn richtige Entscheidung treffen kann. Sie erkennen aber auch, welche Bereiche ihm wichtig sind und wo Unsicherheit geblieben ist. Nehmen Sie diese Antworten auch als selbstkritisches Feedback, in künftigen Interviews die oft genannten Themenkreise ausführlicher zu behandeln, wenn gewisse Punkte zum wiederholten Mal genannt werden sollten.

Wie haben Sie das Gespräch erlebt?

Diese Stimmungsfrage ist sympathisch und bekundet Interesse an der Gefühlslage des Kandidaten. Wer hier sehr positiv antwortet, tendiert vermutlich auch eher zu einem positiven Entscheid. Ehrliches Feedback, dass man nervös oder zuweilen etwas unsicher gewesen ist, sollte - mindestens bei Nicht-Führungskräften - positiv gewertet werden. Interviewer, die besonders an kritischem Feedback interessiert sind und sich weiter entwickeln wollen, können durchaus genau so nachfragen: "Gibt es Punkte, in denen ich Sie zu sehr verunsicherte oder wo Sie sich unwohl gefühlt haben"?

Bis wann können Sie uns Ihr weiteres Interesse bestätigen?

Es ist wichtig, das weitere Vorgehen klar zu regeln, d.h. genau festzulegen, wer sich wann bei wem mit welchem Bescheid, bzw. mit welcher Information meldet. Bei dieser Frage sollten Sie genau auf die nonverbalen Signale achten, die einiges über die Echtheit des Interesses aussagen können. Wer hier schon eine schnelle Entscheidung signalisiert oder sein Interesse an der Stelle unterstreicht und einen positiven Entscheid in Aussicht stellt, verhält sich entscheidungsfreudig.

Welches sind diese Stelle betreffend ihr grössten Bedenken oder Unsicherheiten?

Eine sehr ähnliche Fragestellung wie die vorangehende, nur etwas konkreter und direkter gestellt. Mit dieser Antwort fühlt sich manch ein Kandidat auf das Glatteis geführt, doch dies sollte nicht der Zweck der Frage sein und sie sollte bei eher unsicheren Kandidaten daher fairerweise nicht gestellt werden. Die Frage ist jedoch in mehrfacher Hinsicht interessant und aufschlussreich: Wie ehrlich und diplomatisch fällt die Antwort aus, wie wird sie relativiert und begründet, welche Art von Bedenken sind es und wie relevant sind sie für die Leistungserbringung. Zudem verrät die Antwort auch, wie gut der Kandidat zugehört hat und wie intensiv er sich mit seiner Eignung für diese Stelle und deren Anforderungen auseinandergesetzt hat.

Eine adäquate Antwort könnte sein: "Ob ich die benötigte Erfahrung in allen Punkten mitbringe, macht mir schon etwas Kopfzerbrechen, denn ich habe mir die vielfältigen Anforderungen genau angesehen. Andererseits bin ich mir sicher, dass ich mit entsprechendem Einsatz und Lernbereitschaft Gegensteuer geben und mich schnell einarbeiten kann".

Was meinen Sie, wenn Sie mich anrufen, wann Sie zu einem Entscheid gelangt sind?

Auch dies ist eine Möglichkeit, nämlich dem Bewerber die Initiative zu überlassen und so zu testen, wann er sich wie meldet und wie er mit dieser Situation umgeht, Zeitpunkt und Art des weiteren Vorgehens selber zu bestimmen. Bei dieser offenen Fragestellung wird der Kandidat auch indirekt aufgefordert, etwas ausführlicher auf seine momentane Sicht der Dinge einzugehen.

Was hält Sie am meisten von einem positiven Entscheid ab und was spricht allenfalls am meisten für einen solchen?

Mit dieser Frage zu erfahren, wo "der Schuh noch am meisten drückt" und welche Zweifel noch bestehen, ist wichtig. Solche können allenfalls ausgeräumt werden oder Sie können dem Bewerber Entscheidungshilfen oder zusätzliche Informationen geben. Geben Sie auch explizit die Möglichkeit, Sie jederzeit anrufen zu können, wenn weitere Fragen auftauchen sollten oder Informationen fehlen.

Haben wir noch etwas Wichtiges vergessen?

Der Vorteil dieser Frage ist, dass der Kandidat nun am Ende des Interviews in den meisten Fällen wesentlich lockerer und entspannter ist, allenfalls auch noch kritische Fragen oder Anliegen zur Sprache zu bringen, die er im Verlauf des Interviews nicht zu äussern wagte. Ferner kann es sich um einen wirklich wichtigen Bereich handeln, der vergessen ging und manch eine Frage zeigt dann auch nochmals oder verdeutlicht, welche Prioritäten und Themen dem Kandidaten wichtig sind.

Wovon machen Sie Ihre Entscheidung abhängig?

Diese Frage mag in der einen oder anderen Situation etwas aufdringlich erscheinen, aber eine entsprechende Antwort kann natürlich sehr aufschlussreich sein. Vor allem können hier noch Zweifel oder Unsicherheiten auftauchen, die Sie klären können. Dies ist vor allem bei allfälligen Missverständnissen von grossem Vorteil. Zugleich zeigt die Antwort, welche Grundwerte, Einflussfaktoren, Prioritäten und Kriterien dem Kandidaten wirklich wichtig sind. achten Sie dabei darauf, inwiefern diese Faktoren mit Ihrer Unternehmenskultur kompatibel sind und welche Arbeitsethik dahinter möglicherweise zum Ausdruck kommt.

Vertiefungs-, Klärungs- und Anschlussfragen

Es kommt in einem Interview oft vor, dass eine Antwort nicht zu Ihrer Zufriedenheit ausfällt und nicht die benötigten Informationen enthält oder so wichtig ist, dass Sie mehr über das angesprochene Thema oder die Persönlichkeit des Kandidaten wissen möchten. Dann sind Folgefragen wichtig, die helfen, eine Information zu differenzieren, zu vertiefen, zu konkretisieren, zu hinterfragen, zu kontrollieren, zu vergewissern, zu vergleichen, zu präzisieren oder was immer dann der Zweck einer solchen Folgefrage ist. Die nachfolgenden Beispiele geben Ihnen dazu einige in der Praxis anwendbare Techniken, Anregungen und Ideen.

Was verstehen Sie genau unter <Begriff> oder <Aussage>?

Begriffe, die eine sehr individuelle Bedeutung haben oder nur in einem bestimmten Persönlichkeits-Kontext eine konkrete Aussage haben, (z.B. Engagement, Kundenorientierung, Verkaufsgeschick) können auf diese Weise nachgefragt und hinterfragt werden, um an konkretere Einstellungen und Meinungen zu gelangen.

Können Sie mir ein Beispiel oder ein dafür typisches Erlebnis nennen?

Aus Scheu, mangelnder Offenheit oder Schwierigkeiten in der Artikulation sind Antworten und Informationen manchmal recht vage und verschwommen. Für den Kandidaten einfacher und den Interviewer ergiebiger können dann Fragen nach Beispielen und Erlebnissen sein, möglicherweise mit einem Themen- oder Situationsrahmen versehen. Um so spezifischer nach Beispielen oder Erfahrungen gefragt wird, desto konkreter und aufschlussreicher – und oft auch glaubwürdiger und authentischer - sind die Antworten. Also anstatt "Welche Erfolge waren dies?" eher spezifisch fragen: "Welche ihrer Fähigkeiten machten denn Ihre Erfolge aus und welchen Wert hatten diese Erfolge für das Projekt oder Unternehmen genau?"

Was wäre Ihrer Meinung nach passiert, wenn Sie es dennoch getan hätten?

"Ich durfte dies nie versuchen", "Ich habe mir das nie zugetraut", "Das entsprach nicht meinen Fähigkeiten" - es gibt viele Aussagen, die mit grosser Bestimmtheit und von nie überprüften Annahmen ausgehen. Es kann interessant sein, solche Haltungen zu hinterfragen und mehr über die Gründe gewisser Einstellungen und Wertsysteme zu erfahren.

Wen oder welche Leute meinen Sie genau, wenn Sie sagen, "man" hat Ihnen nie eine Chance gegeben?

Je nach Aussagen können solche Folgefragen mehr Klarheit schaffen oder eine Aussage relativieren. Waren es Eltern, Vorgesetzte, Lehrer, die diese Meinung/Einstellung im obigen Beispiel bewirkt haben?

Was bedeutet für Sie Erfolg, in welchen Situationen geniessen Sie ihn am meisten?

Es gibt Grundhaltungen, über die mehr zu erfahren von sehr grosser Bedeutung sein kann, da diese sehr subjektiver Art sind. Sich an bestimmten Erfahrungen und Tätigkeiten orientierende Fragen haben meistens einen hohen Informationswert, da sie sehr konkret sind und bessere Vergleichsmöglichkeiten mit dem Anforderungsprofil Ihrer Stellenausschreibung zulassen. Ferner ist auch das emotionale Verhalten und die Situationsschilderung und Themenwahl des Kandidaten interessant.

Was bedeutet für Sie Anerkennung, welches sind Anerkennungen, die Sie in der Vergangenheit besonders gefreut haben?

Wenn dies bei einem Kandidaten ein zentraler Punkt ist, der immer wieder zur Sprache kommt, lohnt sich ein Hinterfragen, um mehr über die Motive, die Bedürfnisse und die Persönlichkeit zu erfahren. Man weiss aus der Erfahrung von zahlreichen Interviews, dass solche indirekten Fragestellungen gerade zurückhaltende Kandidaten oft aus der Reserve locken und die Antworten gewöhnlich einen hohen Informationsgehalt haben.

Worin oder woran hat sich das für Sie manifestiert – in welchen Situationen haben Sie das besonders stark so empfunden?

Ein Bewerber könnte eventuell sagen, dass er mit Belastbarkeit oft Probleme habe. Nun kann sich dies vor allem in bestimmten Konstellationen, bei bestimmten Aufgabenstellungen und in der Art und Weise (Termindruck, Arbeitspensum usw.) zeigen. Um diese herauszufinden, sind Fragen wie die obigen geeignet.

Was würde passieren, wenn Sie es dennoch versuchen würden?

Eine Möglichkeit, eine zementierte, undifferenzierte Meinung zu hinterfragen und den Kandidaten bei einem wichtigen Thema in eine neue Denkrichtung zu bewegen, die er eventuell noch gar nie in Betracht gezogen hat. Achten Sie bei der Antwort besonders darauf, inwiefern das Gesagte mit den Anforderungen und Gegebenheiten der zu besetzenden Stelle übereinstimmt und sich beides deckt.

Woher wissen Sie so genau, dass man von Ihnen diese Meinung hat?

Eine ähnliche Fragestellung wie oben, wie eine sehr eindeutige Haltung in Frage gestellt werden kann und der Kandidat eventuell einen völlig neuen und anderen Blickwinkel oder eine neue Sicht der Dinge einnimmt, die auch für Sie sehr aufschlussreich sein kann.

In welchen Situationen ist denn Mitarbeiterorientierung für Sie besonders wichtig?

Es gibt viele wichtige Begriffe, Fähigkeiten und Anforderungen, die einer näheren Klärung im Kontext bedürfen und erst im Rahmen von konkreten Erlebnissen aussagekräftig sind. Dort, wo dies für Sie von besonderer Bedeutung ist – wie in diesem Fall beim Führungsstil Ihrer Firma – sind solche Präzisierungen besonders ratsam und wertvoll.

Was hat Sie denn davon abgehalten, diese Richtung einzuschlagen?

Verallgemeinerungen werden in der Kommunikation oft gemacht – und leider viel zu selten in Frage gestellt. Nun ist ein Interviewer mit Sicherheit kein Therapeut. Aber bei zentral wichtigen Themen oder Anliegen können Präzisierungen und Infragestellungen dieser Art sehr viel über die Ängste, Blockierungen und tieferen Beweggründe eines Kandidaten aussagen, die für die Persönlichkeitsbeurteilung entscheidend sind.

Wer glaubt dies? Was führt Sie dazu, dies anzunehmen? Wer ist dieser Meinung?

Ein Kandidat sagt Ihnen pauschal: "Ich bin nie eine gute Führungskraft gewesen und werde auch nie eine sein". Sie beobachten aber, dass die Persönlichkeit, das Niveau, die Sozialkompetenz, mit dieser Meinung eigentlich in vielen Punkten gar nicht übereinstimmen – deshalb möchten Sie dieser oder einer anderen Annahme oder Behauptung näher auf den Grund gehen.

Wie müssten Aufgaben denn sein, damit Sie mit grösserer Motivation und Überzeugung arbeiten würden?

Es kann von grossem Vorteil sein, die genaueren Umstände, Voraussetzungen und Konstellationen in Erfahrung zu bringen, um einen wichtigen Sachverhalt genauer zu klären oder auf wichtige Beweggründe und Annahmen zu stossen. Dies wird sehr oft mit *Wie-Fragen* erreicht, die auf eine Lösung und Optionen abzielen und kein "Warum" enthalten, welches oft zu einer Verteidigungshaltung führen kann. Der Bezug zu Ihrer Stelle und zu Ihren Anforderungen spielt hier natürlich eine besonders wichtige Rolle.

Wie glauben Sie, sehen das Ihre Arbeitskollegen, (oder Vorgesetzten, Ihr Lebenspartner, besten Freude usw.)?

Verändert man die Warte oder kann man in den Blickwinkel eines anderen schlüpfen, können Informationen oft sachlicher, offener, entspannter erfolgen. Solche Fragen sind vor allem im persönlichen Bereich angebracht, oder wenn es um die Objektivierung eines wichtigen Sachverhaltes geht.

Habe ich Sie richtig verstanden, dass Sie der Meinung sind, dass...?

Eine solche Feedback-Frage gibt Ihnen die Gewissheit, dass Sie Gesagtes im Sinne des Kandidaten verstanden und dies richtig interpretiert haben. Es kann auch eine sanfte Methode sein, einen Kandidaten zu ermutigen, Gesagtes nochmals konkreter, griffiger zu formulieren, wenn dies gewünscht wird. Der zweite Teil *"...der Meinung sind..."* kann natürlich in beliebiger Form variiert werden, z.B. ... *"...eher denken, dass..."* - *"...dieser Anforderung eher kritisch gegenüberstehen..."* - *"...diesen Entwicklungen skeptisch gegenüberstehen..."* - usw.

Als Sie mir das vorher sagten, wirkten Sie sehr nervös und aufgewühlt, wenn ich mich nicht täusche. Was war der Grund?

Mit dieser Frage spiegeln Sie das emotionale Empfinden des Kandidaten auf eine sehr offene Art wieder. Dies schafft Vertrauen, der Kandidat fühlt sich ernst genommen und weiss, dass Sie genau und gut zuhören. Diese Frage ist auch geeignet, eine sehr ehrliche und spontane Reaktion auszulösen, da sie direkt und ohne Umwege an Gefühle appelliert.

Ich hatte vorher den Eindruck, dass es Ihnen unangenehm war, mir dies zu sagen, wenn ich mich nicht täusche. Was war der Grund?

Eine ähnliche Frage wie die vorhergehende, nur etwas abgeschwächter. Auch diese Frage ist geeignet, eine ehrliche und spontane Reaktion auszulösen, wobei es den Kandidaten auf Punkte aufmerksam machen kann, derer er sich gar nicht bewusst ist.

Wie ist es zu dieser Situation gekommen?

Wie gut gelingt es dem Kandidaten, sein Verhalten zu reflektieren, ein Ereignis in der Rückschau zu hinterfragen und zu analysieren? Achten Sie dabei auf die Komponenten und Kriterien, die genannt werden und die Objektivität und Fähigkeit zur Selbstkritik, die damit auch zum Ausdruck kommen.

Was würden Sie aus dieser Erfahrung heraus heute anders machen?

Dumme machen in ihrem Leben immer wieder die gleichen Fehler, Gescheitere jeweils immer einen neuen... . Hören Sie bei dieser Antwort genau heraus, wie es um die Veränderungsbereitschaft, Selbstkritik und Flexibilität des Kandidaten steht und ob und wie viele Optionen er zu nennen weiss.

Ein beachtenswerter Erfolg! Wie ist Ihnen dies gelungen?

Eine Anschlussfrage, mit der Sie am Ergebnis und Resultat einer Schilderung oder einer Tätigkeit Interesse zeigen. Die Antworten geben unter Umständen aufschlussreiche und interessante Informationen über die Persönlichkeit des Bewerbers.

Was haben Sie für sich aus dieser negativen Erfahrung heraus gelernt?

Eine ähnliche Fragestellung wie oben, nur mit einer grösseren Erwartung, welche Lehren aus einem Vorfall gezogen wurden. Ein Kandidat, der sehr überzeugend darlegt, dass er lernfähig und selbstkritisch ist, kritisches Feedback entgegennehmen kann und fähig und willens ist, aus Fehlern zu lernen, beweist emotionale Intelligenz und gut entwickelte Sozialkompetenzen. Solche Mitarbeiter haben oft den eigenen Anspruch, sich permanent zu verbessern und weiter zu entwickeln und haben mit diesem Anspruch und Ehrgeiz ein stark ausgeprägtes Leitungsbewusstsein und Interesse an Karriere und Laufbahn.

Dies ist eine herausragende Leistung, die mich beeindruckt. Dieses Beispiel zeigt mir auch, dass Sie überdurchschnittlich qualifiziert sind.

Ein Lob, eine Anerkennung, ein positives Feedback, eine Würdigung lockert das Interview auf und ist ein wertvoller Beitrag zur Stärkung der Selbstsicherheit des Kandidaten. Gerade wenn es an dieser eher mangelt, kann ein solches Feedback Wunder wirken und die Vertrauensbasis erheblich festigen.

Habe ich Sie richtig verstanden? Sie haben in dieser Situation einfach <Reaktion/Verhalten>?

Eine leicht provokative Anschlussfrage, mit der eine unverständliche Reaktion hinterfragt werden kann oder eine sehr unlogische, schwer nachvollziehbare Schilderung angezweifelt wird. Die Frage hilft auch, Kandidaten aus der Reserve zu locken. Die Antwort kann auch Hinweise geben, dass der Kandidat in der Lage ist, unkonventionell und mit Courage aktiv zu werden.

Was können Sie mir dazu sonst noch sagen?

Nennen Bewerber Beispiele, Fähigkeiten, Stellen, Erlebnisse, Erfolge und mehr, ist es oft wünschenswert, noch weitere Informationen zu erhalten. Fordert man sie dazu aktiv mit solchen oder ähnlichen Fragen auf, folgen erstaunlich oft weitere Angaben und Informationen. Dies auch deshalb, weil Kandidaten somit mehr Gewissheit erhalten, dass der Interviewer an ihren Informationen offensichtlich interessiert ist und sie nützliche und verwertbare Informationen und Beispiele gaben.

Ich finde dieses Beispiel sehr interessant. Fallen Ihnen dazu noch einige ähnlich interessante oder typische ein?

Hier wird der Kandidat noch stärker mit einem positiven Feedback motiviert, weitere Beispiele zu nennen. Dies können aber wie oben genannt, auch Fähigkeiten, Stellen, Erlebnisse, Erfolge, Verhaltensweisen und mehr sein. Es ist allgemein eine gute Taktik, Anschluss- oder Folgefragen Anerkennung und Wertschätzung voranzustellen, da dies das Selbstvertrauen fördert und den Kandidaten dazu motiviert, die Qualität der Folgeantworten sogar noch zu verbessern, in dem beispielsweise noch interessantere oder typischere Beispiele genannt werden.

Haben Sie dafür Erlebnisse in ähnlichen Situationen, die das besonders gut und typisch veranschaulichen?

Oft fallen Antworten, theoretisch, stereotyp oder wenig konkret aus, sodass Vertiefungs-, Klärungs- und Anschlussfragen besonders wichtig sind, um den Informationsgehalt zu verbessern. Es kann aber auch sein, dass Fragen zuweilen zu anspruchsvoll oder abstrakt sind und es Kandidaten dann viel leichter fällt, mit Beispielen, Erfahrungen oder Erlebnissen zu antworten. Diese haben den zusätzlichen Vorteil, dass sie authentisch und oft auch glaubwürdiger und aussagekräftiger sind.

Die Vertragsverhandlung

Vertragsverhandlungen sollten sorgfältig vorbereitet werden und das Gehalt oder mindestens der Gehaltsrahmen sollte geklärt sein. Bei der Vertragsverhandlung geht es im Allgemeinen um:

- Aushandlung der Gehaltshöhe
- Details der Sozialleistungen
- Zusatzleistungen wie Boni oder Provisionen
- Durch den Stellenwechsel eventuell entstehende Probleme
- Heikle Punkte wie Leistungsumschreibungen
- Festsetzung des Gehalts und von Extraleistungen

Hinzu kommen häufig auch noch weitere Arbeitskonditionen wie Umzugsfall, Stellenantritt, Einarbeitung und Probezeit, sofern diese jeweils nicht schon vorher geklärt wurden.

Oft verstärkt sich der positive Eindruck von Recruitern in dieser Phase von der mündlichen Zusage bis zur Vertragsunterzeichnung. Im negativen Fall können aber auch Warnsignale und Schwächen des Kandidaten auftauchen. Es gibt Kandidaten, die gerade im Bereich der Gehaltsverhandlungen taktisch Vorteile herausholen möchten. Es stärkt Ihre Position und kürzt die Verhandlungen ab, wenn man schon im Vorfeld eine Obergrenze setzt, die im Salärbudgetrahmen des Unternehmens liegt.

Gehaltsverhandlung

Es ist aus taktischen Gründen empfehlenswert, nicht gleich zu Beginn das maximal mögliche Gehalt zu nennen. So gewinnt man eher Spielraum für zukünftige Entwicklungsetappen oder man kann schon nach der Einführung eine Gehaltserhöhung vornehmen. Beachtet werden sollte auch das Lohngefüge innerhalb des Teams und Unternehmens, da sonst hier später Konflikte und Demotivation entstehen können, wenn neue Mitarbeiter bevorzugt werden und höhere Löhne erhalten.

Berechnen Sie auch den Gesamtwert der Zusatz- und Extraleistungen. Beharrt der Bewerber auf Umzugskosten, Höhe von Arbeitswegentschädigungen, Boni o. Ä., können Sie ihm den Wert der Zusatz- und Extraleistungen entgegenhalten. Anstelle von höheren Extraleistungen kann als Entgegenkommen auch das Grundgehalt erhöht werden. Fragen dazu finden Sie im Kapitel Gehaltserwartungen.

Fristen und Regelungen

Im Allgemeinen wünschen Kandidaten noch Zusage- und Bedenkfristen von einigen Tagen bis zu einer Woche. Doch zu sehr über diesen Zeitraum hinausgehen sollten Sie nicht. Zu langes Zögern kann verschiedene Ursachen haben. Der Kandidat möchte mit allen Mitteln ein höheres Gehalt oder sonstige Vorteile erzielen oder stösst bei seinem Lebenspartner auf plötzlichen Widerstand (notwendiger Umzug, Gehalt, Arbeitszeiten). Im negativen Fall ist Ihr Unternehmen nur zweite Wahl und der Kandidat wartet mit der Zusage seines Arbeitgeber-Favoriten oder er pokert bei seinem momentanen Vorgesetzten, indem er ihn über das bessere Angebot bei Ihnen unter Druck setzt und somit bessere Konditionen erreichen will. Dies funktioniert in der Praxis leider häufiger als angenommen. Nur bei solchen Kandidaten können Sie eigentlich erleichtert sein, dass Sie sie verlieren, da es wohl kaum loyale Charaktere sind. Seien Sie generell vorsichtig bei Kandidaten, die in dieser Phase plötzlich Vereinbarungen nicht einhalten, misstrauisch werden oder viele Punkte zum wiederholten Mal zur Sprache bringen oder gar anzweifeln.

Fristsetzung zur Vertragsabgabe

Setzen Sie dem Kandidaten bei seiner Zusage zur Vertragsunterzeichnung eine klare Frist, wann Sie den Vertrag unterschrieben zurückerwarten. Haben Sie ein ungutes Gefühl, sprechen Sie ihn unter Umständen offen darauf an. Auch ein Nachfragen, ob Sie noch etwas für den Bewerber oder seine Familie tun können, um ihn im Entscheid zu bestärken, kann angebracht sein. Handeln Sie aber sofort, wenn zu viele Fragezeichen auftauchen. Dies kann im schlimmsten Fall der eigene Rückzug sein, den Sie aber vor allem bezüglich Fristen und Abmachungen dann schriftlich festhalten sollten. Bedenken Sie: Der Kandidat ist erst dann Ihr Mitarbeiter, wenn seine Unterschrift auf dem Vertrag steht!

Arbeitsrechtliche Aspekte

Achten Sie bei der Ausarbeitung des Vertrages auch darauf, dass möglichst alle heiklen und konfliktträchtigen Punkte klar und umfassend geregelt werden. Dies kann Boni, Provisionen, Überstunden, Leistungsdefinitionen, Weiterbildungsentschädigungen und mehr betreffen. Je genauer der Vertrag diesbezüglich ausgestellt ist, desto weniger arbeitsrechtliche Risiken und im schlimmsten Fall Gänge zum Arbeitsgericht können vermieden oder Konflikte zumindest reduziert werden.

Gesprächsbausteine für Interviews

Sinn und Zweck der Gesprächsbausteine

Die nachfolgenden Gesprächsbausteine zu verschiedenen Interviewphasen geben Ihnen über die Interviewfragen hinaus einige Anregungen und Ideen für gewisse Formulierungen, die sich in der Praxis bewährt haben.

Einstieg und Eröffnung des Interviews

Gründe der Bewerbung

In Ihrem Bewerbungsschreiben habe ich sofort gesehen, dass Sie an dieser Stelle grosses Interesse haben. Das macht natürlich einen sehr positiven Eindruck und deshalb sitzen Sie nun auch als erste Bewerberin hier vor mir. Eine Frage, wenn Sie an unsere Stellenanzeige denken: Welche zwei bis drei Punkte haben Sie am meisten angesprochen – und weshalb?

Beschreibung der Stelle

Ich informiere Sie nun über die Kern- und Nebenaufgaben, die damit verbundenen Anforderungen und den Bezug zum Unternehmen auch in organisatorischer Hinsicht. Dann sage ich Ihnen einiges über Ihren Vorgesetzten, seinen Führungsstil und den Charakter des Teams, mit dem Sie zusammenarbeiten würden. Die zur Zeit anstehenden Zielvereinbarungen, die bevorstehenden Projekte und Veränderungen sollen Ihnen dann in Kürze auch einen Blick in die Zukunft ermöglichen.

Vorstellung des Unternehmens

Ich würde Ihnen jetzt gerne unser Unternehmen vorstellen. Ich habe hier für Sie ein Datenblatt vorbereitet, an dem Sie sich orientieren und das Sie dann auch mit nach Hause nehmen können. Nachfolgend informiere ich Sie über die Branche als Ganzes und die Stellung unseres Unternehmens in dieser, die Leistungen und Produkte, dann über die Organisation und Unternehmenskultur und zuletzt über die derzeitige strategische Ausrichtung und wichtige Projekte und Zielsetzungen in Kürze. Fragen Sie jederzeit nach, wenn Sie Zusatzinformationen wünschen.

Vorabinformationen zum Interview

Herr Maier, ich bin Frau Maria Muster, die Personalleiterin unseres Unternehmens. Ich freue mich, Sie in unserem Gespräch persönlich und näher kennen zu lernen. Das Gespräch wird ca. eine Stunde dauern und ist grob in zwei Blöcke unterteilt. Im ersten informiere ich Sie über die Stelle und die Aufgaben und beantworte Ihre Fragen. Im zweiten Teil findet dann mehr ein Dialog statt, in dem unter anderen die Themen Fachwissen, Persönliches, Fragen zu Lebenslauf und Zeugnissen, Ihr Arbeitgeberverhältnis und Lohn im Mittelpunkt stehen.

Kompetenzen und Nachfagen

Bewerbungsunterlagen und Arbeitszeugnisse

In Ihrem von der Firma XY ausgestellten Zeugnis ist mir eine interessante Aussage aufgefallen, zu der ich gerne mehr wissen würde. Es geht um die temporären Führungsaufgaben, die Sie dort innehatten, dann aber wieder aufgaben. Können Sie mir dazu die näheren Umstände schildern?

Näheres zu besonderer Stärke

Aus vielen Ihrer Zeugnisse geht hervor, dass Sie besonders genau und exakt arbeiten. Können Sie mir einige Beispiele nennen, wo Sie diese Stärke besonders einsetzen konnten und in welchen Bereichen die Stärke bei unserer Stelle von besonderem Vorteil wäre?

Fremdsprachen-Qualifikation in den Zeugnissen

Ihre Leistungen werden in Ihren Arbeitszeugnissen überdurchschnittlich gut beurteilt. Fremdsprachen allerdings, die ja bei unserer Stelle eine wichtige Rolle spielen, werden selten erwähnt und wenn, dann nur am Rande und ohne spezifische Bewertung. Wie sehen Sie dies - gibt es dafür Gründe?

Interesse signalisieren

Ihre Antwort und Ihre Ansicht imponieren mir. Besonders die Tatsache, dass Sie nicht nur Karriereziele verfolgen, sondern Ansprüche an "Punkt 1" und "Punkt 2" stellen. Dies ist ein Bereich, den wir in unserem Unternehmen ganz besonders priorisieren und Wert darauf legen, dass sich unsere Mitarbeiter nicht nur fachlich, sondern auch persönlich weiterentwickeln können.

Sich einer bestimmten Qualifikation vergewissern

Die Belastbarkeit ist bei dieser Aufgabe von grösster Bedeutung, Herr Muster. Hektische Phasen bei Produkteinführungen, ein oft grosser Termindruck, anspruchsvolle und manchmal ungeduldige Kunden, die sofort und das Beste wünschen, sind einige Gründe. Versuchen Sie, mich zu überzeugen, Herr Muster, dass Sie belastbar sind.

Gewinnung von Vertiefungsinformation

Da haben Sie vorher etwas gesagt, was ich interessant finde, Herr Muster. Es betrifft Ihr Berufsziel "Art des Zieles". Dazu möchte ich gerne noch etwas mehr erfahren, da es für unsere Stelle mittel- und langfristig von grosser Bedeutung ist. Einerseits, wie beurteilen Sie diese Zielsetzung vom Zeitfenster her – und wie definitiv ist die Spezialisierung auf das Gebiet "Art"?

Frage nach mehr Informationen

Zu Ihrer Bemerkung, dass das "Thema" für Sie besonders wichtig ist, würde ich gerne noch näher eingehen, da dieser Aspekt auch für die Stelle von grosser Bedeutung ist. Können Sie mir noch einige weitere Informationen dazu geben, ein Erlebnis schildern und mir sagen, wie Sie dies unter der Bedingung XY sehen und handhaben würden?

Präzisierung einer Aussage

Sie haben vorher in einem Nebensatz die für Sie grosse Bedeutung einer guten Beziehung zum Vorgesetzten erwähnt. Sie haben damit völlig Recht, denn ohne diese sind wirklich gute Leistungen nicht möglich. Können Sie mir einige Beispiele nennen, in welchen Punkten eine gute Vorgesetztenbeziehung für Sie besonders wichtig ist?

Nachfassung für mehr Informationen

Vorher haben Sie sich zu Ihren besonderen Leistungen bei Ihrem vorherigen Arbeitgeber geäussert. Dieser Punkt interessiert mich sehr, weshalb ich nochmals nachfragen möchte. Welche dieser überdurchschnittlichen Leistungen, auch bei vorherigen Arbeitgebern, sind am ehesten vergleichbar mit den Anforderungen der von uns ausgeschriebenen Stelle?

Hauptinteresse des Bewerbers erfragen

Nachdem ich Sie vorher recht ausführlich über die Aufgaben, Erwartungen und die Stelle im Allgemeinen informiert habe, gehe ich davon aus, dass Sie sich ein recht konkretes Bild der Stelle machen können. Welche der geschilderten Aufgaben interessiert Sie besonders? Wo glauben Sie Ihre Talente besonders gut einsetzen zu können - und zwar zu Ihrem Vorteil und dem des Unternehmens?

Belastbarkeit

Die Belastbarkeit ist bei dieser Aufgabe von grösster Bedeutung, Herr Borg. Hektische Phasen bei Produkteinführungen, ein oft grosser Termindruck, anspruchsvolle und manchmal ungeduldige Kunden, die sofort und das stets Beste wünschen, sind einige Gründe. Versuchen Sie mich zu überzeugen, Herr Borg, dass Sie belastbar sind und mit solchen Situationen gut umgehen können.

Vertiefungsfrage

Ich stimme absolut mit Ihnen überein, dass ein gutes Arbeitsklima ein sehr wichtiger Aspekt ist, und zwar in mehrfacher Beziehung. Man leistet mehr, arbeitet mit mehr Freude, fühlt sich wohler, hat menschlich interessante Erfahrungen und Kontakte und erreicht im Team Ziele besser und konstruktiver. Was aber ist für Sie ein gutes Arbeitsklima, wie muss es sein, dass Sie sich besonders wohl fühlen und gerne im Team arbeiten?

Bausteine für Führungskräfte-Interviews

Führungsqualifikationen und Sozialkompetenzen

Wir stellen in unserem Unternehmen an die Qualifikation unserer Führungskräfte ausserordentlich hohe Ansprüche, Frau Nordmann. Wir erwarten von unseren Mitarbeitern Spitzenleistungen und unternehmerisches Denken und sind uns bewusst, dass dies aber nur in einer auf Mitarbeiterrespekt basierenden Unternehmenskultur, mit konsequenter Zielorientierung und hoher Motivation möglich ist. Dies erfordert ausserordentlich fähige und kommunikative Führungskräfte mit überdurchschnittlichen Sozialkompetenzen. Können Sie sich mit dieser Führungsphilosophie identifizieren - und wo sehen Sie Ihr diesbezüglichen Stärken?

Erwartung an Führungskräfte

Sie haben klare und sehr berechtigte Erwartungen von einem Chef. Ich kann Ihnen schon einmal soviel sagen, dass Herr Marthaler, der Abteilungsleiter, viele der von Ihnen genannten Erwartungen erfüllen würde. Welches ist ihr schönstes und unvergesslichstes Erlebnis mit einem Ihrer Vorgesetzten? Eines, bei dem Sie sich sagten, Mensch, genau so müsste es immer sein und ich wäre der motivierteste Mitarbeiter.

Abweichende Meinung zu Führungsfrage

Ihre Ausführungen zeigen mir, dass Sie eine erfahrene Führungskraft sind. Was Freiräume und Eigenverantwortung betrifft, gehen unsere Meinungen allerdings auseinander. Wir legen grossen Wert darauf und haben auch mehrheitlich positive Erfahrungen damit gemacht. Wären Sie bereit, diesen Führungsgrundsatz zu überdenken und willens, ihn in der Führungspraxis unseres Unternehmens dennoch glaubwürdig und konsequent zu praktizieren, Herr Muster?

Kritisches Hinterfragen

Zweifel an der Eignung durchblicken lassen

Was Sie an Erfahrungen und Kompetenzen sowohl fachlicher wie auch persönlicher Art vorweisen, ist sehr überzeugend, Herr Muster. Allerdings sehe ich darin wenig Übereinstimmung mit unseren Anforderungen und Schwerpunkten der sich stellenden Aufgaben. Damit meine ich vor allem die Punkte X,Y und Z. Ich glaube, es ist im Interesse der Offenheit besser, Ihnen das jetzt schon zu sagen.

Nicht erfüllbare Erwartung

Sie haben vorher gesagt, dass Sie stark abhängig von Feedback und Lob sind, die Ihre Erfolge bestätigen. Dies ist gerade bei aussen orientierten Mitarbeitern keine Seltenheit und oft auch Ausdruck von Ehrgeiz und Motivierbarkeit. Nun hat allerdings die bei uns zu erledigende Arbeit eher selten weder intern noch von Kunden ein Feedback. Wie würden Sie denn damit umgehen können?

Nicht übereinstimmende Erwartungen

So wie Sie mir Ihre Erwartungen schildern - und insbesondere welche Sie haben -, glaube ich nicht, dass wir diese erfüllen können. Dies mag auch daran liegen, dass einige Anforderungen in der Anzeige zu wenig klar formuliert waren. Doch dies ist mein Eindruck, Frau Muster - welchen haben Sie?

Probleme mit aufdringlichem Vielredner

Herr Bögner, Sie versorgen mich mit sehr viel Informationen und meinen das sicher auch gut. Trotzdem möchte ich Sie bitten, sich bei Ihren Antworten etwas kürzer zu fassen, damit wir den Zeitplan einhalten können und wichtige Informationen von Ihnen bei mir nicht untergehen. Knappere und prägnantere Informationen helfen Ihnen und mir, in kürzerer Zeit die wichtigeren Informationen und Eindrücke von einander zu gewinnen und uns auf das Wesentliche zu konzentrieren.

Das Ansprechen von Defiziten

Da sind wir einer Meinung und ich kann Ihnen nur zustimmen. In unserem Betrieb ist das unternehmerische Denken und Handeln jedes einzelnen überhaupt eine wichtige Erwartung und Voraussetzung. Wir bieten viel Freiräume und Eigenverantwortung, dies setzt aber Mitarbeiter voraus, die dies verantwortungsvoll und kompetent zu nutzen wissen. Ein anderer Punkt: Designarbeiten spielen ja auch eine wichtige Rolle, hier haben Sie allerdings, wenn ich das richtig sehe, weniger Erfahrung und möglicherweise einige Defizite. Ist das so – und wenn ja, wie könnten Sie diese wohl am ehesten beheben?

Zu wenig ergiebige und konkrete Antworten

Ich empfinde Ihre Antworten jeweils als zu wenig konkret, Herr Muster. Es fällt mir damit schwer, mir von Ihnen ein genaues Bild zu machen, was natürlich den Entscheid erheblich erschwert. Ich bitte Sie, wann immer möglich konkret, mit Beispielen oder mit persönlichen Erfahrungen und anschaulich zu antworten. Sie dürfen auch ohne weiteres nachfragen, mir sagen, wenn Sie eine Frage nicht verstanden haben oder diese als zu heikel empfinden.

Zu hohe Lohnforderung

Ihre Qualifikationen sind zwar überdurchschnittlich gut und Ihre Erfahrung ist für uns besonders wertvoll. Allerdings – ich will Ihnen dies direkt und unumwunden sagen – liegt Ihre Lohnerwartung deutlich über unserem Budget. Sehen Sie einen Weg, wie wir uns dennoch finden könnten?

Starker Widerspruch bei wichtiger Sache

Jetzt kann ich Ihnen im Moment allerdings gar nicht folgen, Herr Muster. Ich sehe da einen erheblichen Widerspruch zu Ihrer Aussage von vorhin, dass die materielle Motivation wenig wirksam ist. Nun sagen Sie mir aber, dass Sie bei Ihren vorherigen Stellen Hauptsächlich Bonus- und Provisionssysteme ausarbeiteten. Wie soll ich dies verstehen, können Sie mir da weiterhelfen?

Zeugnislücken betreffend Verhalten

Ihre Zeugnisse sind im Allgemeinen ausgezeichnet, Sie können wirklich stolz darauf sein. Doch da gibt es einen heiklen Punkt, auf den ich Sie gerne ganz offen ansprechen möchte. Es ist der Umgang und das Verhalten mit Ihren Arbeitskolleginnen und -Kollegen. Zu diesem Punkt werden selten Aussagen gemacht und wenn, dann sehr allgemeine und sehr kurze. Können Sie mir mehr dazu sagen?

Häufiger Stellenwechsel

In Ihrem Lebenslauf ist mir aufgefallen, dass Sie in den letzten 10 Jahren Stellen nie länger als zwei Jahre innehatten. Nun ist es ja heutzutage so, dass man nicht mehr 10 Jahre oder gar ein halbes Berufsleben die gleiche Stelle hat. Doch diese kurzen "Gastspiele" fallen in dieser Häufigkeit auf. Können Sie mir die wichtigsten Gründe nennen – und zwei bis drei konkret auf einen jeweiligen Arbeitgeber bezogen?

Wichtige Anforderungen

Sozialkompetenz ist eine zentrale Qualifikation und Voraussetzung als Product Manager. Eine ausgeglichene Persönlichkeit und Ihr Vorbildverhalten im Umgang mit Mitarbeitern und Kunden gehören dazu. Zudem wünschen wir uns eine kommunikative Führungspersönlichkeit, die Mitarbeiter für Ziele zu begeistern vermag, Feedback gibt und Anerkennung äussern kann. Respekt vor Leistungen und Mitarbeiterpersönlichkeiten haben für uns dabei einen ganz hohen Stellenwert. Wie können Sie mich überzeugen, dass Sie diese für uns wichtigen Anforderungen erfüllen und mit unserer Führungsphilosophie in den wichtigen Punkten übereinstimmen?

Positives Feedback

Ihre Antwort und Ihre Ansicht imponiert mir, Frau Kronauer. Besonders die Tatsache, dass Sie nicht nur Karriereziele verfolgen, sondern Ansprüche an die Arbeit und Herausforderungen stellen. Dies ist ein Punkt, den wir in unserem Unternehmen ganz besonders hochhalten und Wert darauf legen, dass sich unsere Mitarbeiter nicht nur fachlich, sondern auch persönlich weiterentwickeln können.

Freiräume und Sozialkompetenzen

Mit Ihren Erwartungen und Gewichtungen würden Sie sehr gut zu uns passen – das sage ich Ihnen jetzt ganz spontan und direkt. Der Abteilungsleiter, Herr Schürer, ist ein hervorragender Chef mit sehr guten Sozialkompetenzen – und Weiterbildung ist in unserem Unternehmen eines der wichtigsten Prinzipien. Was die Freiräume betrifft, ist es allerdings so, dass wir diese bieten, aber nur und erst dann, wenn Leistungen, Realitätssinn und Zielorientierung – zusammen mit Beharrlichkeit und Disziplin – zeigen, dass man diese Freiräume auch verantwortungsvoll und mit den notwendigen Fähigkeiten nutzen kann.

Förderung des Selbstvertrauens

Sie wirken auf mich sehr angespannt, Frau Muster. Ich möchte Ihnen aber klar versichern, dass Sie dazu absolut keinen Grund haben. Ihre Bewerbungsunterlagen sind überzeugend, Ihre Qualifikationen überdurchschnittlich und mein persönlicher Eindruck von Ihnen ist ebenfalls gut. Ich möchte dieses Gespräch mit Ihnen in einem entspannten und partnerschaftlichen Dialog auf gleicher Augenhöhe führen, in dem Sie sich absolut wohl fühlen sollen und können. Das Interview dient einzig und allein dem Zweck, dass Sie uns und wir Sie näher kennenlernen und eine gemeinsame Entscheidungsgrundlage erarbeiten.

Freizeit und Hobbys

Wir möchten Sie auch als Menschen kennen lernen, Herr Lange, da Sie bei uns nicht nur ein funktionierender Arbeitnehmer sind, sondern auch als Mensch und als Persönlichkeit in einer Gemeinschaft einen Grossteil Ihrer Zeit verbringen. Deshalb meine Frage an Sie. Was machen Sie neben Ihrer Berufstätigkeit? Was tun Sie in Ihrer Freizeit? Welche Hobbys haben Sie? - Verbringen Sie Ihre Freizeit lieber mit anderen oder lieber alleine?

Frage zur Teamfähigkeit

In unserem Unternehmen arbeiten wir oft in Teams zusammen und pflegen die Teamarbeit auch in internen und externen Weiterbildungsaktivitäten. Allerdings sind wir der Meinung, dass Teams heutzutage oft idealisiert und als Wundermittel schlechthin dargestellt werden. Es gibt aber Situationen und Umstände, bei denen Einzelleistungen oder Einzelkämpfer bessere Resultate erbringen und die effektivere Arbeitsweise sind. Aber nun dennoch die Frage: Arbeiten Sie gerne in Teams und in welchen Situationen wünschen Sie sich Teamarbeit am meisten?

Interviewabschluss

Zuversichtliche Antwort auf Frage nach Einstellungschance

Zum jetzigen Zeitpunkt kann ich dazu keine Stellung nehmen. Was ich Ihnen aber spontan dennoch jetzt schon sagen möchte: Ihre Qualifikation für diese Stelle, mein persönlicher Eindruck und die von Ihnen in unserem Gespräch gewonnenen Informationen haben mich sehr überzeugt. Demnach würde ich sagen, dass Sie sich aufgrund der vorliegenden Informationen eigentlich gute bis sehr gute Chancen ausrechnen dürfen.

Vereinbarung nach Interview

Schön, dass ich alle Ihre Fragen beantworten konnte. Oft ist es ja so, dass einem Wichtiges erst später in den Sinn kommt. Zögern Sie nicht, mich anzurufen, wenn Sie die eine oder andere Information vermissen sollten. Ich schlage vor, dass wir so verbleiben, dass Sie sich nach Ihrem Entscheid bei mir melden und dann sicher auch ich Ihnen mehr sagen kann, wie weit wir sind. Ist dieses Vorgehen auch in Ihrem Sinne? Was meinen Sie, bis wann Sie sich entschieden haben?

Fragen an Führungskräfte

Fragen an Führungskräfte

Die Besetzung von Führungspositionen ist eine schwierige, wichtige und oft heikle Aufgabe. Deshalb haben wir diesen Teil auch relativ ausführlich gestaltet. In diesem Zusammenhang ist auch als "Einstimmung" auf die nachfolgenden Interviewfragen eine breitangelegte Untersuchung interessant, die Persönlichkeitsmerkmale von hervorragendsten Führungskräften analysierte. Diese 10 gemeinsamen Persönlichkeitsmerkmale können in der Interpretation und Art von Bewerberantworten, den emotionalen Äusserungen und der Art von Fragen durchaus miteinbezogen werden. Es handelt sich um folgende Persönlichkeitsmerkmale:

- Leidenschaft und Engagement für die Arbeit und Unternehmen
- Intelligenz und Klarheit des Denkens
- Hervorragende Kommunikationsfähigkeiten
- Hohes Energieniveau
- Ein beherrschtes Ego
- Innere Zufriedenheit und Ausgeglichenheit
- Wegweisende und prägende Lebenserfahrungen
- Ausgeglichenes und harmonisches Familienleben
- Positive Grundhaltung und Lebenseinstellung
- Konzentration auf "doing the right things"

Bei Fragen an Führungskräfte sind nebst Fachkompetenzen auch die Sozialkompetenzen von grösster Bedeutung. Achten Sie auch stark auf die Kompatibilität mit Ihrer Unternehmenskultur, mit Ihrer Führungspolitik und dem Teamcharakter, mit welchem die Führungskraft konfrontiert wäre. Der Beizug weiterer Personen (HR-Fachleute, Mitarbeiter des Teams, Geschäftsleitungsmitglied, weitere Abteilungsleiter) kann dazu beitragen, breiter abgestützte und objektivere Eindrücke zu erhalten. Auch ein an das Interview anschliessende Vorstellen des Kandidaten und einen kurzen Gedankenaustausch mit dem betreffenden Team kann helfen, den richtigen Einstellungsentscheid zu fällen.

Interessant ist in Fragestellungen an Führungskräfte der jeweilige Einbezug von *Situation, Verhalten und Ergebnis*, um ganzheitliche Informationen in einem aufschlussreichen Kontext zu erhalten. Beispiel: Unter schwierigen wirtschaftlichen Bedingungen (Situation) reagierte der Marketingleiter konsequent antizyklisch (Verhalten) und konnte so die Umsatzziele gar übertreffen (Ergebnis).

Führungsfähigkeiten und unternehmerisches Denken

Wie wichtig ist für Sie die Motivation von Mitarbeitern – und können Sie uns ein Beispiel nennen, wo Ihnen das besonders gut gelungen ist?

Eine Frage, die natürlich bei Führungskräften von Bedeutung ist. Wird dies nur im finanziellen Rahmen und bei ausserordentlichen Leistungen gesehen oder steht regelmässige Anerkennung und das Eingehen auf Bedürfnisse und Charaktere der Mitarbeitenden im Vordergrund? Achten Sie auch darauf, wie konkret, charakteristisch und spontan das Beispiel genannt und umschrieben wird.

An welchen Grundsätzen richten Sie Ihre Führungstätigkeit aus?

Hat der Kandidat überhaupt eine Führungsphilosophie und kann er diese aussagekräftig zusammenfassen und kommunizieren? Welche ist es und auf welchen geschäftlichen und menschlichen Werten baut sie auf? Und die wohl wichtigste Erkenntnis: Ist sie kompatibel mit dem Führungsstil Ihrer Unternehmenskultur? Interessant ist auch, inwieweit diese Grundsätze mit der Persönlichkeit und des bisher Gesagten des Kandidaten harmonieren und wie eigenständig diese sind. Auch das Ausdrucksvermögen und die Fähigkeit zur Prägnanz kommen wegen der anspruchsvollen Frage zum Ausdruck.

Der vorher genannte <Grundsatz> interessiert mich. Können Sie mir eine typische Situation schildern, in der Sie diesen Grundsatz angewandt haben?

Eine an die vorherige Frage anknüpfende Folgefrage mit dem Ziel einer Überprüfung der Authentizität und eines Themas, über das Sie mehr erfahren möchten, weil es bei der von Ihnen angebotenen Stelle eine besondere Bedeutung einnimmt.

Sie sind mit der Leistung (dem Verhalten) eines Mitarbeiters unzufrieden. Was tun Sie?

Eine interessante Frage, da der Kandidat hier sehr konkret und situativ antworten und Stellung nehmen wird bzw. muss. Ähnliche Fragestellungen können genauso gut mit anderen Themenbereichen formuliert werden, um an detailliertere und individuelle Informationen zu gelangen, zum Beispiel eine Arbeitssituation oder schwierige Projekt-Zielsetzung.

Bitte beschreiben Sie eine Situation, in der Sie mit sich als Führungskraft besonders zufrieden waren!

Welche Situation, welches Verhalten, welche Begründung wird genannt? Stellen Sie Parallelen her zu möglichen oder vergleichbaren Erfolgs-Erlebnis-Möglichkeiten bei der von Ihnen angebotene Stelle. Sich an bestimmten Erfahrungen und Tätigkeiten orientierende Fragen haben meistens einen hohen Informationswert, da sie sehr konkret sind und bessere Vergleichsmöglichkeiten mit dem Anforderungsprofil Ihrer Stellenausschreibung zulassen. Ferner ist auch das emotionale Verhalten und die Situationsschilderung und Themenwahl des Kandidaten interessant.

Wie loben Sie Ihre Mitarbeiter?

Einfach, direkt und klar ist diese Frage - vielsagend kann die Antwort ausfallen. Je detaillierter, überzeugter, ideenreicher, engagierter und spontaner die Antwort ausfällt, desto glaubwürdiger ist sie und desto höher ist die Wahrscheinlichkeit, dass Sie es mit einer Führungskraft zu tun haben, die fähig ist, Mitarbeiter zu motivieren und für Ziele begeistern zu können – eines der wichtigsten Persönlichkeitsmerkmale und Charakterzüge.

Wie binden Sie Ihre Mitarbeiter in Entscheidungsprozesse ein?

Eine moderne, fähige Führungspersönlichkeit ist sich der Bedeutung dieser Frage bewusst und wird glaubwürdig und überzeugend zu antworten wissen. Die Art und der Konkretisierungsgrad der Antworten geben unter Umständen aufschlussreiche und interessante Informationen über die Persönlichkeit des Bewerbers.

Welche Führungstechniken und –werkzeuge wenden Sie erfolgreich an?

Sind es die Führungstechniken, die mit Ihrer Unternehmenskultur und Ihrem Leitbild kompatibel sind und bei Ihren Mitarbeitern auf Akzeptanz stossen? Zugleich verrät diese Antwort natürlich auch einiges über Führungsstil und Führungsphilosophie – und deren Aktualität und Zeitgeist.

Wo haben sich Ihre Führungsfähigkeiten in Ihrem Leben erstmals gezeigt?

Schon mit sieben Jahren ein Klassensprecher oder mit fünfzehn ein Mannschaftskapitän? Die Führungsberufung und eine allfällige angeborene Führungsnatur kommt bei dieser Antwort gut zum Ausdruck. Von den Anlagen der Persönlichkeit geprägte Führungstalente sind oft schon in der Jugendzeit bemerkbar. Wiederholte Führungsaufgaben in verschiedenen Teams unterstreichen dieses Talent und den erlebten Erfolg dann jeweils besonders.

Welche Erfahrungen haben Sie bei Ihren früheren Führungspositionen in Bezug auf Ihre heutige Führungstätigkeit gemacht – gute und schlechte?

Hier wird es interessant sein, zu sehen, wie die Entwicklung rückschauend beurteilt und geschildert wird und wie objektiv und in welchen Zusammenhängen diese Informationen vermittelt werden.

Was zeichnet Ihrer Meinung nach gute Vorgesetzte aus?

Hier zeigt sich der Umgang mit schwierigen und heiklen Fragen. Zugleich erfährt man etwas über das Menschenbild und das Selbstbewusstsein und die Bedürfnisse (Anerkennung, Leistungswille, Führungsstil, menschliche Erwartungen) einerseits und den Respekt und die Loyalität andererseits.

Eine Mitarbeiterin macht Ihnen einen Verbesserungsvorschlag. Wie reagieren Sie?

An diesem konkreten Beispiel erfahren Sie viel zum Führungsstil und Menschenbild und wie innovativ und gewandt sich der Bewerber verhält. Achten Sie aber darauf, ob hier einfach angelesene Management-Verhaltensweisen von sich gegeben werden oder ob die Antwort spontan, aufrichtig und der Persönlichkeit entsprechend ausfällt.

Was macht eine Führungsposition für Sie attraktiv und interessant?

Eine sehr wichtige Frage, die aus persönlicher Sicht von Führungsverständnis zeugt und tiefen Einblick in die Persönlichkeit und Führungserfahrung gibt. Es kommt allerdings sehr darauf an, wie persönlich, substanziell und unverwechselbar die Antwort ist – oder ob sie einfach aus einem Managementlehrbuch rezitiert wird.

Können Sie uns ein Erlebnis schildern, wo Ihre Führungsqualifikation besonders zum Tragen kam und Sie auch erkannten, dass dies Ihre Stärke als Führungskraft war?

Mit einem Erlebnis zusammen gewinnt die Aussage an Glaubwürdigkeit und wird auch konkreter. Sich an bestimmten Erfahrungen und Tätigkeiten orientierende Fragen haben meistens einen hohen Informationswert, da sie sehr konkret sind und bessere Vergleichsmöglichkeiten mit dem Anforderungsprofil Ihrer Stellenausschreibung zulassen. Ferner ist auch das emotionale Verhalten und die Situationsschilderung und Themenwahl des Kandidaten interessant.

Wie wichtig ist für Sie Qualitätskontrolle und wie setzen Sie dieses Führungsinstrument in Ihrer Praxis ein?

Einerseits etwas über die Bedeutung und den Stellenwert zu erfahren und andererseits Informationen über konkrete Erlebnisse und Erfahrungen zu erhalten, ist ganz allgemein eine gute Kombination, die man auch in anderen Themenbereichen anwenden kann.

Stellen Sie sich vor, ein Mitarbeiter macht einen schwerwiegenden Fehler, den Sie nicht tolerieren können. Wie reagieren Sie?

Die Art und Weise der Reaktion verrät natürlich viel über den Führungsstil. Achten Sie darauf, wie sehr dieser dem Führungsstil Ihres Betriebes entspricht. Die Antwort sagt auch recht viel über das Menschenbild und den Respekt vor Leistungen aus und die wichtige Fehlertoleranz. Kluge Antworten gehen in die Richtung, dass Fehler Lernmöglichkeiten sind, das Eruierung der Ursachen wichtig ist und der Fokus auf die zukünftige Vermeidung und nicht das Tadeln gelegt werden sollte.

Sie haben erwähnt, dass Sie sich schnell in neue Aufgabenstellungen und Zielsetzungen einarbeiten können. Können Sie uns dafür einige Beispiele nennen?

Wie selbstsicher reagiert der Bewerber, wie konkret sind seine Informationen? Sich an bestimmten Erfahrungen und Tätigkeiten orientierende Fragen haben meistens einen hohen Informationswert, da sie sehr konkret sind und bessere Vergleichsmöglichkeiten mit dem Anforderungsprofil Ihrer Stellenausschreibung zulassen. Ferner ist auch das emotionale Verhalten und die Situationsschilderung und Themenwahl des Kandidaten interessant.

Worin würde Ihr ganz besonderer Beitrag für unser Unternehmen liegen?

Eine ungewöhnliche und eher unerwartete Frage, aber die Antwort dürfte aufschlussreich sein. Nur schon die Art und Weise des Beitrages (Führungs- oder Unternehmenskultur, Fach-Know-how, Zielerreichung, Erfahrung usw.) und der Konkretisierungsgrad sind Informationen, auf denen dann auch mit Folge- und Vertiefungsfragen aufgebaut werden kann.

Was müssten wir aus Ihrer Sicht in unserer Branche tun, um unsere führende Stellung zu halten oder gar auszubauen?

Eine ähnliche Frage wie die obige, mit dem Unterschied, dass hier das Branchen-Know-how eine Rolle spielt und die Frage um einige Grade anspruchsvoller und spezifischer ist.

Worauf führen Sie die Spitzenstellung unseres Unternehmens zurück?

Von einer Führungskraft wird erwartet, dass sie sich ausführlich und intensiv mit Ihrem Unternehmen, seiner Branche und den relevanten und aktuellen Entwicklungen auseinandersetzt. Genau das bezweckt diese Frage. Ob und wie genau dies der Kandidat bei der von Ihnen ausgeschriebenen Stelle gemacht hat, erfahren Sie mit dieser Frage.

Welche Initiativen haben das Unternehmen, bei dem Sie vorher gearbeitet haben, besonders vorangebracht?

Keine einfache Frage und zudem eine, die eine rechte Portion Selbstvertrauen voraussetzt. Doch gerade solche Antworten geben unter Umständen aufschlussreiche und interessante Informationen über die Persönlichkeit des Bewerbers. Zudem haben Sie hier einen hervorragenden Einblick in die Prioritätenordnung des Kandidaten und wie diese in Bezug auf Ihre Stelle zu gewichten ist.

Wo und wann sind Sie im allgemeinen kompromissbereit und stimmen Ihre Entscheidungen mit anderen ab und wann wollen oder müssen Sie möglicherweise autoritär und allein entscheiden?

Mit dieser Frage machen Sie es dem Kandidaten mit Sicherheit nicht leicht, da er hier auf sehr konkrete Weise Farbe bekennen muss, wie es um seinen Führungsstil steht und wo er die Grenzen kooperativen Führens sieht. Wer hier ausgewogen und differenziert antwortet, Beispiele und Situationen nennt, die Sie ähnlich beurteilen und die mit Ihrer Unternehmenskultur kompatibel wären und klar betont, dass es begründete Ausnahmefälle sind, die autoritäre Entscheidungen erfordern, ist mit grosser Sicherheit eine qualifizierte Führungskraft, die ihr Handwerk versteht und über gute Sozialkompetenzen und fundierte Führungserfahrung verfügt.

Wie gelingt es Ihnen, unterschiedliche Standpunkte, Mitarbeiter und Interessen unter einen Hut zu bringen? Dazu würden mich ein bis zwei Beispiele aus Ihrer Führungserfahrung interessieren.

Konsensfindung ist nicht immer aber oft eine hilfreiche Führungseigenschaft für das Erzielen von Übereinstimmungen von Mitarbeitenden innerhalb eines Teams. Sie fördert die Eigenverantwortung und damit in ausgeprägtem Masse auch die Motivation. Mitarbeiter, die ihre Meinungen und Ideen einbringen können und sie auch umgesetzt sehen, denken und gestalten sehr aktiv mit und engagieren sich für Ziele und Projekte.

Wenn es der Kandidat versteht, beispielsweise einen solchen Zusammenhang aufzuzeigen, aber auch, Konsens abzugrenzen oder seine Konsensprinzipien und erlebte Situationen genau und konkret darzulegen, zeugt dies von guten Sozialkompetenzen und einer fundierten Führungserfahrung.

Fachkompetenz und Erfahrungen

Die Stärken, die Sie nennen, passen effektiv gut zu den Anforderungen. Wo sehen Sie hingegen noch Handlungsbedarf?

Hier ist es interessant zu erfahren, wie intensiv sich der Bewerber mit den Anforderungen auseinander gesetzt hat und wie selbstkritisch er ist. Achten Sie bei der Antwort besonders darauf, inwiefern das Gesagte mit den Anforderungen und Gegebenheiten der zu besetzenden Stelle übereinstimmt und sich beides deckt.

Welche Ihrer Qualifikationen ist Ihrer Meinung nach bei der Stelle in unserem Unternehmen von besonderer Bedeutung?

Die Antwort sagt viel darüber aus, wie intensiv sich der Kandidat mit der Stelle auseinander gesetzt hat und welche Gedanken er sich zum Einbringen seiner Stärken und Fähigkeiten gemacht hat. Gehen Sie davon aus, dass dabei auch Qualifikationen genannt werden, die dem Kandidaten persönlich wichtig sind. Es sollten mit Vorteil besonders die erfolgsrelevanten Schlüsselqualifikationen zur Sprache kommen. Interessant ist auch das zum Ausdruck kommende Selbstbild und Selbstbewusstsein.

Sie haben Ihre Erfahrung in unserer Branche erwähnt. Wie schätzen Sie die Entwicklung in den kommenden ein bis zwei Jahren ein?

Wie ausgeprägt sind die Branchenkenntnisse, wie intensiv setzt sich der Bewerber damit auseinander, wo sieht er die Schwerpunkte und Prioritäten der Entwicklung? Es sind oft die indirekten Fragen, die sich an konkreten Beispielen oder Erlebnissen des Kandidaten orientieren, mit denen sich die interessantesten und ergiebigsten Informationen gewinnen lassen.

Kundenorientierung hat bei uns eine hohe Priorität. Was verstehen Sie darunter – an Ihrer vorherigen Stelle und bei unserer?

Eine anspruchsvolle Frage, aber sie sagt einiges zur Haltung und Prioritätensetzung aus. Je konkreter die Antwort ausfällt, desto glaubwürdiger ist sie. Anstelle von Kundenorientierung können Sie auch andere für Ihre Firma wichtigen Anforderungen zur Sprache bringen. Ähnliche Fragestellungen können genauso gut mit anderen Themenbereichen formuliert werden, um an detailliertere und individuelle Informationen zu gelangen, zum Beispiel Führungsstil oder Technologieführerschaft.

Welche Herausforderungen gab es in Ihrem bisherigen Leben und wie sind Sie damit umgegangen?

Wird bei dieser Antwort eher auf positive oder negative Herausforderungen eingegangen? Achten Sie darauf, ob der Bewerber Herausforderungen eher vermieden hat und Belastungen aus dem Weg gegangen ist. Besonders aufschlussreich ist die Art und Weise des Umgangs mit Herausforderungen, denn hier erfährt man einiges über die Grundhaltung und charakterliche Anlage und das sprachliche Ausdrucksvermögen.

Welche Entwicklungen haben Sie in letzter Zeit als entscheidend in Ihrem Fachbereich erlebt?

Wie uptodate ist das Fachwissen des Kandidaten, kann er diese Frage substanziell überhaupt zufriedenstellend beantworten? Hier kann es ratsam sein, sich einige Notizen vom Linienvorgesetzten zu besorgen, um fachlichen Input zu bekommen.

In welchem Bereich Ihres Fachgebiets schätzen Sie sich als Experten ein?

Hier geht es darum, die Kernkompetenzen des Kandidaten in Fachbereichen nach eigener Einschätzung in Erfahrung zu bringen. Haken Sie dort nach, wo Antworten für die von Ihnen ausgeschriebene Stelle von besonderer Bedeutung sind.

Welche besonderen Anstrengungen haben Sie dafür unternommen?

Die Anschlussfrage, die interessante Informationen über Arbeitstechnik, Führungsstil und Selbstorganisation vermitteln kann.

Was unterscheidet in Ihrem Fachgebiet gute von herausragender Leistung?

Eine anspruchsvolle Frage, die nur gegenüber gewandten und kommunikativen Kandidaten gestellt werden sollte. Sie ist aber deshalb interessant, weil Sie das Leistungsbewusstsein in Verbindung mit dem Fachwissen bringt und sich dahinter auch persönliche Sichtweisen bemerkbar machen dürften.

Welches sind, Ihrer Meinung nach, die wesentlichen Erfolgsindikatoren für eine hohe Arbeitsqualität in Ihrem Fach- und Führungsbereich?

Eine anspruchsvolle und sehr spezifische Frage, die nur situativ gestellt werden sollte. Aber sie verrät viel über Prioritäten, Informationsstand, Know-how und Leistungsbewusstsein des Kandidaten.

Beteiligen Sie Ihre Mitarbeiter bei Entscheidungen und wenn ja, wie tun Sie dies?

Diese Frage zielt darauf ab, bezüglich partnerschaftlichen und kooperativen Führungsstil den Puls zu fühlen und dabei konkret zu erfahren, wie der Kandidat dabei vorgeht und welchen Stil der Zusammenarbeit und des Einbezuges von Mitarbeitenden er pflegt. Das Nachfragen nach einem Beispiel aus seiner Führungstätigkeit kann helfen, die Glaubwürdigkeit und das individuelle Vorgehen zu erkunden.

Leistungsnachweise und Leistungsbewusstsein

Mit welchen Erfolgen oder Projekten waren Sie in Ihrer bisherigen Tätigkeit besonders zufrieden – wie haben Sie die Ziele erreicht?

Hier erfährt man, ob der Bewerber in der Lage ist, Erfolge überhaupt zu nennen, und mit welchem emotionalen Engagement er dies tut. Die Art und Weise, wie die Ziele erreicht wurden bzw. wie dies geschildert wird, sagt viel über die Systematik, das Ausdrucksvermögen und die Energie des Bewerbers aus.

Wenn Sie auf die letzten paar Jahre zurückblicken - was war Ihrem Erfolg jeweils eher förderlich, was hat ihn eher erschwert?

Hier erfahren Sie, was dem Kandidaten wichtig ist und bei welchen Funktionen, Positionen und Aufgaben er welche Erfolg erzielte oder als wichtig erachtete.

Wenn Sie an Ihre grössten Erfolge denken - welches waren die wesentlichen Fähigkeiten und Talente, die Sie eingesetzt haben?

Eine ähnliche Frage wie die obige, nur dass hier Talente und Fähigkeiten zur Sprache kommen. Achten Sie auch darauf, ob und wie stark genannte Fähigkeiten und Talente auf Ihre Stelle und Anforderungen ausgerichtet werden.

Wenn Sie einmal die letzten ein bis zwei Jahre Revue passieren lassen, auf welche Erfolge sind Sie stolz?

Mit diesen Antworten lässt der Kandidat erkennen, welche Stärken und Erfolge bei seiner Werteskala nach seiner Einschätzung eine besondere Bedeutung haben.

Wo sehen Sie die Stärken Ihrer Persönlichkeit?

Ist man sich diesen schnell und konkret bewusst, ist dies ein gutes Zeichen für ein gesundes Selbstvertrauen. Positiv zu werten ist, wenn dabei im Interesse der Ausgewogenheit und der Fähigkeit zur Selbstkritik auch die Schwächen zur Sprache kommen. Kann sich der Bewerber gut einschätzen, hat er Vertrauen in seine eigenen Fähigkeiten?

Wie sind Sie dabei mit Problemen umgegangen?

Allein die Bereitschaft und Fähigkeit, überhaupt Probleme zu erkennen bzw. diese zu nennen, ist positiv zu werten. Wird auf diesen Punkt nur am Rande und unspezifiziert eingegangen, kann es ein Hinweis sein, dass der Bewerber dazu neigt, Probleme und Konflikte zu verdrängen. Wer hier eine konstruktive, lösungsorientierte, ganzheitliche Sicht der Dinge zu erkennen gibt und Probleme auch als Lernchance versteht, überzeugt mit Sicherheit.

Welche Herausforderungen spornen Sie in welchem Umfeld zu besonderen Spitzenleistungen an?

Sind es Innovationen, komplexe Projekte, sind es kleine schlagkräftige Teams oder Aufgaben als Einzelkämpfer – Antworten auf diese Frage sind vermutlich sehr aufschlussreich. Fragen Sie dort nach, wo der Bezug zu Ihrem Unternehmen oder die Übereinstimmung besonders wichtig ist und bitten Sie je nachdem auch um konkrete Beispiele oder Erlebnisse.

Hatten Sie bereits Personal- oder Budgetverantwortung?

Hier muss der Kandidat mit Fakten und Zahlen Farbe bekennen. Die Antwort zeigt, wie führungserfahren er ist und wie gross der Verantwortungsrahmen bis anhin war. Die Antwort lässt eine gute Vergleichsbasis zu und ist allenfalls je nach Alter auch in der Entwicklung interessant und aussagekräftig.

Sozialkompetenzen und Persönlichkeit

Wo sehen Sie die Grenzen des Einflusses Ihres Berufes auf das Privatleben oder wie definieren Sie das Verhältnis zwischen Arbeit und Privatleben?

Man muss hier natürlich damit rechnen, dass die Frage zugunsten der Arbeit ausfällt. Es zeugt aber von Ehrlichkeit, wenn die Grenzen klar definiert werden können und auch die Freizeit ihren Stellenwert hat. Hier bekommt man indirekt allenfalls auch Hinweise zur Art und zum Stellenwert des Privatlebens. Bestehen in Ihrem Unternehmen interessante Work-Life-Balance-Angebote, ist dies eine ideale Gelegenheit, diese zu nennen und signalisiert dem Kandidaten je nach Antwort auch, dass Ihre Unternehmenskultur die Interessen des Privatlebens angemessen einbezieht.

Würden Sie sich als entscheidungsfreudig betrachten – oder tun Sie sich eher schwer damit?

Entscheidungsstärke kann einiges mit Belastbarkeit zu tun haben, ist aber auch eine wichtige Führungseigenschaft. Hier ist wohl in vielen Fällen eine Folge- oder Vertiefungsfrage angebracht – entweder nach einem Erlebnis eines Sie interessierenden Aspektes oder einer Präzisierung zu einer bestimmten Aussage.

In Ihren Zeugnissen ist oft die Rede von grosser Einsatzbereitschaft. Können Sie mir ein bis zwei Situationen schildern, in denen Ihre Einsatzbereitschaft deutlich geworden ist?

Generell eine Möglichkeit, Aussagen in Lebenslauf und Zeugnissen zu präzisieren. Diese Frage sagt etwas über die Eigenbeurteilung einerseits und die konkreten Arbeitsbereiche der Einsatzbereitschaft andererseits aus, wobei sich dann auch bestimmte Motivatoren ableiten lassen.

Welche Gründe gibt es denn für Ihren Wechselwunsch, die in Ihrer aktuellen Position zu suchen sind?

Die Anzahl der Gründe, die Beobachtung, ob der Kandidat von etwas weg oder auf etwas zu will und die positive oder negative Grundhaltung geben unter Umständen aufschlussreiche und interessante Informationen über die Persönlichkeit des Bewerbers.

Welches wären Ihre zwei bis drei persönlichen Hauptziele, wenn Sie bei uns die Position des Verkaufsleiters antreten würden?

Mit dieser Frage kann man auf indirekte Art einiges über die persönlichen Erwartungen und Motivatoren erfahren, die der Bewerber mit der von Ihnen ausgeschriebenen Stelle verbindet. Die Antwort gibt Ihnen wichtige Hinweise zur Beurteilung des Kandidaten bezüglich Ihres Anforderungsprofiles der ausgeschriebenen Stelle.

Auf welche ein bis zwei Entscheidungen Ihrer bisherigen Laufbahn sind Sie besonders stolz?

Wie schnell antwortet der Kandidat, welche "Entscheidungsniveaus" mit welchen Tragweiten werden genannt, aus welchen Branchen und Situationen stammen sie? Diese und mehr Informationen sind von Interesse. Mit einem Erlebnis zusammen gewinnt die Aussage auch hier an Glaubwürdigkeit und wird auch konkreter. Dabei ist die Art und Weise wie Wortwahl, Prioritäten, eingebundene Menschen, Aufgaben usw.) interessant und aufschlussreich.

Über welche Anerkennung haben Sie sich in letzter Zeit besonders gefreut?

Anerkennung ist der geistige Sauerstoff, eine Tatsache, derer sich auch Führungskräfte bewusst sein sollten, bei Mitarbeitenden und sich selber. Interessant ist hier, ob der Kandidat dazu steht und welche

Art von Anerkennung er bei welchen Aufgaben er nennt. Dies gibt Aufschluss darüber, welche Grundwerte seiner Motivation und Arbeitsmoral zugrunde liegen. Die Art der genannten Anerkennung dürfte vielfach auch mit der Grundhaltung und Sichtweise gegenüber Mitarbeitenden übereinstimmen. Hier nachzufragen und nach konkreten Erlebnissen oder Aussagen zu bitten, kann aufschlussreich sein.

Wie genau haben Sie diese Ergebnisse erzielt?

Oft kann das *Wie* die interessanteren Informationen liefern als das *Was, Wer* und *Warum.* Diese Frage ist aufschlussreich bezüglich Arbeitstechnik, Einflussfaktoren, Führungsumfeld und die indirekte Selbsteinschätzung, die der Kandidat damit von sich gibt.

Warum haben Sie sich in der geschilderten Situation besonders engagiert und eingesetzt?

Einmal mehr appelliert man hier an die Grundmotivatoren und besonderen Umstände, die den Kandidaten zu Leistung und Einsatz anspornen. Mit einem Erlebnis zusammen gewinnt die Aussage an Glaubwürdigkeit und wird auch konkreter. Dabei ist die Art und Weise (wie Wortwahl, Prioritäten, eingebundene Menschen, Aufgaben usw.) interessant und aufschlussreich.

Welche Misserfolge waren für Sie von entscheidender Bedeutung, wie sind Sie damit umgegangen?

Auch darüber kann gesprochen werden. Eine qualifizierte Führungskraft muss in der Lage sein, auch diese Seite realistisch, selbstkritisch und offen zu erkennen und darüber zu sprechen. Ähnliche Fragestellungen können genauso gut mit anderen Themenbereichen formuliert werden, um an detailliertere und individuelle Informationen zu gelangen, zum Beispiel der Verlust guter Mitarbeiter oder die Ablehnung guter Vorschläge.

Welche Lernchancen und Korrekturen haben Sie für sich persönlich und fachlich aus der negativen Situation gezogen?

Wie selbstkritisch ist der Kandidat, wie sehr versteht er es, Erlebnisse und Situationen zu reflektieren und die daraus notwendigen und geeigneten Massnahmen abzuleiten? Wer in der Lage ist, dies an seiner eigenen Person zu machen, verhält sich auch als Führungskraft gegenüber Situationen und Mitarbeitern ähnlich, da dies oft ein Verhaltensmuster ist.

Was würden Sie einer jungen Führungskraft raten, welche Stärken und Talente zu Spitzenleistungen führen, was sozusagen "matchentscheidend" ist?

Kann man anderen Ratschlägen geben und muss man nicht über sich selber sprechen und Schwächen offenbaren, ist man offener und direkter, projiziert aber dennoch oft auf andere, was man eigentlich auf sich bezogen meint.

Welche der von Ihnen vorher genannten Stärken hat Ihnen in Ihrer Karriere am meisten genutzt – und mit welchen Ergebnissen?

Hier erfährt man anhand konkreter Beispiele einiges über Wertvorstellungen und Hauptmotivatoren und natürlich, wie stark der Kandidat karrieremotiviert ist. Hören Sie auch aufmerksam zu, welche Ergebnisse wie geschildert werden.

Welche Stärken haben Ihnen jeweils geholfen, in heiklen Führungssituationen erfolgreich zu sein?

Eine ganz entscheidende Frage, die einiges über Führungserfahrung und Umgang mit Konflikten und heiklen Situationen aussagt. Ähnliche Fragestellungen können genauso gut mit anderen Themenbereichen formuliert werden, um an detailliertere und individuelle Informationen zu gelangen, zum Beispiel bei heiklen oder schweren Personalentscheidungen oder neuen strategischen Ausrichtungen.

Sozialkompetenz ist in aller Leute Munde. Ist das für Sie wichtig und wo sehen Sie Ihre Stärken?

Was der Kandidat davon hält und was er darüber weiss, sagt zugleich einiges über die Bedeutung, die er diesem Bereich beimisst. Bitten Sie je nachdem um weitere Beispiele oder Erlebnisse, um an eine ganz persönliche Optik des Kandidaten zu gelangen.

In welchen der von mir genannten, wichtigen Bereichen dieser Stelle sehen Sie für sich noch Verbesserungspotenzial?

Stellen Sie manchmal Fragen, die Ihnen Feedback geben, wie aufmerksam Ihnen der Kandidat zuhört oder ob er entscheidende Zusammenhänge verstand hat. Weiss der Kandidat bei dieser Frage ein bis zwei Antworten, spricht das für seine realistische Selbsteinschätzung und Charakterstärke, sich auch Schwachpunkten, bzw. Defiziten bewusst zu sein und zu diesen zu stehen.

Was macht Sie aus Ihrer Sicht zu einer guten Führungskraft?

Die Führungsphilosophie kommt hier klar zum Ausdruck und muss relativ streng mit dem Führungsstil Ihres Unternehmens verglichen werden. Achten Sie darauf, dass keine nichtssagenden Allerweltsregeln aus Management-Lehrbüchern wiedergekäut werden, sondern charakteristische und eigenständige Informationen vermittelt werden.

Wo sehen Sie die Stärken Ihrer Führungsfähigkeiten aus Ihrer bisherigen Führungserfahrung?

Wie konkret und glaubwürdig fällt die Antwort aus? Positiv zu werten ist, wenn dabei im Interesse der Ausgewogenheit und Selbstkritik auch die Schwächen zur Sprache kommen. Besonders aufschlussreich ist die Schilderung konkreter Situationen, da ja die Erfahrung angesprochen wird. Diese indirekte Frage sagt natürlich auch einiges über den Führungsstil und die Selbsteinschätzung aus.

Welche Stärke, die Sie zur Zeit oder nach den bisherigen Erfahrungen nicht an sich feststellen, hätten Sie gerne?

Wie ehrlich, spontan und glaubwürdig antwortet der Kandidat? Zugegeben, keine besonders einfache und eine wohl auch unerwartete Frage. Aber gerade deshalb besonders hinsichtlich Selbstvertrauen und Gewandtheit eine Frage für möglicherweise interessante Informationen. Achten Sie auch auf nonverbales Verhalten und sonstige Reaktionen.

Um einmal die andere Seite der Medaille zu betrachten, welche Eigenschaften oder Schwächen stehen Ihnen bei der Zielerreichung manchmal auch im Weg?

Eine ähnliche Frage wie oben, aber am Anschluss an Informationen über Stärken zu stellen und mehr an eine konkrete Situation gebunden. Es ist interessant zu erfahren, wie selbstkritisch der Kandidat ist und wie er Erfahrungen und Erlebnisse reflektiert.

Mitarbeiterförderung ist in unserem Unternehmen sehr wichtig. Wie stehen Sie dazu?

Bei dieser Frage wird mit Vorteil ein Bereich genannt, der in Ihrer Unternehmenskultur und Führungsphilosophie eine zentrale Bedeutung hat. Die Substanz, die Glaubwürdigkeit und die Übereinstimmung mit der Persönlichkeit des Kandidaten und anderen Aussagen zeigen, ob der entsprechende Grundsatz auch der Führungskraft wichtig ist. Hier ist es oft angebracht, Vertiefungs- oder Beispielsfragen zu stellen, mit welchen differenziertere Aussagen erreicht werden können und die Möglichkeit besteht, die Glaubwürdigkeit der Antwort zu prüfen.

Ihr Vorgänger war sehr beliebt und angesehen. Wie gedenken Sie, diesem Umstand Rechnung zu tragen?

Eine recht heikle Frage, mit der der Kandidat auf den Prüfstand kommt. Wer hier primär Gewicht darauf legt, dass er dies respektiert, die Arbeit und

Führungsweise des Vorgängers weiterführen will und über ähnliche Grundsätze verfügt, weiss wohl zu überzeugen. Führungskräfte mit Selbstvertrauen rücken bei dieser Gelegenheit Führungsstärken in den Vordergrund, die ebenfalls Garanten für eine erfolgreiche Mitarbeiterführung darstellen.

Kommunikations-Kompetenzen sind in unserem Unternehmen sehr wichtig. Wo sehen Sie Ihre Stärken bei sich?

Auch hier kann wiederum eine andere Anforderung genannt werden. Kommunikationsfähigkeiten sind jedoch bei allen Führungskräften hoch einzustufen. Hier ist es interessant, wie konkret, detailliert und mit der Persönlichkeit übereinstimmend der Kandidat antwortet. Denken Sie dabei an Ihre Unternehmens- und Kommunikationskultur und wie sehr diese sich mit den Fähigkeiten und Stärken des Kandidaten und seinem Kommunikationsverständnis überhaupt decken.

Kürzlich sagte mir ein Mitarbeiter, Vertrauen in seinen Vorgesetzten sei ihm das Wichtigste überhaupt. Wie bauen Sie Vertrauen zu Mitarbeitern auf?

Hier sollten Sie einen Punkt nennen, der in der Abteilung der vakanten Position tatsächlich besonders bedeutsam ist. Achten Sie dabei darauf, ob der Kandidat austauschbare Allgemeinplätze und Managementfloskeln nennt oder individuelle, überzeugende Beispiele oder Erfahrungen und persönliche Grundwerte. Ein Nachfragen zur Prüfung der Glaubwürdigkeit kann allenfalls angebracht sein.

Zielvereinbarungen sind bei uns ein wichtiges Führungsinstrument. Wie begeistern Sie Mitarbeiter für Ziele?

Solche Fragen, die wichtige Grundsätze und Anforderungen in den Mittelpunkt stellen (dies kann auch ein anderer Führungsgrundsatz sein) und damit verbunden konkrete Beispiele und Belege verbinden, sind besonders gewinnbringend. Damit muss der

Kandidat Farbe bekennen, gute Beispiele und Methoden nennen und zeigt auch hier wiederum, wie kompatibel seine Vorstellungen mit denen Ihres Unternehmens sind. Eine Folgefrage kann ein konkreter Vorfall oder ein wichtiges und aktuelles Projekt sein, beispielsweise aus gerade erfolgten Zielvereinbarungsgesprächen der Abteilung.

Wie würden Sie Ihren Ideal-Mitarbeiter oder Ihr Idealteam beschreiben?

Eine interessante Frage, da sie vermutlich einiges über das Führungs-Selbstbild des Kandidaten verrät. Machen Sie dabei den Ist-Abgleich mit dem Team, das der Kandidat zu führen hätte. Interessant ist an dieser Antwort auch, ob der Kandidat sich lediglich fleissige, "pflegeleichte" und disziplinierte oder eher kreative, kritische und ambitionierte Teams und Mitarbeiter wünscht. Die Richtung und das Niveau der Teamcharakterisierung sagt sehr viel über die Führungsgrundsätze, das Menschenbild und den Führungsstil des Kandidaten aus.

Angenommen, Sie müssten einem Mitarbeiter eines zehnköpfigen Teams kündigen. Welche Kriterien würden Sie anwenden?

Die genannten Kriterien ermöglichen interessante Rückschlüsse auf das Menschenbild und die Führungsschwerpunkte des Kandidaten. Ein qualifizierter Kandidat wird hier vermutlich nachhaken und nach Umständen, Unternehmenskultur, Alternativen, wirtschaftlicher Verfassung des Unternehmens usw. fragen. Wer eine ganzheitliche und ausgewogene Kriterienvielfalt nennt, die sich an ökonomischen, sozialen, situativen und teambasierenden Gegebenheiten orientiert, ist vermutlich eine reife und verantwortungsbewusste Führungspersönlichkeit.

Welches ist Ihre wertvollste Führungserfahrung, aus der Sie am meisten lernen konnten?

Diese Antwort zeigt, wie sehr der Kandidat seine Führungserfahrungen reflektiert und wie lernfähig er ist. Aber auch die Umstände des Ereignisses wie Art des Erfolges, Einbezug des Teams, Relevanz des Beispiels, emotionales Involvement, daraus ableitbares Führungsverständnis, Niveau der Erfahrung und so fort sagen einiges über den Kandidaten aus.

Das zu führende Team besteht aus ausgeprägten und kritischen Individualisten. Wie würden Sie sich darauf einstellen?

Eine gute Reaktion wäre hier sicher, wenn der Kandidat nachfragt und mehr über das Team wissen möchte. Der Zweck der Frage ist letzten Endes aber, in Erfahrung zu bringen, wie die Führungskraft mit kritischen Mitarbeitern umgeht und dafür überhaupt adäquate Strategien und Verhaltensweisen bestehen. Je nach Antwort erfährt man auch einiges über das Menschenbild und die Führungsphilosophie.

Wie delegieren Sie effizient zielfördernd?

Hier kann es sich natürlich auch um ein anderes für die Abteilung, das Unternehmen oder die Unternehmenskultur wichtiges Führungsinstrument handeln. Es ist keine einfache und reichlich abstrakte Frage, denn gute Antworten setzen hier einiges an Erfahrungen, Ausbildung und Führungsqualifikation voraus. Wer hier das Führungsprinzip in groben Zügen individuell darzulegen vermag und ein treffendes und überzeugendes Beispiel nennt, punktet mit Sicherheit.

Schildern Sie mir bitte einen Veränderungsprozess, den Sie mit Ihren Mitarbeitern erfolgreich durchgeführt haben.

Je nachdem, welche Bedeutung das Change Management in Ihrem Unternehmen hat, erfahren Sie hier, ob und über welche relevanten und für Sie gewinnbringende Erfahrungen der Kandidat überhaupt verfügt. Im Change Management spielen zahlreiche Faktoren eine wesentliche Rolle wie Kommunikationsfähigkeiten, Mitarbeitermotivation, emotionale Intelligenz, Begeisterungsfähigkeit, klare Zielsetzungen und Strategien und viele mehr. Der Kandidat sollte eine strukturierte Abfolge von Anwendungen aus seiner Führungspraxis vermitteln können.

Wie stellen Sie möglichst schnell Ihre Vertrauenswürdigkeit in Ihrem neuen Team unter Beweis?

Eine interessante Frage, die viel über Führungserfahrung und Führungsstil aussagt und verrät, wie es um die Sensibilität, die Mitarbeiterorientierung und die emotionale Intelligenz des Kandidaten steht. Hier ist ein Nachfragen, welches sich auf die konkrete aktuelle Situation des zu führenden Teams bezieht, vermutlich hilfreich. Vorsicht, wenn hier nur Allgemeinplätze und leere Floskeln folgen; Pluspunkte verdienen aber jene Kandidaten, die emotional engagiert konkrete und wirksame Massnahmen nennen können, die glaubwürdig und ehrlich anmuten.

Was trifft mehr auf Sie zu: Sind Sie eher detailorientiert – oder visionär und sehen das grosse Ganze?

Eine Frage, deren Bedeutung man nicht unterschätzen darf. Sich auf das "big picture" ausrichtende Führungskräfte sind im allgemeinen die geeigneteren, als jene, die sich zu gerne und zu oft den Details widmen. Eine kluge Antwort geht in diese Richtung, dass es eine Frage der Situation und der Problemstellung ist, welche Haltung die bessere und adäquatere ist. Wird das Visionäre zu sehr betont, sollten Sie den Realitätssinn näher ergründen.

Was ist besser: Sollte ein Chef geliebt oder gefürchtet werden?

Eine zugegeben recht heikle oder gar saloppe Frage, die manchen Kandidaten aufs Glatteis führen oder verunsichern könnte. Welche Art von Autorität kommt zum Ausdruck oder wie partnerschaftlich ist das Führungsverständnis des Kandidaten? Es ist weder das eine noch das andere im Extrem richtig. Wer dies gut darlegen kann, allenfalls nachfragt und dies mit überzeugenden Beispielen belegt, kann überzeugen. Achten Sie auch darauf, wie gewandt und differenziert bei einer solch heiklen Frage der Kandidat argumentiert und ob bzw. wie sehr er sich aus der Ruhe bringen lässt.

Welches waren Ihre bislang schwierigsten Entscheidungen – und worin bestand für Sie die Hauptschwierigkeit?

Entscheidungskompetenz ist eine wichtige Führungseigenschaft und umfasst die Bereitschaft und Fähigkeit, Entscheidungen effektiv und effizient zu treffen. Indem man hier nach schwierigen Entscheidungen fragt, erfährt man auch einiges über die Persönlichkeit, die spezifischen Schwachstellen und die Ehrlichkeit des Kandidaten, zu solchen Entscheidungssituationen und den entstandenen Hauptschwierigkeiten und Hürden zu stehen. Aufschlussreich ist natürlich das Niveau und die Komplexität der Entscheidungssituationen und wie vergleichbar bzw. typisch diese bezüglich Ihrer Stelle sind.

Welche Entscheidung haben Sie aus heutiger Sicht zu spät getroffen? Und was würden Sie heute anders machen?

Man kann bekanntlich nicht nur falsch oder gar nicht, sondern manchmal auch zu spät entscheiden, vor allem wenn es um sehr unsichere, folgenschwere oder unangenehme Entscheidungen geht. Der Zusatz "aus heutiger Sicht" erleichtert dabei die selbstkritische Beantwortung der Frage. Hier kann die Folgefrage nach einem typischen Beispiel einer schwierigen Entscheidungssituation aus der angebotenen Stelle aufschlussreich sein. Interessant ist natürlich auch, zu erfahren, ob und was der Kandidat daraus gelernt hat und was genau er als Konsequenz daraus heute anders machen würde.

Einige meinen, Führung sei ein erlernbares Handwerk, andere sagen, das Führen könne man nicht erlernen, das Talent dazu sei angeboren oder nicht. Was ist Ihre Meinung?

Über eine solche grundsätzliche Meinungs- und Ansichtsfrage, bei der auch unterschiedliche Auffassungen zulässig sind, erfährt man viel vom Führungsverständnis des Kandidaten. Zudem gibt man über solche Meinungsfragen unbewusst auch mehr von sich preis. Es ist darauf zu achten, wie differenziert die Meinung vertreten wird, wie substanziell die Argumente sind und wie "angelesen" oder wie sehr diese dem Wertebild des Kandidaten entsprechen.

Welchen Entscheidungsspielraum hatten Sie in Ihren Führungstätigkeiten jeweils? Und wie nutzen Sie diesen?

Dies ist eine anspruchsvolle Frage, die nur entsprechend qualifizierten und erfahrenen Führungskräften gestellt werden sollte. Interessant ist bei dieser Antwort, um welche Spielräume und Entscheidungssituationen es sich konkret handelte (Problemlösungen, Innovationen, Veränderungen, Konflikte usw.) wie diese in welchen Bereichen, Chancen und Möglichkeiten genutzt wurden und welches dabei die erzielten Resultate waren. Versuchen Sie auch herauszuhören, wie wichtig dem Kandidat Spielräume sind und welche Bedeutung sie bei Ihrer Stelle haben.

Kürzlich sagte ein Mitarbeiter zu mir, er vertrage sich mit seiner Kollegin nicht. Entweder gehe sie oder dann er. Wie würden Sie in dieser Situation reagieren?

Eine wiederum recht heikle Frage, auf die es die richtige oder falsche Antwort nicht gibt. Aber die Aussagen des Kandidaten verraten viel über seine Konflikt- und Kommunikationsfähigkeit und wie besonnen und überlegt er Situationen analysiert. Bei Antworten auf solche Fragen erfährt man viel über die Führungsphilosophie einer Führungskraft. Achten Sie auch darauf, wie authentisch die Reaktion ist und ob nachgefragt und zuerst überlegt wird.

Wie reagieren Sie einem Mitarbeiter gegenüber, der soeben seine Lebenspartnerin durch einen Autounfall verloren hat?

Die Empathiefähigkeit, also jene, sich in die Gefühlslage und emotionalen Bedürfnisse anderer Menschen versetzen zu können, gehört zu den wichtigen sozialen Kompetenzen fähiger Führungskräfte. Darauf zielt diese Frage ab. Achten Sie darauf, wie emotional angemessen und wie empathisch der Kandidat reagiert. Um so mehr konkrete Unterstützungs-Möglichkeiten genannt werden und um so ausgeprägter und glaubwürdiger das Einfühlungsvermögen zum Ausdruck kommt, desto besser ist es wohl um die Sozialkompetenzen des Kandidaten bestellt.

Nennen Sie mir bitte den Grad der Anerkennung, die Sie von Ihren Mitarbeitern, Geschäftspartnern und Kollegen erhalten, auf einer Skala von eins bis zehn."

Eine ungewöhnliche Form der Selbsteinschätzung, die zuerst einmal wohl verunsichert, da die Skalierung bei diesem Thema zu einer klaren Aussage zwingt. Zeugt eine Zehn von Arroganz oder eine Sechs von zu wenig Selbstvertrauen? Hier sind differenzierte Antworten und fundierte Begründungen, die von einem gesunden Selbstvertrauen mit Relativierungen zeugen, wünschenswert. Ein Beispiel einer ausgewogenen Antwort: "Bei vielen Mitarbeitern bin ich mir einer wertschätzenden Anerkennung sicher; bei anderen überwiegt eine positive Grundeinstellung. Doch gibt es ein paar wenige, die mir neutral, selten auch negativ gegenüber stehen. Grundsätzlich liegt mir aber viel daran, mit anderen gut auszukommen und geachtet zu werden. Das tue ich aber anderen gegenüber genau so."

Was bedeutet Integrität für Sie persönlich?

Eine Frage, mit der man auf direktem Weg erfährt, welche ethischen Grund- und Lebenswerte der Kandidat vertritt, wie loyal er ist und wie gut er zur Unternehmenskultur passt. Eine weitere Variante der Frage könnte lauten: Bringen Sie die folgenden Begriffe in eine Reihenfolge und erklären Sie wieso – Loyalität, Integrität, Respekt, Ehrlichkeit, Kritikfähigkeit. Hier zwingt man den Kandidaten, Farbe zu bekennen, gibt ihm aber mit dem vorgegebenen Raster zugleich eine Orientierungshilfe, welche sich allenfalls nach den Schwerpunkten der Unternehmenskultur richten kann.

Wie lange wollen Sie bei uns bleiben?

Hier geht es darum zu klären, inwiefern die persönlichen Vorstellungen hinsichtlich der Dauer des Arbeitsverhältnisses mit denen Ihres Unternehmens übereinstimmen und wie sehr der Kandidat zu überzeugen versteht, dass er an der Stelle ein längerfristiges Interesse hat. Hier fällt positiv auf, beispielsweise bei entsprechenden Entwicklungsmöglichkeiten dem Unternehmen längerfristig zur Verfügung zu stehen. Beachten Sie die durchschnittliche Verweildauer im Lebenslauf und sprechen Sie den Kandidaten bei grossen Abweichungen gegenüber seiner Aussage allenfalls darauf an.

Wie mache ich mich in Ihren Augen als Interviewer?

Wird es der Kandidat "wagen", auch kritische Punkte zu nennen? Dies ist eine völlig unerwartete Frage, die manch einen Kandidaten überrumpeln wird. Vorsicht vor jenen, die von Ihnen als den perfekten Interviewer schwärmen und nicht die leiseste Kritik anbringen. Wer hier ausgewogen, sachlich, gut begründet eine kurze und positive Antwort gibt, allenfalls mit ein bis zwei humoristisch abgefederten "Seitenhieben", oder beispielsweise zugeben kann, dass Sie ihn manchmal schon ein wenig aus der Fassung brachten, ist vermutlich ein diplomatischer, ehrlicher und kritischer Kandidat. Mit einem humoristischen oder gar selbstironischen Unterton können Sie die Ernsthaftigkeit dieser Frage auch etwas abschwächen und es so dem Kandidaten etwas einfacher machen...

Mitarbeiterverantwortung und Mitarbeiterförderung

Wie erkennen Sie ungenutztes Potenzial Ihrer Mitarbeiter und was tun Sie zur Aktivierung?

Hier kann ein Kandidat beweisen, wie sehr ihm die Weiterentwicklung und Förderung von Mitarbeitern wirklich ein Anliegen ist. Dies einerseits mit Massnahmen und Beispielen aus seiner Vergangenheit und bisherigen Führungserfahrung und andererseits mit konkreten Meinungen und Ideen, die verraten, wie sehr er sich überhaupt damit auseinandersetzt. Die eine oder andere Antwort vermag auch einen Eindruck vom Menschenbild und der Mitarbeiterorientierung überhaupt geben.

Was unternehmen Sie, wenn Sie sehen, dass ein Mitarbeiter immer passiver und demotivierter wird?

Die Aufforderung zu einem persönlichen Gespräch, um den Ursachen auf den Grund zu gehen, wird wohl meistens in den Antworten enthalten sein. Interessant ist aber vor allem, wie ganzheitlich (Privatleben), wie empathisch und wie sehr zur Kritik und Offenheit aufmunternd der Kandidat sich in einem solchen Gespräch verhält und welche konkreten Massnahmen er allenfalls dann daraus ableitet.

Wie gehen Sie mit einem Mitarbeiter um, der zu forsch, karrierefixiert und ehrgeizig ist?

Keine einfache Frage, aber eine, die zeigt, über wie viel Führungserfahrung der Kandidat verfügt. Eine differenzierte Antwort, die Ehrgeiz und Interesse an Karriere befürwortet, aber im Interesse eines guten Teamklimas und einer massvollen Karriereplanung auch aufzeigt, dass zu starkes Karrieredenken negative Seiten hat, ist hier angebracht. Eine psychologisch geschulte Führungskraft wird auch nach möglichen Problemen von Kompensationen oder Defiziten und einer ausbalancierten Lebensweise forschen.

Was sagen Sie einem Mitarbeiter mit Karrierezielen, für die er aber nicht über die notwendige Qualifikation verfügt?

Hier stehen klar Ehrlichkeit und Einfühlungsvermögen im Mittelpunkt eines adäquaten Verhaltens, denn solche Situationen bergen in der Führungspraxis hohe Risiken der Demotivation. Beispiel einer Antwort: "Ich sage dem Mitarbeiter offen und ehrlich, dass dafür einige wichtige Voraussetzungen fehlen und diese Ziele daher zumindest für den Moment zu hoch gesteckt sind. Ich wertschätze aber dann seine Stärken und Talente und schlage ihm Alternativen vor, die ihm zeigen, dass ich an seiner Weiterentwicklung dennoch sehr interessiert bin und mir seine Laufbahnziele ein Anliegen sind".

Wie gehen Sie bei einem Mitarbeiter vor, der nach einer Scheidung in ein Stimmungstief oder gar eine Depression fällt?

Wie sehr ist der Kandidat daran interessiert, auch Probleme im Privatleben seiner Mitarbeiter zu besprechen und ihnen bei deren Lösung mit geeigneten Massnahmen zur Seite zu stehen? Führungskräfte, die dies tun, haben ein positives Menschenbild und wissen, dass Mitarbeitermotivation immer ganzheitlich erfolgen muss. Fällt die Antwort unglaubwürdig oder oberflächlich aus, sollte hier mit einer Frage nachgehakt werden, wann man wie einem Mitarbeiter in der Vergangenheit geholfen hat.

Wie beweisen Sie Mitarbeitern in Gesprächen, dass Sie ein guter und aufmerksamer Zuhörer sind?

Wenn der Kandidat die Techniken des aktiven Zuhörens kennt, vermag er natürlich problemlos zu überzeugen. Eine Zusatzfrage, eine konkrete Situation zu schildern oder wann er denn das letzte Mal ein vorbildlicher Zuhörer war und wie er dies erlebte, kann helfen, die echten guten Zuhörer, die dies auch sind und praktizieren, eher zu erkennen.

Marktorientierung und Innovationsmanagement

Was bedeutet für Sie Markt- und Kundenorientierung?

Dass dies viel bedeutet, wird wohl nahezu jeder versichern, denn es gehört zur Grundlage eines erfolgreichen Businessverständnisses. Einige Marketingfloskeln und Lippenbekenntnisse reichen wohl kaum; versteht es der Kandidat hingegen, mit konkreten, eigenständigen und interessanten Begründungen zu zeigen, dass Markt- und Kundenorientierung eine echte und von ihm praktizierte Grundhaltung ist, wirkt dies glaubwürdig. Das Nachfragen nach konkreten Beispielen kann sinnvoll sein.

Was tun sie konkret, um nahe am Markt zu sein und Trends früh genug zu erkennen?

Für einen Marketingleiter sollte diese Frage kein Problem darstellen, für andere Funktionen mag sie recht schwierig oder gar unpassend sein. Vermag der Kandidat konkrete Instrumente, Fachzeitschriften, Konkurrenzbeobachtung, Recherchearbeiten, Networking-Aktivitäten usw. zu nennen, beweist er damit, dass er diese Aufgabe ernst nimmt. Das Nachhaken nach konkreten Tätigkeiten, Erfolgen oder Erfahrungen mag auch hier sinnvoll oder zuweilen notwendig sein.

Was meinen Sie, welche Kundensegmente bzw. Zielgruppen wir mit unseren Produkten ansprechen?

Diese Frage dient auch dem Zweck herauszufinden, wie sehr sich der Kandidat mit Ihrem Unternehmen, seinen Produkten und seinen Kunden im Vorfeld auseinandergesetzt hat. Wer ein oder zwei vage definierte Gruppen nennt, weiss wenig von Marketing oder kennt Ihre Produkte nicht. Gut sind detaillierte Informationen von mehreren klar definierten Kundengruppen mit Begründungen, beispielsweise aufgrund konkreter Produktleistungen.

Kennen Sie unsere Mitbewerber - und wenn ja, gibt es Bereiche, in denen diese uns überlegen sind?

Dies ist eine heikle und schwierige Frage, da sie recht gute Informationen voraussetzen, Antworten mit dem Nennen von Namen der Mitbewerber gut überprüfbar sind und auch zeigen, wie kritisch und ehrlich der Kandidat ist, in dem er allfällige Stärken der Konkurrenz zu nennen wagt. Wie geschickt, differenziert und begründet er dies tut, gibt auch interessante Aufschlüsse über das Ausdrucksvermögen und die Argumentationsstärke.

Bezeichnen Sie sich als innovativ – und wenn ja, welche Voraussetzungen würden Sie bei uns als wichtig erachten, um ebenfalls innovativ zu sein?

Beinahe jeder Kandidat wird sich als innovativ bezeichnen. Belegt er dies mit Erfolgsausweisen, mit konkreten Tätigkeiten und Aktivitäten oder erklärt er beispielsweise genau, wie er Innovationen sicherstellt, gelingt ihm dies wohl glaubwürdig. Schwierig ist der zweite Teil der Frage, die zeigt, wie vertraut er mit den Fragen des Innovationsmanagements wirklich ist und wie professionell er dieses praktiziert. Beachten Sie auch, ob der Schwerpunkt eher auf Arbeitstechniken und Instrumenten oder auf innovativen und talentierten Mitarbeitern und Teams mit Freiräumen liegt. Interessant ist auch, wie stark die Markt- und Kundenorientierung zum Ausdruck kommt.

Ein Mitarbeiter kommt mit einem interessanten Verbesserungsvorschlag auf Sie zu. Wie reagieren Sie?

"Ich nehme diesen entgegen und schaue dann, ob man was damit anfangen kann". Zweifellos eine mögliche, wenn sicher wenig überzeugende Antwort. Die wesentlich bessere könnte beispielsweise lauten: "Ich danke ihm und sage, dass mich sein Vorschlag sehr interessiert. In einem zweiten Gespräch möchte ich mehr wissen und bitte den Mitarbeiter, seine

Idee auch dem Marketingleiter vorzustellen. Bei der Realisierung stelle ich sicher, dass der Mitarbeiter bis zur Realisierung einbezogen wird, seine Ideen einfliessen und er für den Vorschlag adäquat belohnt wird. Bei Personalentwicklungsmassnahmen werde ich sein Innovationstalent fördern und systematisch weiter entwickeln".

Auf welche Ihrer Innovationen in Ihrer bisherigen Laufbahn sind sie ganz besonders stolz?

Diese Frage sollte vorsichtig eingesetzt werden, denn wer hier nichts vorweisen kann, stellt sich bloss und wird stark verunsichert. Marketing-Fachleute oder Product Manager sollten aber derartige Erfolgsausweise in der Regel vorlegen können. Achten Sie dabei darauf, welches Niveau, welche Innovationsleistung und welche Methoden und Vorgehensweisen zur Sprache kommen und vor allem auch, wie interessant diese für Ihr Unternehmen, Ihre Branche und die zu besetzende Stelle ist.

Welches sind Ihrer Meinung nach die wesentlichen Erfolgsfaktoren für gelungene Veränderungsprozesse?

Ein professionelles Chance Management ist Bestandteil einer jeden Innovation und oft eine grosse Herausforderung für Führungskräfte. Auch diese Frage sollte vorsichtig eingesetzt werden, da sie substanzielles Managementwissen voraussetzt. Achten Sie darauf, wie ganzheitlich der Kandidat antwortet, also ob er beispielsweise Mitarbeiter, Führungsinstrumente, Information und Kommunikation, Prozesse, und Organisation nennt und berücksichtigt. Um so interessanter und glaubwürdiger fällt die Antwort natürlich aus, wenn es ihm gelingt, Brücken zu eigenen Change Management-Projekten zu schlagen und individuelle Erfahrungen und Ansichten einzubeziehen.

Wichtige Kompetenzen für Führungs- und Fachkräfte

Über die bis anhin angesprochenen Kompetenzen hinaus kann es viele Themenbereiche geben, die bei einem Interview nebst der stellenspezifischen Anforderungen und wichtigsten Sozial- und Fachkompetenzen auch zur Sprache kommen sollten. Diese können bei einem zweiten der Vertiefung und näheren Evaluierung dienenden Interview hinzukommen oder bei Stellen und Anforderungen thematisiert werden, bei denen solche Kompetenzen von besonderer Bedeutung sind. Wir nennen nachfolgend auch einige Kompetenzen mehr in die Tiefe gehend noch einmal, die schon bei den vorangegangenen Interviewfragen erwähnt wurden.

Menschenbild und Mitarbeiterorientierung

Ein positives und respektvolles Menschenbild und eine leistungsbewusste Mitarbeiterorientierung sind gerade bei Führungskräften von grösster Bedeutung, besonders in Unternehmenskulturen, welche die Mitarbeiterorientierung hochhalten und eine entsprechende Führungsphilosophie pflegen. Sie sind zudem Voraussetzungen für viele weitere wichtige Führungsqualifikationen wie beispielsweise Mitarbeiterförderung und Motivation. Einige Fragenbeispiele:

- Wie wichtig ist für Sie eine konsequente Mitarbeiterorientierung?
- Was zeichnet eine wirksame Mitarbeiterorientierung Ihrer Meinung nach aus?
- Wie würden Sie ihr Menschenbild beschreiben und charakterisieren?

Emotionale Intelligenz und Stabilität

Die emotionale Intelligenz ist schwer zu messen und zu beurteilen, aber beispielsweise für nachhaltige Sozialkompetenzen eine Grundanforderung. Im wesentlichen umfasst sie die folgenden Aspekte und Kernfragen: Selbst-Wahrnehmung: Wie erkennt sich der Kandidat selbst? Selbst-Management: Wie führt er sich selbst? Selbst-Motivation: Wie motiviert er sich selbst? Empathie: Wie gut kann er auf andere eingehen? Sinn und Werte: Was spornt ihn an, welche Lebenswerte bedeuten ihm weshalb wie viel? Wofür setzt er sich besonders ein? Einige Fragenbeispiele:

- Woran erkennen Sie, dass ein Mitarbeiter Probleme hat oder es ihm einfach nicht gut geht?
- Welches sind Ihre wichtigsten Prinzipien bezüglich Arbeitsethik?
- Auf welche Charaktereigenschaften sind Sie besonders stolz?
- Worauf legen Sie im Umgang mit Mitarbeitern Wert?

Kommunikation und Information

Ausgeprägte Kommunikationsfähigkeiten kennzeichnen oft erfolgreiche Führungskräfte und sind einer der wichtigsten Bereiche der Sozialkompetenzen. Kommunikation ist ein sehr weites Feld und es gibt dazu zahlreiche Kommunikationsmodelle und Erkenntnisse in der Psychologie. Menschen mit ausgeprägten Kommunikationsfähigkeiten gehen gerne und gut auf andere ein, sie können Ziele und Anliegen gut formulieren, sich verständlich ausdrücken und in die Lage des Empfängers versetzen, andere für Ziele gewinnen und sie überzeugen und zur richtigen Zeit bei den richtigen Menschen die richtigen Worte finden. Einige Fragenbeispiele:

- In welchen Bereichen der Kommunikation sehen Sie Ihre Stärken, wo eher Ihre Schwächen?
- Welche Kommunikationsfähigkeiten erachten Sie als besonders wichtig - und weshalb?
- Was macht für sie erfolgreiche und wirksame Kommunikation aus?

Ausstrahlung und Persönlichkeit

Die spezifische Ausstrahlung einer Führungskraft ist durch ihre Ausstrahlung in besonderer Weise in der Lage, die Motivation und Begeisterungsfähigkeit von Mitarbeitern entscheidend stärken und fördern zu können. Dabei geht es nicht um den Strahlemann, zu dem alle voller Bewunderung heraufgucken sollen, sondern um Persönlichkeiten mit charismatischen Fähigkeiten und Persönlichkeiten, die in besonderem Masse Glaubwürdigkeit, Vertrauen, Integrität, Vitalität und Begeisterungsvermögen - um nur einige mögliche Beispiele zu nennen - auszustrahlen und zu vermitteln vermögen. Anforderungen an die Persönlichkeit sind auch im Kontext mit der Unternehmenskultur, der Führungsphilosophie, den zu führenden Mitarbeitern und dem Teamcharakter zu sehen. Einige Fragenbeispiele:

- Was glauben Sie, zeichnet ihre individuelle, besondere Persönlichkeit aus?
- In welchen Situationen war es vor allem Ihre Persönlichkeit, die zum Erfolg beitrug?
- Was macht für Sie eine vertrauenswürdige und glaubwürdige Persönlichkeit aus?
- Was, glauben Sie, schätzen Mitarbeiter an Ihnen besonders?

Unternehmerisches Denken und Handeln

Unternehmerisches Denken und Handeln werden in der heutigen Zeit der immer schneller ablaufenden Veränderungen, komplexer Prozesse und steigender Anforderungen an die Wettbewerbsfähigkeit zunehmend wichtig. Dies umfasst die Fähigkeit, Prozesse und Anforderungen ganzheitlich zu sehen, Zusammenhänge und den eigenen Beitrag zum Unternehmen als Ganzes zu erkennen und die richtigen und relevanten Prioritäten setzen zu können. Unternehmerisches Denken und Handeln gehört auch zu den wertvollsten Voraussetzungen für die erfolgreiche Besetzung höherer Managementfunktionen. Einige Fragenbeispiele:

- Warum glauben Sie, ist unternehmerisches Denken und Handeln bei uns besonders wichtig?
- Können Sie mir ein Beispiel nennen, wo Sie unternehmerisches Denken und Handeln in besonderer Weise bewiesen haben?
- Unternehmerisch denken und handeln – was heisst das konkret für Sie?
- Was setzt unternehmerisches Denken und Handeln voraus?

Kunden- und Marktorientierung

In vielen Unternehmen gehört dieses Geschäftsverständnis zu den tragenden Säulen des Selbstverständnisses und wird als wichtige Erfolgsvoraussetzung betrachtet und praktiziert, um im Markt erfolgreich zu bestehen und die Wettbewerbsfähigkeit zu erhalten. Für Mitarbeiter in Marketingabteilungen und im Kundenservice und für Produktmanager und Marketingleiter ist dies von besonders grosser, oft erfolgsentscheidender Bedeutung. Dabei ist es wichtig, nicht nur die Instrumente der Kunden- und Marktorientierung und das Handwerk zu verstehen und zu kennen, sondern auch die entsprechende Grundhaltung und Überzeugung zu haben, also Kundeninteressen effektiv glaubwürdig und in praktischen Handlungen des unternehmerischen Alltags in den Mittelpunkt zu stellen. Einige Fragenbeispiele:

- In welchen konkreten Situationen konnten Sie Ihre Kundenorientierung besonders unter Beweis stellen?
- Wo sind Kunden- und Marktorientierung Ihrer Meinung nach besonders erfolgsentscheidend?
- In welchen Punkten erachten Sie die Marktorientierung bei dieser Stelle als besonders wichtig?

Zielbewusstsein und Resultatorientierung

Kompetente und erfolgreiche Führungskräfte, aber auch motivierte und leistungsbewusste Fachkräfte generell, sind sehr oft stark an Resultaten interessiert und haben ein ausgeprägtes Zielbewusstsein. Resultate sind letztlich das entscheidende Beurteilungskriterium für Erfolg und Wirksamkeit von Massnahmen und Leistungen und sollten daher auch bei Interviews in der einen oder anderen Form thematisiert werden. Einige Fragenbeispiele:

- Welche Art von Zielen setzen Sie sich besonders gern?
- Was machen Sie, wenn Sie ein Ziel nicht erreicht haben?
- Was halten Sie vom Führungsinstrument Zielvereinbarungen – und wie wenden Sie es an?

Konfliktfähigkeit und Durchsetzungsvermögen

Konfliktfähigkeit beinhaltet die konstruktive Bewältigung von Konflikten im Erkennen, Verstehen, und Lösen in sozialen Gruppen. Die Fähigkeit, Konflikte schnell zu erkennen, d.h. dafür ein Sensorium zu haben, konsensfähig und lösungsorientiert zu kommunizieren und die effektiven Ursachen und Probleme eruieren zu können, sind in Teams und in der Führungsarbeit stets eine wichtige Sozialkompetenz. Einige Fragenbeispiele:

- Wann spüren oder beobachten Sie jeweils erstmals, dass sich in Ihrem Team ein Konflikt anbahnt oder anbahnen könnte?
- Mit welchen Strategien lösen und bewältigen Sie Konflikte?
- Welches war der schwerwiegendste Konflikt, den Sie je hatten, und wie lösten Sie diesen?
- Welches sind die wichtigen Themen, die Sie bei einem Konfliktgespräch zur Sprache bringen?

Mitarbeiterförderung und Mitarbeiterbeurteilung

Führungskräfte, die daran interessiert und fähig sind, ihre Mitarbeiter zu fördern, ihre Talente zu erkennen, sie zur Weiterentwicklung motivieren und damit Perspektiven vermitteln, sind für jedes Unternehmen sehr wertvoll. Damit tragen sie zur generellen Qualifikationserhöhung bei, motivieren Mitarbeiter für Ziele und Weiterbildung, gewinnen deren Vertauen auf nachhaltige und glaubwürdige Weise und leisten einen wichtigen Beitrag zur Mitarbeiterbindung. Dazu gehören auch die Fähigkeiten einer professionellen Mitarbeiterbeurteilung wie die Handhabung des Führungsinstrumentes Zielvereinbarungen. Einige Fragenbeispiele:

- Woran erkennen Sie, ob ein Mitarbeiter gefördert werden soll oder je nachdem will?
- Welches war weshalb bis anhin ihre erfolgreichste Mitarbeiterförderung, die sie besonders freute?
- Wie gehen Sie vor, wenn Sie erkennen, dass ein Mitarbeiter besonders gefördert werden sollte?
- Worauf legen Sie bei der Mitarbeiterbeurteilung besonderen Wert?

Interesse an Laufbahn und Weiterentwicklung

Ambitionierte Fach- und Führungskräfte mit Interesse an deren Laufbahn und Weiterentwicklung, die Perspektiven erwarten und wollen, sind in mehrfacher Hinsicht wertvoll. Sie signalisieren damit ein überdurchschnittliches Interesse an Weiterbildung, leisten einen wichtigen Beitrag zur Erhaltung des Qualifikationsniveaus, sind oft in hohem Grade bereit, sich an das Unternehmen zu binden und bieten den besten Garant hoher Motivation und eines ausgeprägten Leistungsbewussteins. Einige Fragenbeispiele dazu sind:

- Welche Perspektiven sind Ihnen bei dieser Arbeit und für Sie persönlich besonders wichtig?
- Haben Sie Laufbahn- und Karriereziele, und wenn ja, welches sind dabei die wichtigsten?
- Möchten Sie sich bei uns weiterentwickeln – wenn ja, weshalb und in welchen Bereichen vor allem?
- Welche Art von Laufbahnplanung und Unterstützung unsererseits würden Sie besonders begrüssen?

Langfristigkeit und Bindungsbereitschaft

Diese wird gerade im Zeichen des Fachkräftemangels immer wichtiger, da sie Kontinuität bietet, den Verlust von Talenten und Know-how verhindert und ernorme Kosten vermeiden hilft. Die Bindungsbereitschaft zu prüfen und abschätzen zu können, ist äussert wichtig, vor allem bei Schlüsselpositionen mit besonderem Know-how-Bedarf. Darüber hinaus sind Führungskräfte, welche Mitarbeiter fördern, ihre Leistungen und Grundwerte (er)kennen, ihnen Perspektiven vermitteln und ihre Weiterentwicklung fördern, wohl der beste Garant für eine erfolgreiche und nachhaltige Mitarbeiterbindung. Einige Fragenbeispiele:

- Überzeugen Sie mich bitte, dass Ihr Interesse an dieser Stelle und Arbeit langfristiger Art ist.
- Was müssen wir alles machen, um Sie langfristig und dauerhaft bei uns behalten zu können?
- Wann oder weshalb büsst eine Arbeit oder Stelle bei Ihnen an Faszination und Interesse ein?
- Wie würden Sie reagieren, wenn ich Ihnen nun einen 10-Jahres-Vertrag vorschlagen würde?

Motivierbarkeit und Motivationsfähigkeiten

Eine starke Motivation, und zwar sowohl jene des Kandidaten selber wie auch seine Fähigkeit, seine Mitarbeiter und andere zu motivieren, ist der Leistungsmotor schlechthin und beeinflusst die Lernfähigkeit und vor allem auch das Arbeits- und Teamklima. Werden hier Fehler gemacht und die Motivation und Motivierbarkeit nicht beachtet oder Warnsignale ignoriert, kann dies zu folgenschweren Fehlentscheidungen führen. Mit fehlender und mangelhafter Motivation geht oft auch eine negative und wenig leistungsbewusste Grundhaltung einher. Auch auf diese gilt es, besonderes Augenmerk zu richten. Einige Fragenbeispiele:

- Weshalb wünschen Sie sich motivierte Mitarbeiter?
- Wie stärken und steigern Sie die Motivation Ihrer Mitarbeiter?
- Was brauchen Sie selber, um bei der Arbeit motiviert zu sein?
- Woran erkennen Sie, dass ein Mitarbeiter demotiviert ist und was tun Sie dann?
- Welche Faktoren, meinen Sie, beeinflussen vorwiegend die Arbeitsmotivation?

Themenbereiche bei Interviews mit Führungskräften			
	sehr wichtig	ja, befragen	nicht wichtig
Kommunikationsfähigkeiten und -verständnis			
Sozialkompetenzen generell			
Organisations- und Planungsfähigkeiten			
Konfliktlösungskompetenzen			
Führungsstil und Führungsgrundsätze			
Erfolge, Leistungsausweise und Projekte			
Positionen, Branchen und Unternehmen			
Mitarbeiterförderung und Mitarbeiterorientierung			
Menschenbild und Grundwerte			
Emotionale Intelligenz			
Leidenschaft und Engagement			
Intelligenz und rationales Denken			
Unternehmerisches Denken und Handeln			
Grundhaltung und Lebenseinstellung			
Lernfähigkeit und Fähigkeit zur Selbstkritik			
Lebens- und Führungserfahrung			
Energieniveau und psychische Stabilität			
Autorität und Selbstvertrauen			
Balance der Lebenswerte und beruflichen Grundwerte			
Ambitionen, Karrierevorstellungen und Ziele			

Stellen- und kandidatenspezifische Fragen

Fragen an einen Aussendienst-Verkäufer

Sie stellen immer häufiger fest, dass das von Ihnen verkaufte Produkt bei Kunden keine Akzeptanz findet. Wie würden Sie in einer solchen Situation reagieren?

Solche situativen Fragestellungen ermöglichen Informationen, die sehr spezifisch auf die zu besetzende Stelle ausgerichtet sind. Ferner zeigt der Bewerber, wie er mit Problemsituationen umgeht, welche Massnahmen von welcher Fachkenntnis und Erfahrung zeugen und in welchem Ausmass er systematisch an Problemlösungen herangeht.

Was glauben Sie, worin Ihr persönliches Erfolgsrezept guten Verkaufens liegt?

Eine interessante Frage, die zeigt, ob ein solches überhaupt vorhanden ist und wenn ja, worin dieses besteht. Zugleich verrät diese Antwort einiges über die persönliche Verkaufsphilosophie und deren Qualität und Einzigartigkeit. Ist es eine aus Verkaufslehrbüchern wiedergekäute Phrase oder beruht sie auf persönlichen Stärken und individuellen Erfahrungen?

Wie reagieren Sie, wenn Ihre Leistungen einmal nachlassen oder ungenügend sind?

Hier geht es darum, die Frustrationstoleranz und die Belastbarkeit zu prüfen. Ein guter und gewandter Verkäufer wird hier relativ schnell eine Standardantwort bereit halten. Haken Sie also eventuell nach und beobachten Sie Gestik, Mimik, Körperhaltung genau, ob diese mit den Aussagen kongruent sind.

Wenn Sie zurückschauen – was hat Sie jeweils am meisten zu guten Leistungen angespornt und besonders motiviert?

Solche situativen Fragestellungen ermöglichen Informationen, die sehr spezifisch auf die zu besetzende Stelle ausgerichtet sind. Haben Sie diese Möglichkeiten auch zu bieten, ist der Führungsstil geeignet, die Erwartungen zu erfüllen und sind es nicht nur rein materielle Motivatoren? Eine wichtige Frage, bei der sich genaues Zuhören auf jeden Fall lohnt.

Schulung und Weiterbildung ist gerade im Verkauf besonders wichtig. Welche Wünsche und Erwartungen hätten Sie diesbezüglich bei uns?

Hier erfährt man, wie selbstkritisch der Kandidat ist, wo er Defizite sieht und wenn ja, welche und wie konkret er zu antworten weiss. Achten Sie auch darauf, ob nach Antworten gesucht wird oder ob relativ spontan und schnell glaubwürdige Informationen gegeben werden.

Was zeichnet Ihrer Meinung nach den erfolgreichen Verkäufer aus?

Indem die Frage nicht persönlich, sondern allgemein gestellt wird, fällt die Antwort unter Umständen objektiver, mutiger und ganzheitlicher aus. Sie können aber davon ausgehen, dass dennoch viele persönliche, projektierte Komponenten in der Antwort enthalten sind.

Angenommen, Sie liegen massiv hinter den Verkaufszielen. Was würden Sie unternehmen, wie könnten Sie damit umgehen?

Eine Frage mit einer sachlichen Ebene, dem Ergreifen von Massnahmen und einer emotionalen Ebene, der Frustrationstoleranz. Ein gewandter Bewerber wird hier mit Sicherheit nachfragen und relativieren. Ähnliche Fragestellungen können genauso gut mit anderen Themenbereichen formuliert werden, um an detailliertere und individuelle Informationen zu gelangen.

Was glauben Sie, worin Ihr persönliches Erfolgsrezept guten Verkaufens liegt?

Eine interessante Frage, die zeigt, ob überhaupt ein solches vorhanden ist und wenn ja, worin dieses besteht. Zugleich verrät diese Antwort einiges über die persönliche Verkaufsphilosophie und deren Qualität und Einzigartigkeit. Ist es eine aus Verkaufslehrbüchern wiedergekäute Phrase oder beruht sie auf persönlichen Stärken?

Machen wir eine Probe aufs Exempel: Verkaufen Sie mir bitte den Kugelschreiber, den ich in Händen halte.

Nun gilt's ernst: Dies ist eine typische Stressfrage, die vom Bewerber einiges an Flexibilität, Schlagfertigkeit, Gewandtheit und Mut abverlangt. Wer überzeugt hier mit substanziell guten, durchdachten und überzeugenden Argumente und wer plaudert einfach mal munter drauflos? Der professionelle, systematische Verkäufer wird zuerst einmal Ihre Bedürfnisse kennen lernen wollen und einige weitere Zusatzfragen stellen, bevor er mit dem Verkaufsgespräch beginnt.

Im Aussendienst hat man es häufig mit Widerständen zu tun und muss viele Neins ertragen. Wie gehen Sie damit um?

Hier geht es darum, zu erfahren, wie hoch die Frustrationstoleranz des Kandidaten ist und wie (wirksam) er mit Rückschlägen und Misserfolgen umgeht. Interessant ist, welche Techniken genannt werden und wie glaubwürdig die Aussagen sind. Achten Sie auch auf nonverbale Signale (Mimik, Gestik, Körperhaltung, Stimme) und deren Übereinstimmung. Auch die Frage nach konkreten Beispielen kann aufschlussreich sein.

Office Management

Der Umgang mit dem PC und Internet ist bei dieser Stelle wichtig. Können Sie mir mit Beispielen sagen, in welchen konkreten Bereichen Sie hier gute Kenntnisse haben?

Die Antwort, ob und wenn ja, welche Kenntnisse hier auf welche Art beschrieben werden, ist aufschlussreich. Die dann geschilderten Beispiele sagen auch viel über das Know-how-Niveau und die tatsächlichen praktischen Erfahrungen aus.

Wie stellen Sie sicher, dass Sie anstehende Aufgaben termingerecht angehen?

Eine sehr konkrete Frage, die nur bei Sekretariatsaufgaben nachgefragt werden sollte, bei denen das Einhalten von Terminen und die Termintreue eine grosse Rolle spielen.

Welche Tages- oder Wochenplanung bevorzugen Sie und wie gehen Sie jeweils konkret vor?

Diese Form der Arbeitsorganisation und –planung ist eigentlich elementar, zumindest bei Office Management-Aufgaben. Die Hilfsmittel (PC oder klassische Planer) und Vorgehensweisen (Stichwort-Zettel oder minutiöse Tagesplaner mit Zeiteinteilung) sagen auch etwas über den Arbeitscharakter aus.

Welchen Ihrer bisherigen Chefs haben Sie am meisten geschätzt und weshalb?

Diese Schilderung ist sicherlich interessant und aufschlussreich. Achten Sie auch darauf, ob es persönliche, eher aufgabenbezogene oder fähigkeitsbestimmte Faktoren sind, die genannt werden. Mit einem Erlebnis zusammen gewinnt die Aussage an Glaubwürdigkeit und wird auch konkreter. Dabei ist die Art und Weise (wie Wortwahl, Prioritäten, Aufgaben usw.) interessant und aufschlussreich.

Für welche Zwecke nutzen Sie das Internet, wie vertraut ist es Ihnen?

Das Medium erfordert Aufgeschlossenheit gegenüber Neuem, Flexibilität, Recherchefähigkeiten, Lernbereitschaft und den gekonnten Umgang mit Informationen. Dies sind Fähigkeiten, die ganz generell und unabhängig vom Internet von Bedeutung sind.

MS Office ist ein wichtiges Arbeitsinstrument. Wie und für welche Aufgaben haben Sie es bis heute genutzt?

Ob es das gesamte MS Office oder nur Softwarekomponenten wie Excel oder Word sind, kann bei dieser Frage variiert werden. Doch diese Art der Frage wird Sie weiterführen als die übliche "Wie gut kennen Sie Word?", da Sie durch die Anwendungsbereiche zugleich Informationen über Aufgaben und Anwendungsniveaus in Erfahrung bringen.

In welchen Punkten kann man einen Vorgesetzten Ihrer Meinung nach am wirkungsvollsten unterstützen?

Auch bei dieser Frage erfährt man gleich mehrere Dinge, nämlich die Professionalität und Erfahrung, die indirekt zur Sprache kommenden Stärken und Präferenzen des Bewerbers, sein Verständnis von Teamgeist und Zusammenarbeit und seine Erfahrungen zu den Erfordernissen des Tagesgeschäftes und organisatorischer Notwendigkeiten.

Über welche Stärken, die besonders auf Aufgaben dieser Stelle zugeschnitten sind, verfügen Sie insbesondere?

Wie sehr hat sich die Bewerberin über die Anforderungen der von Ihnen angebotenen Stelle Gedanken gemacht? Wie ausgeprägt ist sie sich ihrer Stärken bewusst und welche sind dies? Schafft sie es, die relevanten Stärken in eine gute Verbindung mit den Anforderungen der Stelle zu bringen? Wenn Sie hier gute Informationen bekommen, sind Sie wohl ein ganz schönes Stück weitergekommen.

Was zeichnet für Sie eine sehr gut qualifizierte Office Managerin aus?

Hier erfahren Sie einiges über das Berufsbild, das die Kandidatin hat und zwangsläufig auch über das Selbstbild. Wie ganzheitlich und zeitgemäss dieses Bild ist, auf welchem Niveau und mit welchen Aufgaben, Verantwortungen und Kompetenzen sie es sieht, in welchen Punkten es mit der zu besetzenden Vakanz übereinstimmt und ob die Kandidatin gewisse Kompetenzen den eigenen gegenüberstellt, kann recht aussagekräftig und interessant sein.

Ihr Vorgesetzter ist eine starke Persönlichkeit. Er ist streng und anspruchsvoll und verlangt unbedingte Loyalität und Zuverlässigkeit. Wie ist das für Sie?

Die Frage kann natürlich auch andere Merkmale enthalten. Die Antwort sollte konkret ausfallen und Beispiele oder Erfahrungen enthalten, die verraten, wie die Kandidatin mit einer solchen Persönlichkeit und mit solchen Ansprüchen und Erwartungen umgeht und diese erfüllen kann.

In welchen Bereichen möchten Sie sich weiterbilden?

Eine gewandte Kandidatin wird hier die Schwerpunkte aus dem Anforderungsprofil herauspicken, bei denen sie noch gewisse Defizite hat und so die Gründe für Weiterbildungen in Zusammenhang mit Aufgaben und Stelle bringen. Es ist aber legitim, auch Bereiche zu nennen, die auf die Laufbahnziele und persönlichen Schwerpunkte ausgerichtet sind, wenn sie nicht zu weit vom Anforderungsprofil der zu besetzenden Stelle entfernt sind.

Fragen an einen IT-Verantwortlichen

Ihr Bereich ist sehr dynamisch und verändert sich von Monat zu Monat. Wie bilden Sie sich weiter? Mich interessieren die Fachbereiche und Ihr Vorgehen.

Hat die Weiterbildung den notwendigen Stellenwert? Bringt der Bewerber diese mit der von Ihnen angebotenen Stelle in Beziehung? Beweist er durch aktuelle Weiterbildungsaktivitäten, dass er in seinem Bereich uptodate ist und die Fachbegriffe korrekt verwendet?

Welche drei Informationsquellen gehören zu den für Sie wichtigsten?

Ein IT-Verantwortlicher muss einerseits in der Lage sein, moderne Quellen wie das Internet professionell zu nutzen und andererseits bereit sein, sich in einem dynamischen und auf einem sich beinahe täglich ändernden Gebiet permanent auf dem Laufenden zu halten.

Welche Fähigkeiten und Stärken sind Ihnen bei IT-Mitarbeitern besonders wichtig?

Erkundigen Sie sich eventuell zuvor bei Ihrem IT-Spezialisten, um welche Punkte es hier vorrangig geht. Aber eine konkrete und umfassende Kenntnis und Vorstellung solcher Fähigkeiten und Stärken ist sicherlich ein wichtiger Faktor.

Was unterscheidet im IT gute von herausragender Leistung?

Eine anspruchsvolle Frage, die nur gegenüber gewandten und kommunikativen Kandidaten gestellt werden sollte, aber gerade im IT-Bereich eine wichtige Rolle spielt. Sie ist aber deshalb interessant, weil Sie das Leistungsbewusstsein in Verbindung mit dem Fachwissen bringt und sich dahinter auch persönliche Sichtweisen bemerkbar machen dürften.

Welche Schwerpunkte muss ein IT-Verantwortlicher heutzutage Ihrer Meinung nach setzen?

Erkundigen Sie sich eventuell zuvor bei Ihrem IT-Spezialisten, um welche Punkte es hier vorrangig gehen sollte, die für Ihr Unternehmen und Ihre aktuelle IT-Situation wichtig und prioritär sind. Eine konkrete und umfassende Vorstellung solcher Prioritäten und die persönliche Sicht und Beurteilung der Dinge ist gerade im IT-Bereich von entscheidender Bedeutung. Die Antwort ist auch um so interessanter, desto mehr sich der Kandidat bemüht, auf Ihre unternehmensspezifische Aspekte einzugehen oder diesbezüglich nachzufragen.

Unsere Mitarbeiter sind technisch nicht sehr versiert und benötigen recht viel Support. Wie gehen Sie mit dieser Situation um?

Hier geht es darum, zu erkennen, wie servicebezogen die Haltung des Kandidaten ist und ob er im Idealfall Mitarbeiter auch als Kunden und die IT-Abteilung als Servicestelle für das Unternehmen sehen kann. Versteht er es gar, Supportideen zu nennen oder von Erfahrungen zu berichten, die diesbezügliches Know-how und Verständnis zeigen, ist dies ein weiterer Pluspunkt.

Das Internet ist bei uns ein wichtiges Arbeitsinstrument, besonders was Recherchen betrifft. Welche Beiträge könnten Sie hier leisten?

Hier geht es nicht um technologisches Know-how, sondern um pragmatische Nutzenstiftungen des Instrumentes Internet. Kann sich der Kandidat auch in nichttechnische Belange eindenken und bringt er interessante Optimierungsmöglichkeiten ein, ist dies sehr zu begrüssen. Ein Detail: Geht der Kandidat auf das Hauptanliegen Recherchen ein?

Was halten Sie von unserem Internet-Auftritt?

Mit einer solchen Frage finden Sie heraus, ob der Kandidat Mut zur Kritik hat, ob er Ihren Auftritt überhaupt schon analysiert und sich eine Meinung gebildet hat und wie qualitativ gut seine Anregungen sind. Natürlich kann auch ein anderer Bereich zur Sprache kommen wie die IT-Infrastruktur, Sicherheitskonzepte, IT-Schulung, Netzwerkaufbau usw.

Welche Weiterbildungsziele und -pläne sind für Sie zur Zeit wichtig?

Kaum ein Unternehmensbereich ist so dynamisch wie die Information Technology. Deshalb ist hier die Weiterbildung von zentraler Bedeutung und ein qualifizierter IT-Leiter sollte sich permanent Gedanken darüber machen und Weiterbildungsziele und -strategien haben. Es ist empfehlenswert, sich vorher nach Weiterbildungsprioritäten Ihres Unternehmens zu erkundigen, um Übereinstimmungen zu bemerken oder entsprechend nachzufragen. Ein weiterbildungsbewusster Kandidat wird hier auch sehr aktiv einiges wissen wollen, beispielsweise das Weiterbildungsbudget, die Lernpläne und Ziele für Mitarbeiter, die Lernmethoden, Defizite und Stärken usw.

Was halten Sie von der Methode, Kandidaten zu googeln?

Dies ist eine heikle und problematische Frage, nur schon deshalb, weil der Kandidat nicht weiss, ob Sie dies bei ihm schon gemacht haben. Sie ist aber interessant, weil sie verrät, ob der Kandidat sich solche Fragen auch stellt und was er zu gesellschaftlichen Aspekten und Auswirkungen des Internets meint. Eine angemessene, geschickte Antwort könnte sein: "Insgesamt ist das Googeln über Kandidaten ein interessantes, wohl oft ergiebiges Instrument, welches aber zurückhaltend, mit Vorsicht und Vorbehalten und stets mit Respekt vor der Privatsphäre von Bewerbern genutzt werden sollte".

Kundendienst/Call Center

Der Empfang ist für uns die Visitenkarte unseres Unternehmens. Welche Eigenschaften braucht Ihrer Meinung nach jemand, um diese Aufgaben optimal zu erfüllen?

Können eigene Stärken mit den Anforderungen in Verbindung gebracht werden? Beachten Sie jeweils auch, wie glaubwürdig und mit welchem emotionalen Engagement solche Fragen beantwortet werden.

Was heisst für Sie Kundenfreundlichkeit konkret?

Achten Sie bei der Antwort darauf, ob der Kandidat individuelle, persönlichkeitsspezifische Kriterien nennt und nicht auswechselbare Phrasen aus Kundenmanagementliteratur. Fragen Sie ansonsten nach persönlichen Erlebnissen und Beispielen.

Belastbarkeit ist bei dieser Aufgabe sehr wichtig. Wie verhalten Sie sich, wenn ein Kunde Sie massiv beleidigt und unbeherrscht anschreit?

Diese Antwort, je nachdem wie differenziert und detailliert sie ausfällt, zeugt von menschlicher Reife, praktischer Erfahrung und Professionalität. Auch hier ist eventuell angebracht, nach konkreten Erfahrungen und Erlebnissen zu fragen.

Welches Kundenerlebnis hat Sie in Ihrer Vergangenheit mit besonders viel Stolz erfüllt?

Hier eventuell präzisieren, wenn der Kandidat Mühe bekundet, z.B. in der Situation, als ein sehr guter Kunde am Abspringen und Wechseln zur Konkurrenz gehindert werden konnte. Sie können davon ausgehen, dass in diesem Beispiel auch das Kundenverständnis und die besonderen Stärken des Kandidaten zum Ausdruck kommen.

Was meinen Sie, kann man Kundenfreundlichkeit lernen und trainieren oder ist sie Ausdruck eines Menschenbildes?

Eine Frage, die zeigt, wie differenziert der Kandidat zu denken vermag und welche Beispiele er erwähnt, mit denen er letztlich auch aus seiner Warte heraus urteilt. Die Aussage, dass dieser Haltung letztlich ein entsprechendes Menschenbild zugrunde liegt, ist wohl die tendenziell zutreffendere.

Jemand hat einmal gesagt, am Telefon sei die Höflichkeit die Stimme. Was meinen Sie dazu?

Gewandte und im Telemarketing erfahrene Kandidaten werden dies aus der eigenen Berufserfahrung heraus durchaus gut begründen können. Die Antwort ist dann zufriedenstellend, wenn die Kandidatin glaubwürdig und konkret schildern kann, was Höflichkeit gegenüber Kunden für sie ausmacht und in welchen Punkten sie diese Höflichkeit besonders gut zu praktizieren und einzusetzen versteht.

Wie gehen Sie mit Kunden um, die sie anschreien und die ausfällig werden?

Die Antwort sagt viel über die Erfahrung, die Ausbildung und die Persönlichkeit des Kandidaten aus. Gut geschulte Call Center Mitarbeiter lernen systematisch, wie in solchen Situationen zu reagieren ist und wie man aufgebrachte Kunden wieder beruhigen kann. Kandidaten, die eigene Rezepte und Erfahrungen aus ihrer Persönlichkeit heraus schildern, die nicht ausschliesslich aus Seminarordnern stammen, gewinnen mit Sicherheit einige Pluspunkte dazu.

Fragen an einen Projektleiter

Welches wären Ihre zwei bis drei persönlichen Hauptziele, wenn Sie bei uns als Projektleiter arbeiten würden?

Mit dieser Frage kann man auf indirekte Art einiges über die persönlichen Erwartungen und Motivationen erfahren, die der Bewerber mit der von Ihnen ausgeschriebenen Stelle verbindet. Je nach Projektanforderungen und Prioritäten der von Ihnen angebotenen Stelle sollte diesem Punkt entsprechend grosse Beachtung und Aufmerksamkeit geschenkt werden.

Ein Projektleiter sollte über viel Organisations- und Koordinationsgeschick verfügen. In welchem Ausmass verfügen Sie über diese Fähigkeiten?

Mit seinen Antworten lässt der Kandidat erkennen, welche Stärken er in diesem Fähigkeitsbereich aufweist und wie er sich selber einschätzt. Je nachdem kann es ratsam sein, Beispiele oder Erlebnisse zu erfragen, welche die eine oder andere Situation konkretisieren oder verdeutlichen. Mit einem Erlebnis zusammen gewinnt die Aussage an Glaubwürdigkeit und wird auch konkreter. Dabei ist die Art und Weise (wie Wortwahl, Prioritäten, eingebundene Menschen, Aufgaben usw.) interessant und aufschlussreich.

Wenn Sie einmal die letzten ein bis zwei Jahre bezüglich Projektaufgaben Revue passieren lassen, auf welche Erfolge sind Sie dann besonders stolz?

Mit diesen Antworten lässt der Kandidat erkennen, welche Stärken und Erfolge bei seiner Werteskala nach seiner Einschätzung von besonderer Bedeutung sind.

Mit welchen Erfolgen oder Projekten waren Sie in Ihrer bisherigen Tätigkeit besonders zufrieden – wie haben Sie die Ziele erreicht?

Hier erfährt man, ob der Bewerber in der Lage ist, Erfolge überhaupt zu nennen, und mit welchem emotionalen Engagement er dies tut. Die Art und Weise, wie die Ziele erreicht wurden bzw. wie dies geschildert wird, sagt viel über die Systematik, das Ausdrucksvermögen und die Energie des Bewerbers aus.

Wie sind Sie dabei mit Problemen umgegangen?

Allein die Bereitschaft und Fähigkeit, überhaupt Probleme zu erkennen bzw. diese zu nennen, ist positiv zu werten, anzuerkennen und spielt gerade bei Projekten eine grosse Rolle. Wird auf diesen Punkt nur am Rande und unspezifiziert eingegangen, kann es ein Hinweis sein, dass der Bewerber dazu neigt, Probleme und Konflikte zu verdrängen. Unter Umständen gibt die Antwort aufschlussreiche und interessante Informationen über die Persönlichkeit des Bewerbers.

Wie wichtig ist für Sie die Motivation von Mitarbeitern – und können Sie uns ein Beispiel nennen, wo Ihnen das besonders gut gelungen ist?

Eine Frage, die natürlich bei Projektleitern von grosser Bedeutung ist, denn gerade ein motiviertes Team ist oft der Erfolgsfaktor für überdurchschnittliche Leistungen. Wird dies nur im finanziellen Rahmen und bei ausserordentlichen Leistungen gesehen oder steht regelmässige Anerkennung und das Eingehen auf Bedürfnisse und Charaktere der Mitarbeitenden im Vordergrund? Achten Sie auch darauf, wie konkret, charakteristisch und spontan das Beispiel genannt und umschrieben wird.

Projekte sind unter anderem auch hinsichtlich Termineinhaltung und Zielerreichung sehr messbar und wichtig. Was hat Ihnen jeweils geholfen, diese beiden Anforderungen zu erfüllen?

Hier sind es Termineinhaltung und Zielerreichung – aber es können ebenso andere Fähigkeiten oder Stärken sein, nach denen gefragt werden kann. Man erfährt hier einerseits etwas über die Ausprägung und Selbsteinschätzung wichtiger Anforderungen und andererseits über die eventuellen Techniken und Methoden, die dabei eingesetzt werden. Dies bezieht auch den Aspekt der Glaubwürdigkeit mit ein und konkretisiert die Antwort zugleich.

Schildern Sie uns bitte ein grösseres Projekt, das erfolgreich verlief. Welches waren die Erfolgsfaktoren, die Sie massgeblich beeinflusst haben?

Eine Antwort, die sowohl etwas über das Selbstvertrauen als auch die Professionalität und die Kenntnisse der Projektleitung aussagt. Ferner ist es natürlich von Interesse zu erfahren, welche Erfolgsfaktoren wie zum Einsatz kamen und ob hier Parallelen zu den Anforderungen Ihrer Stelle zu finden sind.

Wie muss ein erfolgreiches Team zusammengesetzt sein?

Diese Frage sagt viel über die Projekterfahrung und Reife einer Person aus. Es ist zudem interessant zu erfahren, welche Prioritäten dabei gesetzt werden. Ähnliche Fragestellungen können genauso gut mit anderen Themenbereichen formuliert werden, um an detailliertere und individuelle Informationen zu gelangen, zum Beispiel die Zusammensetzung einer Abteilung oder eines Führungsteams als Ganzes bei Kaderpositionen.

Fragen an Berufseinsteiger

Sie stehen nun vor Ihrem Berufs- und Arbeitsleben. Worauf freuen Sie sich am meisten?

Mit dieser Frage erfahren Sie einiges über den Stellenwert und die Prioritäten in Beruf und Arbeit, wie sehr sich der Bewerber damit überhaupt auseinandersetzt und wie realistisch und reif diese sind. Und: Wie sehr und in welchen Bereichen können Sie seine Erwartungen erfüllen? Ein Nachfragen, wo allfällige Zweifel oder Befürchtungen bestehen, ist sinnvoll.

Bei einem Praktikum möchte man vor allem die Arbeitswelt erkunden. Was möchten Sie dabei vor allem erfahren?

Auch hier muss der Bewerber Farbe bekennen und verrät viel über seine beruflichen Grundwerte, seinen Ehrgeiz und vor allem den Stellenwert von Arbeit, Beruf und Leistung. Es ist auch zu prüfen, wie sehr diese Erwartungen mit Aufgaben, Branche, Unternehmen, Team und Produkten harmonieren.

Nach welchen Kriterien haben Sie Ihr Praktikum ausgesucht, das heisst, was war Ihnen dabei besonders wichtig?

Eine ähnliche Frage, aber durch die Formulierung vermutlich etwas einfacher zu beantworten, da sie weniger abstrakt ist. Zu viel Systematik kann man von einem Berufseinsteiger noch nicht erwarten, aber drei bis vier Kriterien sollten genannt werden.

Haben Sie vorher in Ferienjobs gearbeitet? Welche waren dies und was haben Sie dort gelernt?

Die Motive, die Erfahrungen und die Branchen sind hier interessant. Vor allem aber ist es aufschlussreich, ob der Bewerber Bereiche nennen kann, wo Lernerfahrungen bestanden, welche dies sind und wo Berührungspunkte zu Ihrer Stelle und zu Ihrem Unternehmen bestehen.

In Ihrem Alter ist es nicht immer einfach, Beruf und Freizeit zu vereinbaren. Wie gedenken Sie, dies zu machen?

Sicher keine einfache Frage, aber eine, die viel aussagt über den Stellenwert von Arbeit und Beruf und auch Hinweise gibt, wo Probleme entstehen könnten und wie ganzheitlich und reif der Kandidat sein Leben und die Balance von Arbeit und Freizeit betrachtet und zu handhaben gedenkt.

Worauf wären Sie besonders stolz, wenn Sie Ihren Kollegen über Stelle und Arbeit bei uns erzählen würden?

Junge Leute identifizieren sich oft über viele Motive und Attraktivitätsfaktoren von Arbeitgebern. Ist es der Verdienst, die Branche, das Produkt oder die Unternehmensreputation oder sind es die Herausforderungen und Aufgaben? Die Antwort wird so oder so aufschlussreich sein.

Welche Berufspläne haben Sie für die Zukunft?

Je mehr Gedanken sich ein junger Mensch über seine berufliche Zukunft macht, desto wichtiger ist sie ihm. Achten Sie darauf, welche Pläne dies sind, wie sehr sie zu Ihrer Stelle und Ihrem Unternehmen passen und welches Leistungsbewusstsein und welche Ambitionen daraus erkennbar sind. Seien Sie sich aber bewusst, dass allzu konkrete Vorstellungen ohne Praxiserfahrungen kaum zu erwarten sind.

Können Sie sich schon vorstellen, welchen Stellenwert Arbeit und Beruf für Sie haben werden?

Keine ganz einfache Frage, umso mehr, als entsprechende Erfahrungen noch nicht vorliegen. Dennoch gestattet die Antwort Rückschlüsse auf die zu erwartende Motivation, das Leistungsbewusstsein, das wahrscheinliche Interesse an einer Laufbahn und die Ambitionen – alles wichtige Voraussetzungen, um Stellen mit engagierten und motivierten Leuten besetzen zu können.

Wie stellen Sie sich Ihren Traumjob in 10 Jahren vor, was würde diesen ausmachen?

Verlangen Sie bei einem Einsteiger keine Karriereplanung auf 50 Jahre, aber mit diesem Zeithorizont und mit dieser Formulierung darf man einen Berufseinsteiger durchaus konfrontieren. Und die Antwort verrät viel über Ambitionen, Grundwerte, Zukunftsvorstellungen und Zielsetzungen.

Sie haben nun die Grundausbildung abgeschlossen. Welche Fächer haben Sie weshalb besonders interessiert?

Die interessierenden Fächer werden weitgehend auch jene sein, bei denen der Bewerber gute Leistungen erzielte und seine Talente entdecken und einsetzen konnte. Eine sinnvolle Anschlussfrage könnte ein Bezug des Faches zu Ihrer Stelle, d. h. den Aufgaben oder Tätigkeiten, sein.

Angenommen, Sie könnten Ihr Hobby zu Ihrem Beruf machen, welcher wäre dies?

Hier erfährt man, vorausgesetzt, es gibt eines, das Hobby oder die bevorzugte Freizeitbeschäftigung, weiss, ob sich der Bewerber für eine bestimmte Sache begeistern kann und wie überzeugend und engagiert er dies zu schildern versteht. Wichtig ist natürlich auch, wie weit ein solcher Hobbyberuf von der von Ihnen ausgeschriebenen Stelle weg wäre, d. h., wo Berührungspunkte vorhanden wären.

Welche praktischen Zusatz-Weiterbildungen würden Sie für diese Stelle als besonders sinnvoll betrachten?

Wer hier konkrete Vorstellungen hat, beweist, dass er sich mit Stelle und Aufgaben intensiv auseinandergesetzt hat und auch sehr lernbereit und lernwillig ist. Allerdings sollte die nicht einfach zu beantwortende Frage eher gewandten und gut informierten Bewerbern gestellt werden.

Formulare und Arbeitshilfen

Klärung von Fragen aus Bewerbungsunterlagen

Name Bewerber	
Stelle	
Datum	
Eindruck Unterlagen	
Linienvorgesetzter	

	Unterlagen	Unklarheiten,Widersprüche
☐	**Bewerbungsschreiben**	
	Beweggründe	
	Bezugspunkte	
	Derzeitiges Anstellungsverhältnis	
☐	**Zeugnisse**	
	Widersprüche	
	Codierungsunklarheiten	
	Ergänzende Tätigkeitsfragen	
☐	**Lebenslauf**	
	Lücken	
	Fehlende Informationen	
☐	**Weiteres aus Anforderungsprofil**	
	Fehlende Übereinstimmungen	
	Klärende Gewichtungen	
	Vertiefende Informationen	
☐	**Aus – und Weiterbildung**	
	Fragen zu Noten und Schulen	
	Aktualität und Praxiswert	
	Schulstoffe und Lernziele	
☐	**Spezialkenntnisse**	
	Anwendungsgebiete	
	Kenntnisstand	
	Beabsichtigte Aktivitäten	

Fragen aus Bewerbungsunterlagen
Abteilung/Stelle: Stellenbezeichnung Name Bewerber: Datum Interview:
Bewerbungsschreiben
☐ Unklarheit ☐ Widerspruch ☐ Ergänzung ☐ Präzisierung ☐ fehlende Information
Frage
Auskunft, Information:
Lebenslauf
☐ Unklarheit ☐ Widerspruch ☐ Ergänzung ☐ Präzisierung ☐ fehlende Information
Frage
Auskunft, Information:
Arbeitszeugnis(se)
☐ Unklarheit ☐ Widerspruch ☐ Ergänzung ☐ Präzisierung ☐ fehlende Information
Frage
Auskunft, Information:
Aus- und Weiterbildung
☐ Unklarheit ☐ Widerspruch ☐ Ergänzung ☐ Präzisierung ☐ fehlende Information
Frage
Auskunft, Information:

Interviewblatt Kurzform		
Datum:		Stellenbezeichnung:
Name des Bewerbers:		Datum der Bewerbung:
Abteilung:		Linienvorgesetzter:
Fachbereich:		Zieldatum Stellenbesetzung:
Eindruck der Bewerbungsunterlagen:		
Beurteilungskriterien		**Bemerkungen, Notizen**
☐	Bewerbungsschreiben	
☐	Lebenslauf	
☐	Weiterbildungsaktivitäten	
☐	Zeugnisse	
☐	Bewerbungsmotive	
☐	Fachliche Qualifikation	
☐	Persönlichkeit, Auftreten	
☐	Persönlicher Hintergrund	
☐	Lohnansprüche	
☐	Intelligenz, Motivation	
☐	Sprachlicher Ausdruck	
☐	Erwartungen Bewerber	
☐	Unsere Erwartungen	
☐	Kriterium Stelle	
☐	Anderes Kriterium	
Gesamteindruck		
Person, Auftreten		
Fachliche Qualifikation		
Erfahrung		Ihr Kriterium
Weitere Vorgehensweise:		
Bedenkzeit bis		Bescheid
Ablehnung		Anderes

Bewerbungsunterlagen-Beurteilung

Abteilung/Stelle: ________________________________

Vorname/Nachname: ________________________________

Eingang Bewerbung: ____________

Datum/Uhrzeit Interview: ____________ /__________________

Gesamteindruck Bewerber-Dossier

Vollständigkeit-Stellenbezug-Sprache/Stil-optischer Eindruck-Niveau

Kommentar: ________________________________

Kongruenz mit Anforderungsprofil insgesamt

Eindruck: o sehr gross o gross o zufriedenstellend
Kommentar: ________________________________

Bewerbungsschreiben

Eindruck: o sehr gut o gut o in Ordnung o zufriedenstellend
Fragen/Unklarheit: ________________________________

Lebenslauf

Eindruck: o sehr gut o gut o in Ordnung o zufriedenstellend
Lücken/Fragen: ________________________________

Ausbildungsnachweise (quantitativ und qualitativ)

Eindruck: o sehr gut o gut o in Ordnung o zufriedenstellend
Fragen/Unklarheiten: ________________________________

Arbeitszeugnisse

Eindruck: o sehr gut o gut o in Ordnung o zufriedenstellend
Leistung/Verhalten: ________________________________

Qualifikation

Eindruck: o sehr gut o gut o in Ordnung o zufriedenstellend
Herausragendes: ________________________________

Branchen-, Funktions- und Positions-Erfahrung

Eindruck: o sehr gut o gut o in Ordnung o zufriedenstellend
Fragen/Unklarheiten: ________________________________

Sonstiges (Spezialwissen, Gehalt, Eintrittsdatum, Referenzen)

____

Terminfahrplan für Interviews

Abteilung/Stelle: ______________________________

Stellenbezeichnung: ______________________________

1. Bewerbung: ______________________________

Datum: ______________________________

Termin 1

Vorname/Nachname: ....

Datum: Wochentag............. Tag/Monat............... Zeit........,.........Uhr

Gesamteindruck Bewerbung o sehr gut o gut o ok

Stichwort: ....

Ort Interview und evtl. Teilnehmer: ....

Termin 2

Vorname/Nachname: ....

Datum: Wochentag............. Tag/Monat............... Zeit........,.........Uhr

Gesamteindruck Bewerbung o sehr gut o gut o ok

Stichwort: ....

Ort Interview und evtl. Teilnehmer: ....

Termin 3

Vorname/Nachname: ....

Datum: Wochentag............. Tag/Monat............... Zeit........,.........Uhr

Gesamteindruck Bewerbung o sehr gut o gut o ok

Stichwort: ....

Ort Interview und evtl. Teilnehmer: ....

Termin 4

Vorname/Nachname: ....

Datum: Wochentag............. Tag/Monat............... Zeit........,.........Uhr

Gesamteindruck Bewerbung o sehr gut o gut o ok

Stichwort: ....

Ort Interview und evtl. Teilnehmer: ....

<table>
<tr><td colspan="4">Formular für eigene Frageliste</td></tr>
<tr><td colspan="4">1. <Ihre Frage aus dem Interviewfragen-Katalog, z.B. Es würde uns interessieren, was Sie zur Bewerbung bewog ></td></tr>
<tr><td>☐ gute Antwort</td><td>☐ zufriedenstellend</td><td>☐ schlecht</td><td>☐ zweifelhaft</td></tr>
<tr><td colspan="4">weil:</td></tr>
<tr><td colspan="4">2.</td></tr>
<tr><td>☐ gute Antwort</td><td>☐ zufriedenstellend</td><td>☐ schlecht</td><td>☐ zweifelhaft</td></tr>
<tr><td colspan="4">weil:</td></tr>
<tr><td colspan="4">3.</td></tr>
<tr><td>☐ gute Antwort</td><td>☐ zufriedenstellend</td><td>☐ schlecht</td><td>☐ zweifelhaft</td></tr>
<tr><td colspan="4">weil:</td></tr>
<tr><td colspan="4">4.</td></tr>
<tr><td>☐ gute Antwort</td><td>☐ zufriedenstellend</td><td>☐ schlecht</td><td>☐ zweifelhaft</td></tr>
<tr><td colspan="4">weil:</td></tr>
</table>

Arbeitsblatt für die eigene Frageliste

1. (Ihre Frage aus dem Interviewfragen-Katalog, z.B. Wie ist es zu dieser Situation gekommen?)

....

....

....

☐ gute Antwort ☐ zufriedenstellend ☐ schlecht ☐ zweifelhaft, weil

2. (Ihre Frage aus dem Interviewfragen-Katalog, z.B. Wie ist es zu dieser Situation gekommen?)

....

....

....

☐ gute Antwort ☐ zufriedenstellend ☐ schlecht ☐ zweifelhaft, weil

3. (Ihre Frage aus dem Interviewfragen-Katalog, z.B. Wie ist es zu dieser Situation gekommen?)

....

....

....

☐ gute Antwort ☐ zufriedenstellend ☐ schlecht ☐ zweifelhaft, weil

4. (Ihre Frage aus dem Interviewfragen-Katalog, z.B. Wie ist es zu dieser Situation gekommen?)

....

....

....

☐ gute Antwort ☐ zufriedenstellend ☐ schlecht ☐ zweifelhaft, weil

Interview-Notizblatt für Spontaneindrücke	
Abteilung/Stelle: Vorname/Nachname:	Datum/Uhrzeit Interview
Persönlicher Eindruck	
+	**-**
Stichwort Haupteindruck:	
Fachliche Qualifikation	
+	**-**
Stichwort Haupteindruck:	
Produkt- und Branchenerfahrung	
+	**-**
Stichwort Haupteindruck:	
Aus- und Weiterbildungsaktivitäten	
+	**-**
Stichwort Haupteindruck:	
Sonstiges (Lohnerwartung, Karriereziele, Führungsqualitäten usw.)	
+	**-**
Stichwort Haupteindruck:	

Vorbereitungsblatt für Interviews

Position/Stelle: ....

Bewerber/in: ....

Geburtsdatum:...................... Zivilstand: ....

Arbeitsbewilligung:...

Nationalität: ....

Tel. Privat: .... Tel. Geschäft: ....

Adresse Bewerber/in: ....

PLZ:..................... Stadt: ....

Vorbereitung

Prüfung der Bewerbungsunterlagen:

- Personalbogen ☐
- Lebenslauf ☐
- Foto ☐
- Schulzeugnisse ☐
- Ausbildungsnachweis ☐
- Arbeitszeugnisse ☐
- Qualifikationsnachweise ☐
- Lohn-/Gehaltsvorstellungen ☐
- frühestmöglicher Eintrittstermin ☐
- Referenzen mit Angaben der Telefon-Nummer ☐

Weitere Unterlagen oder Angaben, die im Vorstellungsgespräch noch erörtert bzw. erbeten werden sollen?

....

....

....

Klärung von Fragen durch Linienvorgesetzten		
Name Bewerber		
Stelle		
Datum		
Fachbereich		
Linienvorgesetzter		

	Zu klärende und umschreibende Bereiche	**Gewünschte Informationen**
☐	Art, Ziele, Abschlüsse und Pläne bezüglich Aus- und Weiterbildung	
☐	Erfahrung aus bisherigen Tätigkeiten	
☐	Unternehmensspezifische Fachbereiche mit besonderen Prioritäten	
☐	Zur Zeit laufende Projekte und künftige Anforderungen	
☐	Prüf-Fragen zur Qualifikation	

Dokumentations- und Präsentationsmaterial							
Stelle: **Datum**:							
Unterlagen – Aktivitäten - Anschauungsmaterial zur Vorbereitung und Durchführung des Interviews	nicht vorhanden	erstellen	aktualisieren	ergänzen	beschaffen	nur evtl. zeigen	zeigen/verwenden
Unternehmen Unternehmensbroschüre Unternehmenshistory Porträt aus der Presse							
Arbeit/Aufgaben Stellenbeschreibung Tätigkeitsanalyse Aktuelle Projekte und Aufgabenstellungen							
Bewerbungsunterlagen Lebenslauf Ausbildungsbelege Fragenliste zu den Unterlagen							
Anschauungsmaterial Produktmuster Pilottyp eines Produktes Repräsentatives Leistungsbeispiel (Auftrag)							
Informationen Mitarbeiterzeitschrift Intranet-Mitarbeiterinformationsseite Website in Printform oder auf Laptop							
Meldungen aus der Presse Events und Aktuelles Unternehmensbericht Herausragende Meldung (Innovation usw.)							
Diverses Fotos von einem Betriebsfest oder -anlass Kurzer Rundgang Zeigen des Arbeitsplatzes							

Kurzporträt der Stelle	
Bezeichnung und Aufgabe der Stelle	
Vorgesetzter	
Bedeutung für das Unternehmen	
Haupttätigkeiten	**Zeitanteil**
Nebentätigkeiten	
Weitere Informationen zur Stelle	

<table>
<tr><td colspan="5">Formular für Vorentscheidung/Empfehlung</td></tr>
<tr><td colspan="5">Name, Adresse und Kontaktdaten des Bewerbers</td></tr>
<tr><td colspan="5">...
....</td></tr>
<tr><td colspan="2">Datum:</td><td colspan="3">Visum:</td></tr>
<tr><td colspan="5"></td></tr>
<tr><td colspan="2">Entspricht dem Anforderungsprofil</td><td>☐ ja</td><td colspan="2">☐ nein</td></tr>
<tr><td colspan="2">Passt zu uns</td><td>☐ ja</td><td colspan="2">☐ nein</td></tr>
<tr><td colspan="5">Empfehlung</td></tr>
<tr><td colspan="5"></td></tr>
<tr><td>Anstellung</td><td>☐</td><td colspan="2">Anstellung nach Abklärung untenstehender Fragen</td><td>☐</td></tr>
<tr><td>Absage</td><td>☐</td><td colspan="2">Eventuell spätere Anstellung</td><td>☐</td></tr>
<tr><td colspan="5">Begründung</td></tr>
<tr><td colspan="5">Offene Fragen</td></tr>
<tr><td colspan="5">Evaluation durch:

Notwendige Unterlagen: 0 Fragebogen 0 Zeugnisse 0 Referenzauskünfte
Ergänzende Unterlagen:</td></tr>
<tr><td colspan="5">Kommentar:</td></tr>
</table>

Instrumente der Eignungsdiagnostik			
Anregung - Beurteilung	prüfen	anwenden	ungeeignet
Interview und persönliches Gespräch			
Präsentation vor ausgewähltem Personenkreis			
Resultate aus Assessment Center			
Persönlichkeits-Tests und fachliche Tests			
Präsentation oder Fachmeeting			
Grafologisches Gutachten			
Urteil bzw. Einschätzung des Teams			
Urteil und Einschätzung direkter Vorgesetzter			
360-Grad-Beurteilung			
Einbezug und Kennenlernen des Lebenspartners			
Abteilungsleiter mit der intensivsten Zusammenarbeit			
Arbeitsproben und Testaufgaben			
Schnuppertage oder Schnupperwoche			
Personalinventar			
Biografie-Analyse in Unterlagen wie Lebenslauf, Zeugnisse			
Beobachtung während eines Betriebsrundgangs			
Mittag- oder Abendessen evtl. mit Lebenspartner			
Referenzen zur fachlichen Qualifikation und Persönlichkeit			
Rollenspiele zu Fach- und Sozialkompetenzen			
Übereinstimmung und Widersprüche von Referenzen			

Formular für das Vorgehen nach dem Interview

Daten Bewerber

Name und Vorname: ....

Adresse: ....

Telefon/E-Mail: ....

Sonstiges: ....

Wer meldet sich: ....

wann: .... wie □ telefonisch □ schriftlich

aufgrund von: ....

Bedenkzeit vom Bewerber bis:..

von der Firma bis:..

Keine Einstellung erwünscht

□ vom Bewerber □ von der Firma

□ muss dem Bewerber noch mitgeteilt werden. Am ....

Einstellung

□ erwünscht □ entschieden □ noch zu besprechen

mit: .... am: ....

Einstellung als: ....

Einstellungsdatum: ....

Probezeit: von: ....bis: ....

Der Arbeitsplatz wurde vorgestellt von: ....

Es wurden folgende vertraglichen Vereinbarungen getroffen:

....

....

Datum: ....

Unterschrift des Beurteilers: ....

Tabellarische Stellenbeschreibung

Datum:	Stellenbezeichnung: Leiter Kundendienst

Name/Vorname: Roland Muster

Eintritt:	Vorgänger: Maria Meister	Position: Abteilungsleiter

Abteilung: Kundendienst
Vorgesetzter: Roland Bär, Leiter Marketing

Genereller Aufgabenkreis, Zielsetzung

Telefonische Betreuung von Kunden, Führung von zur Zeit fünf Personen, Unterstützung bei Marketingkampagnen, Sicherstellung statistischer Daten, kompetente und zuverlässige Vertretung des Unternehmensbildes gegen aussen und innen.

Tätigkeiten und Aufgaben	**Priorität**	**Anteil Arbeitszeit**
Telefonische Betreuung der Kundenkontaktes	1	40%
Vorbereitung/Planung von Marketingkampagnen	1	25%
Erstellen und Auswerten von statistischen Daten	2	15%
Schulung und Instruktion von Mitarbeitern	2	10%
Mithilfe bei Kunden- und Marktreports	3	10%

Präzisierungen:

Die Kundenbetreuung ist die Kernaufgabe. Sie umfasst Reklamationsbehandlung, Support in einfacheren Standardfällen, Terminanfragen und ein umfassendes Feedback an den Marketingleiter. Vorbereitung/Planung von Marketingkampagnen setzt vor allem organisatorisches Geschick, Basiskenntnisse und Marketing und viel Koordinationsarbeit voraus.

Vorgesetzter, Mitarbeiter und wichtige Kontaktpersonen

Name, Vorname	Aufgabe, Funktion	Bemerkungen
Roland Bär	Vorgesetzter, Marketingleiter	
1.		
2.		
3.		

Stellenbeschreibung erstellt von:	Datum:

Grobvergleich von Kandidaten							
Kriterien aus Anforderungsprofil, Bewerbungsunterlagen und Informationen aus dem Interview	Name Bewerber	Name Bewerber	Name Bewerber	Name Bewerber	Name Bewerber	Name Bewerber	Name Bewerber
Bewerber in den rechten Spalten von *sehr schlecht* (1) bis *sehr gut* (6) bewerten							
Persönlichkeit Auftreten Ausstrahlung Sympathie							
Erfahrung Stellenerfordernis Bandbreite Erfahrungsniveau							
Qualifikation Ausbildung Niveau Fachwissen							
Aus- und Weiterbildung Aktivitäten quantitativ Diplome qualitativ Gezieltheit und Kontinuität							
Sozialkompetenz/Teamfähigkeit Kommunikation Teamtauglichkeit Führungsstärke							
Zeugnisaussagen Leistung Verhalten Tätigkeiten							
Referenzen (oder evtl. Ihr Kriterium) Charakter Qualifikation Arbeitsqualität							
Gesamtzahl Bewertungspunkte							

Begründung einer Einstellungsentscheidung	
Sinn und Zweck: Die nachfolgende Entscheidungsbegründung für eine Kandidatin dokumentiert eine Entscheidung, kann aber auch als Vorschlag verwendet und mit anderen involvierten Personen verfasst werden.	
Name des Kandidaten	Maria Meier, Lendenstr. 114, 50010 Musterort
Kurzdaten zur Stelle	Leiterin Kundendienst, Interview vom 11.4.200X, Eintritt 1.6.200X
An der Entscheidung beteiligte Personen	Leiter Marketing, Interviewer, momentane Assistentin, Leiter Kundendienst
Fachkompetenz	
Guter mündlicher Ausdruck, Marketing-Know-how aus verschiedenen Branchen. Hat Ambitionen zu weiteren Fachausbildungen. Fachlich stark und erfahren im Call Center-Bereich.	
Persönlichkeit	
Frau Meier hat ein sicheres Auftreten und eine gewinnende Persönlichkeit. Der zu vermutende partnerschaftliche Führungsstil passt sehr gut zur Firma und dem Kundendienstteam. Ihre dynamische und initiative Art schafft gute Voraussetzungen für die Weiterentwicklung unseres Kundendienstes.	
Ausbildung und Berufserfahrung	
Fachlich überzeugt Frau Meier in allen Punkten. Die PC-Erfahrung, die Führungserfahrungen in verschiedenen Branchen, zuletzt als Call Center-Leiterin, überzeugen. Nachteil: Keine Französisch-Kenntnisse.	
Kurzbegründung der Entscheidung	
Frau Meier verfügt über sehr gute Führungserfahrung, passt fachlich und persönlich gut zu Team und Unternehmen und bringt Call Center-Erfahrungen mit sich, die den Zielsetzungen unserer Kundendienst-Weiterentwicklung besonders entsprechen.	
Weitere Bemerkungen:	

<table>
<tr><th colspan="7">Formular Auswertung Interview</th></tr>
<tr><td>Datum:</td><td colspan="6">Datum Interview:</td></tr>
<tr><td colspan="7">Stellenbezeichnung:</td></tr>
<tr><td colspan="7">Name des Bewerbers:</td></tr>
<tr><td colspan="7">Interviewer:</td></tr>
<tr><td colspan="7">Datum der Bewerbung:</td></tr>
<tr><td colspan="7">Eindruck der Bewerbungsunterlagen:</td></tr>
<tr><td>Fachbereich:</td><td colspan="6">Zieldatum Stellenbesetzung:</td></tr>
<tr><td colspan="7">Bewertungsskala: (6 = sehr gut bis 1 = schlecht)</td></tr>
<tr><td>Persönlicher Eindruck</td><td colspan="6">Bewertung</td></tr>
<tr><td>Zutreffendes mit markieren</td><td colspan="6">Zutreffendes bitte ankreuzen</td></tr>
<tr><td>Auftreten</td><td>6</td><td>5</td><td>4</td><td>3</td><td>2</td><td>1</td></tr>
<tr><td>Überzeugend, gewinnend, energisch, sicher, heiter, offenherzig, natürlich, kontaktfähig, tolerant, korrekt, herausfordernd, höflich, liebenswürdig, lässig, arrogant, aufdringlich, vorlaut, provokativ, distanziert, ernst, gehemmt, schwerfällig, nicht gewandt, verschlossen, keine Überzeugungskraft</td><td colspan="6">Kommentar:</td></tr>
<tr><td>Motivation</td><td>6</td><td>5</td><td>4</td><td>3</td><td>2</td><td>1</td></tr>
<tr><td>Selbstmotivierend, ehrgeizig, eifrig, engagiert, einsatzfreudig, interessiert, begeisterungsfähig, lernfreudig, impulsiv, antriebslos, bequem, träge, lustlos, desinteressiert, keine Eigeninitiative</td><td colspan="6">Kommentar:</td></tr>
<tr><td>Sprachlicher Ausdruck</td><td>6</td><td>5</td><td>4</td><td>3</td><td>2</td><td>1</td></tr>
<tr><td>Klar, präzise, fehlerlos, flüssig, redegewandt, schlagfertig, intelligent, treffend, Kombinationsgeschick, schnelle Umstellung, konzentriert, fehlerlos, unklar, umständlich</td><td colspan="6">Kommentar:</td></tr>
<tr><td>Auffassungsgabe/Denkvermögen</td><td>6</td><td>5</td><td>4</td><td>3</td><td>2</td><td>1</td></tr>
<tr><td>Brillant, sehr schnell, sehr gut, aufgeweckt, vollständig, denkt mit, stellt präzise Fragen, gesunder Menschenverstand, hört gut zu, durchschnittlich, schwerfällig, unkonzentriert</td><td colspan="6">Kommentar:</td></tr>
</table>

Berufserfahrung	6	5	4	3	2	1
Beurteilung bezieht sich auf zu besetzende Position	Kommentar:					
Ausbildung	6	5	4	3	2	1
Die Ausbildung entspricht der zu besetzenden Stelle, allenfalls Trennung zwischen schulisch-theoretischer und praktischer Ausbildung	Kommentar:					
Eignung für Stelle fachlich	6	5	4	3	2	1
Zusammenfassendes Urteil, Beurteilung der Entwicklungsmöglichkeiten, fachliche Eignung	Kommentar:					
Eignung für Stelle persönlich	6	5	4	3	2	1
Zusammenfassendes Urteil, Beurteilung der Entwicklungsmöglichkeiten, persönliche Eignung	Kommentar:					
Ihre stellenspezifische Punkte	6	5	4	3	2	1
Stichworte, nähere Angaben, Kriterien	Kommentar:					
Bemerkungen und Kommentare						

Das strukturierte Interview	
Dieser Leitfaden soll helfen, sich systematisch auf die Phasen, Fragen und Bewerberinformationen eines Interviews vorzubereiten. Diese Liste kann auf der CD-ROM auch gekürzt und individuell auf die eigene Interviewtaktik zugeschnitten werden.	
Thema	**Bewertung**
Initiative zur Bewerbung	
Was bewog den Kandidaten, sich zu bewerben?	
Was interessiert ihn an der Stelle?	
Grund des Stellenwechsels	
Informationen über das Unternehmen an den Bewerber	
Das Unternehmen generell	
Ziele, sein Markt, seine Produkte und Kunden	
Geschichte, Entwicklung und Ausrichtung	
Weiterbildungs- und Aufstiegsmöglichkeiten	
Lohn, Sozialleistungen, Ferien, Arbeitszeit	
Betriebsklima, Führungsstil und Kultur	
Bedeutung, Zusammenhänge der Stelle für das Unternehmen	
Gewünschter Eintrittstermin	
Verhältnis zum vorherigen Arbeitgeber	
Welche sind positive Erfahrungen?	
Welche sind negative Erfahrungen?	
Welche Weiterentwicklung erhofft sich der Bewerber zur ausgeschriebenen Stelle?	
Beruflicher Werdegang	
Gründe/Motive für die damalige Berufswahl	
Bisherige unterschiedliche Stellen/Branchen	
Bisherige Positionen oder Führungsaufgaben	
Die berufliche Entwicklung und die Ziele	
Gründe für den jetzigen Wechsel	
Die jeweiligen Gründe für die Stellenwechsel	

Aus- und Weiterbildung	
Schulbesuch und Lieblingsfächer	
Gründe für Studium, -wechsel oder -abbruch	
Bisherige Weiterbildungsaktivitäten	
Eigeninitiative in Weiterbildungsmassnahmen	
Autodidaktische Aktivitäten wie Fachliteratur	
Mittel- und langfristige Weiterbildungsziele	
Fachliche Anforderung	
Stärken und Schwächen bei bisherigen Stellen, Projekten und Aufgaben	
Erfahrungen an den vorherigen Stellen/Fachliche Stärken und Schwächen	
Das Einbringen der Stärken und Erfahrungen bei der von Ihnen angebotenen Aufgabe	
Bisherige berufliche Erfolge und Misserfolge	
Stärken/Schwächen in Selbsteinschätzung	
Berufliche Wünsche und Vorstellungen	
Erwartungen an die neue Position. Die neuen Vorgesetzten, Mitarbeiter und Kollegen	
Fachliche und führungsbezogene Karriereziele	
Bedeutung bestimmter Begriffe (wie z.B. "Arbeit" und "Zufriedenheit")	
Vorstellungen von der Dauer der Anstellung	
Motivation	
Motivation für den Beruf überhaupt	
Motivation für die ausgeschriebene Stelle	
Persönliche Motivationen und berufliche Ziele	
Stellenspezifische Neigungen und Begabungen	
Kurz-, mittel- und langfristige Ziele	
Lohnerwartungen	
Gehalt beim vorherigen Arbeitgeber	
Vorstellungen des Kandidaten	
Das erwartete Minimalgehalt	

Lebenslauf	
Fragen zu den genannten Ausbildungen	
Klärung eventueller Lücken oder Unklarheiten	
Kommentare zur Verweildauer bei Stellen zuvor	
Gründe unterschiedliche Anstellungsdauer	
Persönliche Eigenschaften	
Charakter und Persönlichkeit generell	
Charakter und Persönlichkeit im Hinblick auf das Vorgesetztenverhältnis	
Teamgeist, Zusammenarbeit	
Entscheidungsverhalten	
Kontakte nach aussen	
Teamtauglichkeit	
Allgemeine Interessen und Einstellungen	
Persönliche Stärken und Schwächen	
Langfristige berufliche und private Ziele	
Ausserberufliches Engagement	
Freizeitverhalten/Auswirkungen auf Beruf	
Der persönliche Hintergrund	
Diese Fragen dienen der Klärung und der Vervollständigung von Fragen zur Person und deren Verhalten und Präferenzen	
Eventuell zu klärende Einzelfragen	
Kündigungsfrist	
Eventuelle Wettbewerbsklauseln	
Mobilität Umzugsbereitschaft, Ferienbezüge	
Zweites Gespräch mit anderen Teilnehmern	
Zusatzleistungen wie Firmenwagen	
Absprachen oder andere ungeklärte Situationen auf Unternehmensseite	
Bemerkungen und Kommentare	

Handout Zusammenfassung Stelleninformationen

Wir danken Ihnen für Ihren Besuch bei uns und Ihr Interesse an der untenstehende Stelle. Mit diesem Handout fassen wir für ihre Entscheidungsfindung die wichtigsten Informationen nochmals zusammen.

Datum:	Stellenbezeichnung/Abteilung: Leiter Kundendienst
Eintritt ab 0.0.00	Vorgesetzter: Roland Bär, Leiter Marketing

Genereller Aufgabenkreis und Zielsetzung

Telefonische Betreuung von Kunden, Führung von fünf Personen, Unterstützung bei Marketingkampagnen, Sicherstellung statistischer Daten, kompetente und zuverlässige Vertretung des Unternehmensbildes gegen aussen und innen.

Tätigkeit, Aufgabe	Priorität	Anteil Arbeitszeit
Telefonische Betreuung der Kundenkontaktes	1	40%
Vorbereitung/Planung von Marketingkampagnen	1	25%
Erstellen und Auswerten von statistischen Daten	2	15%
Schulung und Instruktion von Mitarbeitern	2	10%
Mithilfe bei Kunden- und Marktreports	3	10%

Perspektiven der Stelle

Die Stelle bietet Aufstiegschancen in der Abteilung selber mit Führungsaufgaben und Weiterbildungsmöglichkeiten im Bereich Marketing.

Unsere Schwerpunkte der HR-Leistungen

Wir bieten vom allem im Work-Life-Balance Bereiche zahlreiche Dienstleistungen, Beratung bei sozialen Problemen beruflicher und privater Art und eine intensive Laufbahnplanung und Aus- und Weiterbildungsberatung. Diese erfolgt individuell und in Zusammenarbeit mit Spezialisten.

Unsere Führungsphilosophie

Wir setzen auf eine partnerschaftliche und respektierende Führungsphilosophie, welche Mitarbeitern Eingenverantwortung und Freiräume gibt. Die Mitarbeiterförderung ist ein wichtiger Teil der Personalentwicklung und im Zentrum steht auch das Führungsinstrument Zielvereinbarungen.

Entlöhnungssystem und Sozialleistungen

Dieses beruht auf streng leistungsorientierten Prinzipien und hat bei messbaren und stark wertschöpfenden Leistungen variable, leistungsabhängige Komponenten. Die Sozialleistungen liegen aber bei langjährigen Mitarbeitern darüber. Bei Pensionierungen bieten wir äusserst flexible und abgestufte Modelle an.

Weitere Informationen

Diese finden Sie auf unserer Website in der Rubrik "Wir als Arbeitgeber". Weitere Auskünfte gibt Ihnen gerne unsere Frau Walder vom Human Resource Management oder Roland Bär, Leiter Marketing.

Vielfalt der Einstellungskriterien auf einen Blick			
Einstellungskriterium - Beurteilung	prüfen	anwenden	ungeeignet
Fachliches Know-how und Qualifikation			
Background und Ausbildung			
Entwicklungspotenzial			
Lernbereitschaft und Lernfähigkeit			
Kompatibilität mit der Unternehmenskultur			
Kompatibilität mit Team und Abteilung			
Kompatibilität mit Vorgesetztem/Führungsstil			
Motivationsbereitschaft und Motivierbarkeit			
Persönlichkeit und Ausstrahlung			
Grundhaltung und Grundwerte			
Leistungsbereitschaft und Leistungsbewusstsein			
Kommunikationsfähigkeiten			
Teamfähigkeiten			
Leistungsbewusstsein			
Entscheidungsstärke			
Langfristigkeit, Bindungsbereitschaft			
Flexibilität und Veränderungsbereitschaft			
Kongruenz mit Leitbild und Unternehmenswerten			
Eindruck Interview fachlich			
Eindruck Interview bezüglich Persönlichkeit			

Literatur- und Stichwortverzeichnis

Benützte und weiterführende Literatur

Autor	Titel	Verlag
Müllerschön	Bewerber professionell auswählen	Beltz
Rolf Meier	30 Minuten erfolgreiche Teamarbeit	Gabal
Martin Tschumi	Arbeitshandbuch Zeugniserstellung	PRAXIUM
Martin Tschumi	Handbuch Personalmanagement	PRAXIUM
Roland Krismer	Antworten zum Personalmanagement	PRAXIUM
Schmitz	Mitarbeitergespräche	Redline
Marco De Micheli	Leitfaden Mitarbeitergespräche	PRAXIUM
U. Oppermann	Mitarbeiterführung	Cornelsen
E. Haberleitern	Führen, fördern, coachen	Piper
Udo Haeske	Team- und Konfliktmanagement	Cornelsen
Jochen Gabrisch	Die Besten entdecken	Luchterhand
Cyrus Achouri	Recruiting und Placement	Gabler
K.H. List	30 Minuten für Einstellungsinterviews	Gabal
Wolfgang Jetter	Effiziente Personalauswahl	Schäffer-Poeschel
Peter Drucker	Die Praxis des Managements	Lindsay
Püttjer/Schnierda	Das grosse Bewerbungshandbuch	Campus
Maren Lehky	Der Mitarbeiter, der zu mir passt	Eichborn
Michael Lucas	Personalauswahl, Interviewführung	expert-Verlag
Martin Tschumi	Praxisratgeber Personalentwicklung	PRAXIUM
Wolfgang Jetter	Effiziente Personalauswahl	Schäffer
Bruce Tulgan	Wettlauf um die Besten	Econ
Jochen Mai	Karrierebibel	DTV-Verlag
Gutmann/Karl	Mitarbeitersuche	Haufe
Jordan/Külpp	Das erfolgreiche Einstellungs-Interview	Gabler
Gutmann/Hüsgen	Auswahl von Bewerbern	Haufe
Manfred Hablützel	Bewerber-Mustergespräche	PRAXIUM

Stichwortverzeichnis

A

B

C

D

E

F

G

H

I

K

L

M

N

O

P

R

S

T

U

V

W

Z

Portrait und Leistungen des PRAXIUM-Verlags

PRAXIUM ist ein auf das Human Resource Management und Leadership spezialisierter Fachverlag.

Nicht akademische Theorien und Modelle, sondern praktisch umsetzbare, sofort anzuwendende Fachinformationen für Berufspraktiker stehen im Mittelpunkt.

Aus der Praxis für die Praxis

Der PRAXIUM-Verlag achtet konsequent auf die Umsetzbarkeit, den Praxisbezug und die Verständlichkeit der Fachinformationen seiner Werke. Der moderne Leser will sich heutzutage schnell und bequem informieren: Deshalb nimmt die Relevanz und die Kompaktheit der Informationen einen hohen Stellenwert ein.

Qualität und Aktualität

Von der Sortimentsplanung über die Autorenwahl bis zur Lektorierung fokussieren wir konsequent die Qualität und Verlässlichkeit der Informationen. Auch die Aktualität ist uns wichtig - PRAXIUM-Werke werden daher oft in kleinen Auflagen produziert und je nach Thema im Jahresrhythmus aufgelegt und erweitert.

Immer mit Arbeitshilfen und Vorlagen

Die Palette von Arbeitshilfen und Vorlagen macht einen überdurchschnittlich hohen Anteil der Bücher aus. Es sind dies oft:

- Tabellarische Kurzübersichten
- Fallbeispiele und Entscheidungshilfen
- Bewertungen und Erfolgskontrollen
- Checklisten und Mustertexte
- Formulare und Fallbeispiele
- Analysehilfen und Musterkonzepte
- Schritt-für-Schritt-Anleitungen
- Planungshilfen und Handlungsanleitungen

CD-ROM – mit allen Buch-Vorlagen und Analysetools

Bis auf wenige Ausnahmen enthalten alle Werke aus dem PRAXIUM-Verlag CD-ROM's. Darauf befinden sich immer alle Vorlagen und Arbeitshilfen aus dem Buch. Diese können dadurch einfach übernommen, verteilt, individuell angepasst oder nach betrieblichen Bedürfnissen erweitert werden. Oft kommen auch Excel-Tools mit Planungs-, Analyse-, Berechnungs- und Administrationshilfen dazu. Dies ist ein hoher Mehr- und Nutzwert der PRAXIUM-Werke.

Ihr Feedback freut uns

Haben wir mit dem vorliegenden Buch eingehalten, was wir hier zusichern? Ihr Feedback, Ihre Kritik, Ihre Meinung und Ihre Anregungen sind uns wichtig.

Sie erreichen uns via mail@praxium.ch oder unter www.praxium.ch. Hier finden Sie auch stets das aktulle Verlagsprogramm. Für den Kauf des vorliegenden Buches möchten wir Ihnen bei dieser Gelegenheit bestens danken.

Das PRAXIUM-Verlagsprogramm

Nachfolgend finden Sie einige Titel und Themen aus dem Sortiment des PRAXIUM-Verlags. Mehr Informationen und das jeweils aktuelle Programm mit Zusatzinformationen und ausführlichen Inhaltsangaben finden Sie im Internet auf unserer Verlags-Website unter **www.praxium.ch**

- Arbeitshandbuch für die Zeugniserstellung
- Bewerber - Mustergespräche für erfolgreiche Interviews
- Die 600 wichtigsten Fragen und Antworten zum Personalmanagement
- Emotionale Intelligenz im Führungsalltag
- Erfolgreich in der ersten Chefposition
- Erfolgreiche Personalgewinnung und Personalauswahl
- Erfolgreiches Coaching für das Personalwesen
- Fachlexikon für das Human Resource Management
- Formulare und Mustervorlagen für die erfolgreiche Personalpraxis
- Handbuch für eine aktive und systematische Mitarbeiterkommunikation
- HRM Office: Tools für das Personalwesen
- Kennzahlen-Handbuch für das Personalwesen
- Leitfaden für erfolgreiche Mitarbeitergespräche und Mitarbeiterbeurteilungen
- Praxishandbuch Mitarbeiterbefragungen
- Mit wirksamen Zielvereinbarungen zu nachhaltigen Erfolgen
- Mitarbeitergespräche erfolgreich, sicher und souverän führen
- Musterbriefe und Musterreglemente für das Personalwesen
- Mustergespräche für Mitarbeiterbeurteilung und Zielvereinbarungen
- Nachhaltige und wirksame Mitarbeitermotivation
- Praxisratgeber zur Personalentwicklung
- Ratgeber zum Schweizer Arbeitsrecht
- Sozialversicherungs-Ratgeber für die betriebliche Praxis
- Stellenbeschreibungen für die Personalpraxis
- Systematische Mitarbeiterbeurteilungen und Zielvereinbarungen
- Trennungsmanagement - fair, verantwortungsbewusst und konstruktiv
- Handbuch für ein wirksames Gehaltsmanagement
- Work-Life-Balance: Soziales Modell oder ökonomische Chance?
- Praxishandbuch flexible Arbeitszeitmodelle
- Kommunikation im Human Resource Management

Handbuch zum Personalmanagement

Modernes Personalmanagement ist die aktive Gestaltung der Beziehung zu Mitarbeitenden eines Unternehmens. Dieses Buch ist ein Ideen- und Praxisratgeber mit Konzentration auf das Wesentliche. Von der Personalplanung über die Personalentwicklung und das Arbeitsrecht bis zu Lohn- und Austrittsfragen wird ein breites Spektrum relevanter Personalthemen behandelt.

Der Fokus auf Praxisbedürfnisse mit vielen Arbeitshilfsmitteln wie Checklisten und Vorlagen ermöglicht eine sofortige Umsetzung in der Betriebspraxis. Eine reichhaltige Sammlung von Excel-Tools auf der CD-ROM gestatten, das Buch zudem auf und mit mehreren Medienplattformen kombiniert zu nutzen.

Personalplanung, -gewinnung, –führung und –entwicklung sowie Arbeitszeugnisse, Arbeitsrecht, Salärwesen, Mitarbeiterkommunikation, Sozialversicherungen, Kündigungsmanagement und HR-Kennziffern sind die Themen.

Mustervorlagen, Übersichtstafeln und Handlungsanleitungen

Salärberechnungsvorlagen, arbeitsrechtliche Fallbeispiele und Rechtsprechungen, Musterarbeitszeugnisse, Stellenbeschreibungen, wichtige HR-Kennziffern, Stolpersteine bei Kündigungsfragen, Beurteilung von Führungsqualitäten sind nur einige wenige Beispiele von Dutzenden von Tools und Arbeitshilfen.

Autor: Martin Tschumi, ISBN: 978-3-9522958-0-9, Umfang: 364 Seiten, gebunden, Preis: CHF 69.- / € 46.- Zu beziehen bei Ihrem Buchhändler oder online bei www.hrmbooks.ch

---

Erfolgreiche Personalauswahl und Personalgewinnung

Gezielte und systematische Personalrekrutierung mit vielen Mustervorlagen und Handlungsanleitungen und Excel-Tools und allen Vorlagen auch auf CD-ROM.

Von der attraktiven Stellenanzeige über Bewerbungsmanagement und Kandidateninterviews bis zum Einstellungsentscheid werden alle praxisrelevanten Phasen der Personalrekrutierung behandelt, wie z. B. Datenschutz, Referenzeinholung, Interviewtechniken und die Chancen der Online-Rekrutierung.

Mustervorlagen, Übersichtstafeln und Handlungsanleitungen

Welches sind die besten Interviewfragen, wie sichtet man Bewerbungsdossiers ganzheitlich, wie erstellt man aussagekräftige Anforderungsprofile, wie gelingt die Mitarbeitereinführung, wie hilft ein Stellensuchplan, wie gewinnt man mehr Sicherheit bei Einstellungsentscheidungen, Qualitätskontrolle einer Stellenanzeige, Beurteilung von Jobbörsen – dies sind nur einige wenige Beispiele der behandelten Themen und Fragen.

Autor: Norbert Maier, ISBN: 978-3952-3246-4-6, 320 Seiten, gebunden, Preis CHF 69.- / € 46.- Zu beziehen bei Ihrem Buchhändler oder online über www.hrmbooks.ch

---

Kennzahlen-Handbuch für das Personalwesen

Dieses Buch hilft Ihnen, ein Kennzahlensystem aufzubauen oder ein bestehendes zu optimieren. Und gibt Instrumente, Methoden, Analyse- und Entscheidungshilfen in die Hand und beschreibt die wirklich praxisrelevanten HR-Kennzahlen. Kennzahlenselektion, Analysen, Interpretationen, Massnahmen, Reporting, Datenquellen und vieles mehr wird thematisiert.

Mit vielen Arbeitshilfen und Vorlagen

Viele Übersichtstafeln, Entscheidungshilfen, Analysewerkzeuge, Textbausteine, Fallbeispiele und Vorlagen garantieren eine schnelle Umsetzung in der Praxis. Diese Arbeitshilfen tragen auch wesentlich zum Verständnis bei und veranschaulichen Zusammenhänge. Beispiele: Muster eines Kennzahlencockpits, Fallbeispiel einer Kennzahleneinführung, Beispiel eines Kennzahlenblatts, Entscheidungshilfe zur Aufnahme von Kennzahlen und viele mehr.

Mit CD-ROM

Die CD-ROM bietet attraktive Mehrleistungen wie alle Arbeitshilfen und Vorlagen aus dem Buch, ein HR-Kennzahlensheet, zahlreiche Exceldateien und ausgestaltete Reporting-Mustervorlagen.

Autoren: Roger Hafner / André Polanski, ISBN: 978-3-9523246-5-3, Umfang: 235 Seiten, gebunden, Preis: CHF 69.- / € 46.-, zu beziehen über Ihren Buchhändler oder auf www.hrmbooks.ch

---

Stellenbeschreibungen für die Personalpraxis

Musterstellenbeschreibungen in unterschiedlichen Detaillierungsgraden und Darstellungen mit wichtigen Grundlageninformationen und Formulierungshilfen für den korrekten und professionellen Einsatz in der Betriebspraxis.

Der Hauptnutzen dieses Buches besteht in der grossen Auswahl von sofort übernehmbaren Stellenbeschreibungsmustervorlagen. Berücksichtigt werden unterschiedliche Darstellungen und Aufbereitungsarten sowie verschiedene Berufe, Branchen, Funktionen und Betriebsgrössen. Hinzu kommt eine grosse Auswahl an Detaillierungsgraden und Strukturierungsmöglichkeiten.

Zahlreiche Hintergrundinformationen

Über die Stellenbeschreibungen hinaus erhält der Leser auch Unterstützung in Fragen der Organisation und Koordination, der Verwendungszwecke, effizienter Abläufe, Hilfestellung für das Verfassen, die Administration und viele Aufgaben mehr. Dies mit dem Ziel, das Erstellen, die Aktualität, die Akzeptanz und den Nutzwert von Stellenbeschreibungen sicherzustellen und im Unternehmen als Führungsinstrument zu integrieren. Sämtliche Musterstellenbeschreibungen, Vorlagen und Arbeitshilfen auf CD-ROM vereinfachen den Einsatz.

Autor: Sandra Hofstetter, ISBN: 978-3-9523246-6-0, Umfang: 200 Seiten, gebunden, Preis: CHF 48.- / € 39.- Zu beziehen bei Ihrem Buchhändler oder über www.hrmbooks.ch